科学与技术报告 No. 22

活性污泥模型应用指南

国际水协(IWA)良好建模实践工作组(GMP)
[加]莱弗 · 里格尔
[法]西尔维 · 吉洛
[奥]冈特 · 朗格格拉贝尔
[日]大槻孝之 编
[美]安德鲁 · 肖
[法]伊姆雷 · 陶卡奇
[奥]斯特凡 · 温克勒
施汉昌 胡志荣 杨殿海 操家顺 译

中国建筑工业出版社

著作权合同登记图字:01-2015-0279 号

图书在版编目(CIP)数据

活性污泥模型应用指南/国际水协（IWA）良好建模实践工作组（GMP）等编；施汉昌等译. 一北京：中国建筑工业出版社，2014.12
（科学与技术报告 No.22）
ISBN 978-7-112-17394-5

Ⅰ.①活… Ⅱ.①国…②施… Ⅲ.①活性污泥处理-化学动力学-指南 Ⅳ.①X703-62

中国版本图书馆 CIP 数据核字(2014)第 257580 号

Guidelines for Using Activated Sludge Models/Leiv Rieger, Sylvie Gillot and Gunter Langergraber, ISBN 978-1843391746

责任编辑：于 莉 董苏华 施佳明
责任设计：董建平
责任校对：李美娜 张 颖

科学与技术报告 No. 22
活性污泥模型应用指南
国际水协（IWA）良好建模实践工作组（GMP）
[加] 莱弗·里格尔
[法] 西尔维·吉洛
[奥] 冈特·朗格格拉贝尔
[日] 大槻孝之 **编**
[美] 安德鲁·肖
[法] 伊姆雷·陶卡奇
[奥] 斯特凡·温克勒
施汉昌 胡志荣 杨殿海 操家顺 译
*
中国建筑工业出版社出版、发行（北京西郊百万庄）
各地新华书店、建筑书店经销
北京科地亚盟排版公司制版
北京市密东印刷有限公司印刷
*
开本：787×1092 毫米 1/16 印张：15 字数：360 千字
2015 年 1 月第一版 2015 年 1 月第一次印刷
定价：**45.00** 元
ISBN 978-7-112-17394-5
(26174)

前　言

良好建模实践工作组（GMP）

2004年，国际水协（IWA）世界水大会在马拉喀什顺利召开。在这次大会上，一个新的专家研究组应运而生。这个新成立的专家研究组，以构建污水处理厂模型的应用指南为明确目标，主要由以下四个小组组成：①Hochschulgruppe Simulation（HSG），由一群德国的博士研究生和研究员组成；②一些服务于水环境研究基金会（WERF），致力于"活性污泥反应模型中污水特性的研究方法"的模型构建工作者；③荷兰的水研究基金（STOWA）；④来自比利时根特大学的生物数学研究组。

为了指导从业者更好地应用活性污泥模型，解决更多的实际应用问题，我们组建了一个小团队，专门负责收集活性污泥模型的相关知识和实际应用经验。该团队的每一个成员都具有丰富的国际建模经验，能有效地承担起这一重任。一开始团队成员包括 Stefan Winkler（奥地利），ImreTakács（加拿大，后为法国国籍），Paul Roeleveld（荷兰）和 Sylvie Gillot（法国），并且选举 LeivRieger（瑞士，后为加拿大国籍）为主要负责人。之后，为了能更好地引入和借鉴国际经验，Takayuki Ohtsuki（日本）也加入了这个团队，Günter Langergraber（奥地利）则负责团队各项事务的协调工作。在2006年，由于时间问题，Paul Roeleveld 离开了团队，之后 Andrew Shaw（美国）加入并承担其相应工作。

工作内容

MogensHenze 作为 ASM 课题专家组的组长，一直都很关心我们团队的工作，并且给予了我们很多实质性的建议。Mogens 觉得我们工作组的任务主旨和挑战不仅仅是单纯的编写指导方针、指南，更多的应该是致力于积极推动"模拟实践"（Good Modelling Practice）。我们采纳了这个建议，并且采取了一系列的方法用于征求世界各地模型用户的建议和经验。研究组为此重新组建或利用现有的团队（例如：MEGA 和 HSG），并且通过这些团队向社会发放调查问卷，采访一些杰出的建模工作者，如：Peter Dold，George Ekama，Willi Gujer，MogensHenze，Mark van Loosdrecht。此外，为了能更好地讨论各项工作，我们组织了大量有关活性污泥模型的专题讨论会，学术会议和讲座。例如，我们参与了废水处理模拟研讨会（WWTmod）的前期筹备工作。同样在构建 IWA Model Notation System（Corominas 等人，2010）的研究工作中，我们研究组也发挥了重要的作用。该研究工作的详细内容请参照附录 D.

工作形式

为了解决“如何针对具体目标建立和校准模型”、“什么是校准时应该考虑的首要因素”这两个问题，我们历经了无数个漫漫长夜激烈并且深入地讨论。这些讨论给了我们一个彼此了解，互相学习的机会，为北美和欧洲的建模工作者们架起了一座桥梁。

长时间的会议无疑是件绝对辛苦的工作，却也是高效的，良好的精神状态让我们朝着最终的目标大步迈进。当然美味的食物也是源动力之一，无法忘记日本的生马肉和法国的牡蛎。每次长会议，我们都会利用网站，进行线上交流。网上的讨论话题往往围绕如何更高水平地应用活性污泥模型、设计和运营污水处理厂等。特别感谢这样的线上讨论，感谢所有参与讨论的污水处理厂，与你们的互动，不仅仅给我们研究组带来了巨大的乐趣，也解答了我们的很多问题。

科学和技术报告

最初，我们希望能够给出一个简单易懂的指南来描述活性污泥模型。但是很快我们发现，许多必要的信息我们是无法获得的，并且一个简单的报告不能够反应所有的研究内容。我们犹豫再三，也无法在一本参考书和一个简明的指南之间做出抉择。在 John Copp 先生和其他评审员的建议下，我们把工作分成两个不同的部分：第一部分是正式的指南，第二部分是几个不同情况的工程实例。

另外，Mark van Loosdrecht 建议我们大胆假设废水处理模型中利用率、变量和参数的特殊值。我们采纳了 Mark 先生的建议，在这篇报告中，我们研究组经过多次研讨，假设了利用率、变量和参数的初值，之后依据反复实验后的结果修正这些假设初值。

2011 年春，报告的第一版付梓，这一版包含有附录和一些专业网站上的附加材料。考虑到这有可能是最终版，我们邀请了 20 多位专家对报告进行审阅。非常感谢他们利用自己宝贵时间阅读我们初稿，并给出重要的反馈信息。在他们的建议下，我们决定完全重建 STR。

John Copp 博士作为编辑在后期工作中付出了巨大的努力，他的悉心编排使得报告的内容组织更为合理，增强了报告的可读性。研究组非常感谢 Copp 博士为此付出的时间和努力。

写在最后的话

在污水处理模型迅速发展的当今社会，我们根本无法预料 10 年后这本书的价值。一段时间以后，我们会建议对此书进行重新审核和认定。但是，我们 GMP 课题组成员之间的友情永远都不会随着时间而褪色！

感谢您的阅读！真心地希望这份报告能给你带来快乐！

快乐建模—

LeivRieger Takayuki Ohtsuki

Sylvie Gillot Andrew Shaw

Günter LangergraberImreTakács

中文版前言

活性污泥系统的数学模拟已经在国际上得到了广泛应用，已成为污水处理工艺研究、设计、运行和技术人员培训中的常用工具。2004 年在摩洛哥举行的第四届 IWA 世界水大会上，来自世界各地的污水处理模拟工作研究团队相聚，并提出建立一套国际化的通用框架，以此来规范 ASM 类模型在实际中的应用。为此，国际水协（IWA）成立了 GMP（良好建模实践工作组），通过研究建立了一套简明扼要的导则，使建模和模拟直观化、系统化，并于 2013 年出版了《活性污泥模型应用指南》一书，为污水处理模型与模拟技术的推广应用做出了重要的贡献。

《活性污泥模型应用指南》主要介绍了污水处理生物反应动力学模型的发展历史、主要工程应用和未来的发展趋势；介绍了 GMP 统一指南的构成与使用方法；通过典型案例分析介绍了应用矩阵的用途以及使用中的常见问题。案例分析为特定目标下，所需数据的质量和数量以及校正/验证工作给出了示例。这些内容有助于对模拟结果的质量进行判断，能为模拟质量的评估提供方法，从而促进模型的正确使用。因此，《活性污泥模型应用指南》对于污水处理领域的工程技术人员和研究人员尤为有用。

近年来，我国的污水处理事业发展迅速，特别是由于对污水脱氮除磷的要求日益严格，迫切需要提高污水处理厂设计运行人员的技术水平。2013 年经由加拿大 EnviroSim Associates Ltd 公司的胡志荣博士介绍并与国际水协出版社（IWA publishing）协调，中国建筑工业出版社获得了翻译《活性污泥模型应用指南》和出版中文译本的授权。随后中国建筑工业出版社委托施汉昌教授和胡志荣博士组织工作组进行翻译，旨在为国内污水处理领域的学者、工程技术人员和在校研究生提供一本运用活性污泥模型与模拟的指导书。

《活性污泥模型应用指南》的中文译本由施汉昌负责统稿；施汉昌、胡志荣、杨殿海和操家顺负责对译文初稿进行了仔细的审阅和详细修改以及最后定稿。清华大学的郭泓利、张明凯、施慧明；同济大学的沈昌明、鲁骎、刘巍、沈翼军和河海大学的方芳、陈学明、肖玉冰、鲍凡参加了部分初稿的翻译工作。在此对所有参加翻译工作人员的辛勤劳动表示衷心感谢。

施汉昌，清华大学
胡志荣，加拿大 EnviroSim Associates Ltd
杨殿海，同济大学
操家顺，河海大学
2014 年 8 月

致　谢

我们有太多的感谢要给予我们任务组成员所工作的机构。感谢他们在这项工作开展以来一直给予我们的关心和支持。

我们要给予 Hélène Hauduc 最诚挚的感谢。这位最敬业的博士研究生，奉献了无数的时间和精力来支持我们 GMP（Good Modelling Practice）的工作。我们要感谢我们的两个赞助商：加拿大的海曼迪环境软件咨询顾问公司（詹姆斯南街 1 号，160 号，汉密尔顿，安大略省，加拿大，L8P4R5，www. hydromantis. com）和比利时的 MOSTforWATER 公司。很难想象如果没有这两个公司的支持，我们课题组不可能完成这项工作。

GMP 任务组的工作由国际水协（IWA）资助。GMP 任务组的成员衷心感谢我们在 IWA 总部的主要联系人李红女士和尊敬的 IWA 执行会长 Paul Reiter 先生。感谢 David Burns，Maggie Smith，Michelle Jones 和 Chloe Parker 在书籍出版过程中给予我们的众多指导。

感谢那些帮助我们组织了各种会议的组织和个人。在这里，我们要特别提及的是 Krishna Pagilla 教授。为了确保我们的工作顺利进行，Krishna Pagilla 教授曾经把我们邀请到他的家里。还有 Cemagref（现在的 Irstea）研究室至今依然保持着承办 3 次会议的纪录。

最后，让我们把诚挚的谢意送给为这本书投入了无数宝贵时间的评审专家，感谢他们辛勤细致的工作：

Youri Amerlinck 比利时 James Barnard 美国

Damian Batstone 澳大利亚 Evangelia Belia 加拿大

Marie Burbano 美国 Scott Bury 美国

John Copp 加拿大 Lluis Corominas 西班牙

George Ekama 南非 Güçlü Insel 土耳其

Bruce Johnson 美国 Dave Kinnear 美国

Henryk Melcer 美国 Eberhard Morgenroth 瑞士

Ingmar Nopens 比利时 Paul Roeleveld 荷兰

Oliver Schraa 加拿大 Kim Soerensen 法国

Ana-Julia Tijerina 美国 Peter Vanrolleghem 加拿大

GMP 任务组成员名单

Leiv Rieger（莱弗・里格尔，组长）
EnviroSim 环境咨询公司（2009～2012），加拿大拉瓦尔大学（2006～2009），加拿大
蒙特利尔综合理工学校（2005～2006），加拿大
瑞士联邦水科学与技术研究所（2004～2005），瑞士

Sylvie Gillot（西尔维・吉洛）
Irstea（前 Cemagref 研究所），法国

Günter Langergraber（冈特・朗格格拉贝尔）
维也纳天然物和应用生命科学大学（BOKU），奥地利

Takayuki Ohtsuki（大槻孝之）
栗田工业株式会社，日本

Andrew Shaw（安德鲁・肖，2006～2012）
博莱克・威奇，美国

Imre Takács（伊姆雷・陶卡奇）
EnviroSim 环境咨询公司（2004～2008），加拿大
EnviroSim 环境咨询公司欧洲分公司（2008～2010），法国
Dynamita（2010～2012），法国

Stefan Winkler（斯特凡・温克勒）
维也纳技术大学，奥地利

Paul Roeleveld（2004～2006）
Grontmij 水和废物管理咨询公司，荷兰

目　录

第 1 章
概　述

1.1　STR 报告的必要性

活性污泥系统的数学模拟已经成为污水处理厂设计和运行，工艺工程师和运行人员培训中广泛接受的工具，同时在研究中也被广泛使用。但是，只有在模型预测是可靠的时候，模拟结果在实际工程中才是有用的。

模拟研究所要求的详细内容和质量水平变化很大，取决于模拟的目标，项目可获得的资源和专长。不一致的方法和不完全的资料会使得模型的质量评价和模拟结果的比较非常困难。

由国际水协（IWA）“好的模拟实践（GMP）——活性污泥模型应用指南任务组（课题组）”寄出的一份调查问卷识别出了在促进活性污泥模型在实际工程的广泛应用中所遇到的主要障碍。这些结果如下所列（Hauduc 等人，2009，详情参见 GMP IWA WaterWiki 网站转载）：

（1）费用和时间。

（2）模型结构：

1）缺少模型限制方面的信息。

2）已有模型之间比较的需求。

3）缺乏模型可靠性方面的信息。

4）模型太复杂或者功能不足以满足一些具体目标。

（3）模型应用：

1）现有的模型无法适应特定的目标或者运行条件。

2）需要改善模型知识和经验的转让方式。

3）需要改善软件功能。

（4）建模的方法：

1）数据收集和协调：太耗时间，缺少一些专门测量（如污水特性）和数据协调的标准化方法。

2）模型校准/验证：缺少建模的标准化方法。

任务组的工作是通过专家组、专题讨论会、问卷调查、建模课程和网络论坛讨论的方式获得这个领域已有的知识和经验。通过这些知识和经验的整合来克服这些障碍。所有这些经验和知识都记录在这本国际水协（IWA）的科学技术报告中。

1.2 STR 报告的范围

这本科学技术报告（STR）是为从业者量身打造的。给出了模拟项目在计划和实施阶段的指南，也可以用作学习活性污泥模拟实际应用方面的入门书，对于没有模拟背景的工艺工程师应该对本书具有特别的兴趣。

这本科学技术报告（STR）提出了一个框架以解决常用的工艺模型的实际应用问题。如国际水协开发的活性污泥模型——ASM 系列模型（Henze 等人，2000），以及使用类似结构的其他模型，如：Barker & Dold 模型（Barker 和 Dold，1997）、ASM3＋BioP 模型（Rieger 等人，2001）、ASM2d＋TUD 模型（Meijer，2004）和 UCTPHO＋模型（Hu 等人，2007）。

这个框架的目的是使建模对于从业者来说更加直截了当，更加系统化。此外，应用矩阵方法的提出将有助于定义模拟结果的质量水平。它不仅提供了一种质量评价的方法，也是一种帮助正确使用模型的手段。将不同的模型应用按目标进行识别和分类，同时考虑模拟结果所需质量标准为达到模拟研究的目标带来的相应投入。

这本科学技术报告（STR）描述了一个以目标为导向的 ASM 模型应用方法。这个方法通过一个简洁的模拟项目和一些典型案例介绍给读者。这些案例介绍了与所定义的目标相对应的模型校正和验证所要求的数据质量和数量以及所需的工作量。

1.3 STR 报告的结构

在第 1 章概述之后，全报告由以下几部分组成：

第 2 章活性污泥工艺模拟的现状：主要介绍污水生物处理反应模型的发展历史和至今模型的主要实际工程运用以及未来的发展趋势。

第 3 章现有指南：主要讨论现存的各种模拟指南。

第 4 章 GMP 统一协议：介绍 GMP 统一协议的由来和发展。

第 5 章统一协议的步骤：详细介绍了国际水协 GMP 统一协议的五个步骤以及实施一个模拟项目的方法。

第 6 章 GMP 应用矩阵：介绍矩阵的概念，通过 14 个典型案例的分析介绍应用矩阵的用途。

第 7 章 GMP 统一指南的应用实例：通过案例分析详解 GMP 统一指南的应用。

第 8 章活性污泥模型在工业废水中的应用：介绍模型在工业废水处理中的应用以及应用时所需进行的模型修改

第 9 章活性污泥模型使用中常见的问题。

词汇表提供了本书所使用的专业用语的定义。

参考文献包括了整个报告中所使用的文献。

页码索引帮助读者找到特定的题目。

附录中包含了一些附加的信息，主要包括任务组的某些工作文件，有关测量误差及不确定来源的列表。

附录A详细介绍了报告中提到的子模型。

附录B介绍了生物动力学模型的矩阵方法（Gujer矩阵法）。

附录C给出了求解器设置的一些小技巧。

附录D给出了国际水协（IWA）的模型符号和参数符号的命名系统。

附录E给出了七篇已经出版的常用活性污泥模型验证方面的文章的复制件。

附录F给出了讨论模型参数的文章复制件。

附录G列出了测量误差的主要来源。

附录H列出了由国际水协DOUT任务组（课题组）识别出的不确定性来源。

附录I讨论了作为错误识别工具的质量平衡方法。

此外，已经建立了一个网站以提供一些附加的资料。这个网站提供的信息包括一组案例分析、关于Gujer矩阵的错误检查的电子表格和以电子表格形式列出的各种建模工具。网络的网址如下：

http://www.iwawaterwiki.org/xwiki/bin/view/Articles/GuidelinesforUsingActivatedSludgeModels.

1.4　模型的符号、术语、单位

本报告采用由Corominas等人（2010，见附录D）新制定的"生物动力学模型"符号系统，这个符号系统运用了系统化的命名规则，克服了之前文献中常采用的符号系统的缺陷和不足。对于熟悉国际水协（IWA）活性污泥模型符号系统的读者可以使用IWA WaterWiki网站上的这些符号系统的对照表。同样也可以在这个网址上找到这个报告中讨论的已经出版的7个活性污泥法模型的修正模型的Gujer矩阵。

此外，本报告还采用了一种独立的测量变量符号系统来清楚地区分测量变量和模型变量。表1-1列出了具有全名和单位的测量变量以及用作测量变量和模型变量时不同的名字。这个报告中使用的单位格式以在实际报告中普遍使用的单位为准。

所选变量的命名规则　　表1-1

变量全名	单位	测量变量	模型变量
总COD	mg COD/L	COD_{tot}	T_{COD}
不溶COD	mg COD/L	COD_{filt}	SC_{COD}
可溶COD（经絮凝和过滤后）	mg COD/L	COD_{sol}	S_{COD}
总氮	mg N/L	N_{tot}	T_N
凯氏氮	mg N/L	TKN	T_{KN}
氨氮	mg N/L	NH_x-N=NH_4-N+NH_3-N	S_{NHx}
硝酸盐/亚硝酸盐氮	mg N/L	NO_x-N=NO_2-N+NO_3-N	S_{NOx}
总磷	mg P/L	P_{tot}	T_P
磷酸盐	mg P/L	PO_4−P	S_{PO4}

1.5 推荐的阅读方法

为了便于读者阅读本报告，特制定了以下表格（见表 1-2），供读者根据自己的兴趣选择相应的章节进行阅读，当然，我们希望读者能喜欢本报告的每一个部分。

选择性阅读的建议 **表 1-2**

	第1章：概述	第2章：活性污泥工艺模型的现状	第3章：现有的各种GMP指南	第4章：GMP的统一指南	第5章 5.1：确定目标	第5章 5.2：数据收集和确认	第5章 5.3：构建污水厂模型	第5章 5.4：校准和检验	第5章 5.5：模拟及结果解释	第6章：GMP应用矩阵	第7章：基于GMP同意协议的案例分析	第8章：ASMs在工业废水处理中的应用	第9章：常见问题解答	词汇表
专业人员：从事建模细节工作														
顾问 初级 中级 专家	× × ×	×	×	× × ×	× × ×	× ×	×	× × ×	× ×	× ×	× ×	○ ○ ○	× ○	× ○
研究员	×	×		×	×	×	×					○		
教师	×	×		×		×	×		×			○		×
软件开发员	×	×	×	×		×	×	×	×			○		
专业人员：从事相关高级工作														
项目经理	×			×	×	×								
WWTP员工 操作员 经理	× ×			○ ×	×	×						○		×
政府/EPA/监管/管理机构	×		×	×	×							○		×

注：X：推荐阅读全章；○：有兴趣可阅读。

第 2 章
活性污泥工艺模拟的现状

本章提要

本章主要提供有关活性污泥模型实际应用方面的一个概览。在“模型中所表达的实际”部分介绍了主要的模型组分和结构的定义与理念。在“活性污泥模型的发展史”、“活性污泥模型的应用实践”和“活性污泥模型与模拟的未来发展”部分则着重介绍了活性污泥模型的发展过程、应用现状和未来的发展趋势。

2.1 模型中所表达的实际

模型是对一个实体、事件和过程简化的表达。通常，所选系统的一个行为特征或者几个关键特征被表达在模型中。数学模型通常尝试用数学方程来描述实际情景（通常这要在计算机上才能完成）。而仿真则是使用数学模型软件包（即仿真器或模拟器）描述情景的行为。

数学模型在使用前需要用一组或多组数据进行校准。理想的话，为了保证模型可以预测系统在不同情况下的行为或结果，随后还要进行模型的验证。数学模型可被应用于预测（预测未来结果）、诊断（理解机制和进程）、教学（专家与非专家的交流/培训工艺工程师和操作人员）。这些不同的用途如图 2-1 所示。

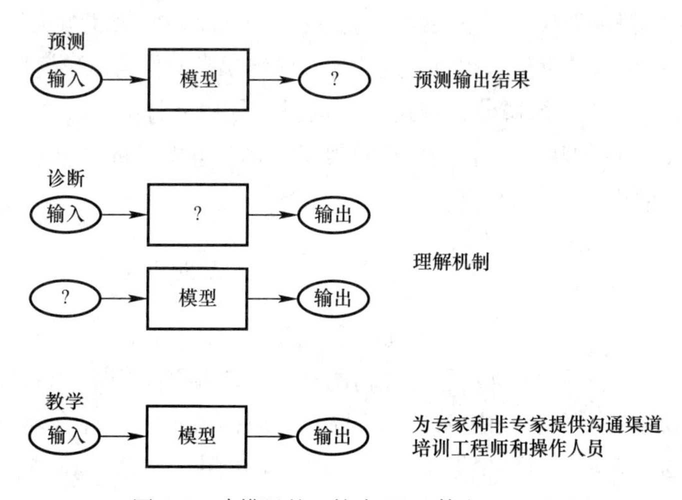

图 2-1 建模目的（摘自 Hug 等人，2009）

成功地开发一个污水处理工艺模型的关键环节包括获得准确的测量数据（观测资料）、选择关键特征和行为、使用简化的近似和假设、保证模拟输出（校准/检验）的准确性和预测结果的可靠性。

图 2-2 表明了“现实世界的观测资料如何转化成一个污水处理厂的模型”。为了产生一个预测值（一个输出结果），模型需要许多输入。模型所要求的输入往往来自于对实际系统观测产生的数据。所选系统边界可能仅仅包括污水处理厂，也可能是整个城市，甚至有可能包括图 2-2 描述的整个流域。

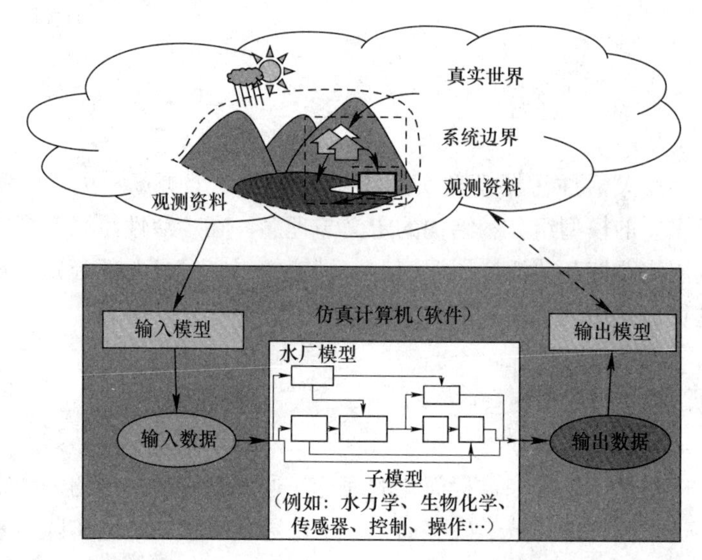

图 2-2　实际观测资料与污水处理厂模型及其子模型在仿真软件中的联系（摘自 Hug，2007）

无论选择怎样的边界条件，都需要将实际测量/观测数据转换成可以在模型中使用的输入变量形式。如在 AS 模型中，这些输入变量用来描述所模拟的化合物和其他关键组分输入的浓度。通常情况下整个系统还需要一些子模型来描述特殊的过程（如生物动力学转变、沉淀等）或操作单元（泵、流量分配器等）。当然这些子模型也可能需要相应的数据输入。同样地，输出结果也常常需要被转换成与实际观测结果相似的变量类型，这样才能将模型的预测结果和实际测量结果进行比较。这个比较的结果常被作为衡量模型适用性的指标。

活性污泥数学模型由一组微分方程构成，这组方程用来计算一定的单元体积 v，在经历一定的时间步长 $\mathrm{d}t$ 内的状态变量（C_x）的累积，并且考虑了进水出水流量以及由速率 r（见公式 2-1）代表的生物动力学转化。

$$\underbrace{\frac{\mathrm{d}M}{\mathrm{d}t}=\frac{\mathrm{d}(v\cdot C_x)}{\mathrm{d}t}}_{\text{积分}}=\underbrace{r\cdot V}_{\text{转化项}}+\underbrace{Q_{\mathrm{in}}\cdot C_{x,\mathrm{in}}\cdot C_{x,\mathrm{out}}}_{\text{迁移项}} \tag{2-1}$$

（生物反应动力学模型）（迁移模型）

公式（2-1）右边的最后两项表示化合物的迁移（包括流入和输出），通过几个反应器的串联，该项可以用来反映系统内的水力学特性（即推流式完全混合反应器）。公式右边的第一项表示生物反应，该值可根据生物反应动力学模型（如 ASM1）来求得。其他项也可添加到方程中描述其他的转化（沉淀）和迁移（气态迁移）。

目前，已有很多种可应用于活性污泥系统的不同生物反应动力学模型。在随后的2.3.2节会详细介绍相关模型。附录B详细地讲述了模型相关的标记符号，误差检查后的矩阵也可在下列网站中找到：http://www.iwawaterwiki.org/xwiki/bin/view/Articles/GuidelinesforUsingActivatedSludgeModels.

2.2 活性污泥工艺模型的发展史

本节简要介绍了活性污泥模型的发展历史。对于那些有兴趣更好地了解AS模型发展史的读者，请参考本节推荐的一些具有里程碑意义的文献。图2-3用时间轴的形式呈现了活性污泥模型的发展史。

（1）早期

在20世纪初期，Penfold和Norris（1912）发现了细菌的世代时间与底物浓度成反比关系。在1914年，Ardern和Lockett宣布发明了“活性污泥”工艺。虽然这些早期的研究为这个新工艺提供了一个跳板，但一直到几十年后活性污泥的动力学基础才被人们完全理解。

（2）活性污泥动力学的发展

Monod（1942）根据纯菌种生长试验提出了Monod方程，这个方程至今广泛应用于众多的模型。Garrett和Sawyer（1952）发现Monod方程同样适用于活性污泥中的混合菌种。Herbert（1958）首先引入了内源呼吸的概念，从而改进了较长污泥停留时间条件下的动力学预测模型。20世纪50年代后期和整个60年代，Eckenfelder（1958）和McKinney（1962）提出了污泥氧化的化学计量方程式，并且用数学表达式描述了完全混合反应器中的活性污泥动力学方程。在此期间，硝化作用的动力学过程也开始被广泛研究，当时Downing等人（1964）详细阐述了硝化作用过程及其动力学。Gujer则在2010年从一些历史的观点更加详细地概述了对硝化过程的最新理解。

（3）活性污泥模型（ASMs）及其后续发展

随着计算机处理能力的不断增强，工艺模拟迎来了一场革命。1975年，Busby和Andrews首先通过计算机实现了工艺模型。这一动态模型采用了“连续系统的建模程序”（CSMP），该程序包括贮存物质量、活性物质量和沉淀池模型。大约同时，Dold等（1980）开发了一个包含生物硝化和反硝化过程的结构化的动态模型。

20世纪80年代早期，国际水污染研究和控制协会（IAWPRC）（如今的IWA）成立了一个任务组（成员包括Grady，Gujer，Henze，Marais和Matsuo），其目的在于综合各种不同的模型概念形成具有“共识”的模型，即现在著名的活性污泥模型ASM1（Grady等人，1986）。这个模型及其文稿展示的格式（Gujer矩阵，附录B）已成为之后大多数模型研究和开发的基础及框架。

在ASM1发布后，IWA课题组和其他研究人员开发了相应的其他活性污泥工艺模型，包括生物除磷的ASM2和ASM2d（Henze等人，1995、1999），以及Barker和Dold模型（Barker & Dold，1997），还有ASM3（Gujer等人于1999年发布，Henze等人在2000年进行了更新）。此外还有一些著名的模型如ASM3扩展为包含生物除磷的模型（Rieger等人，

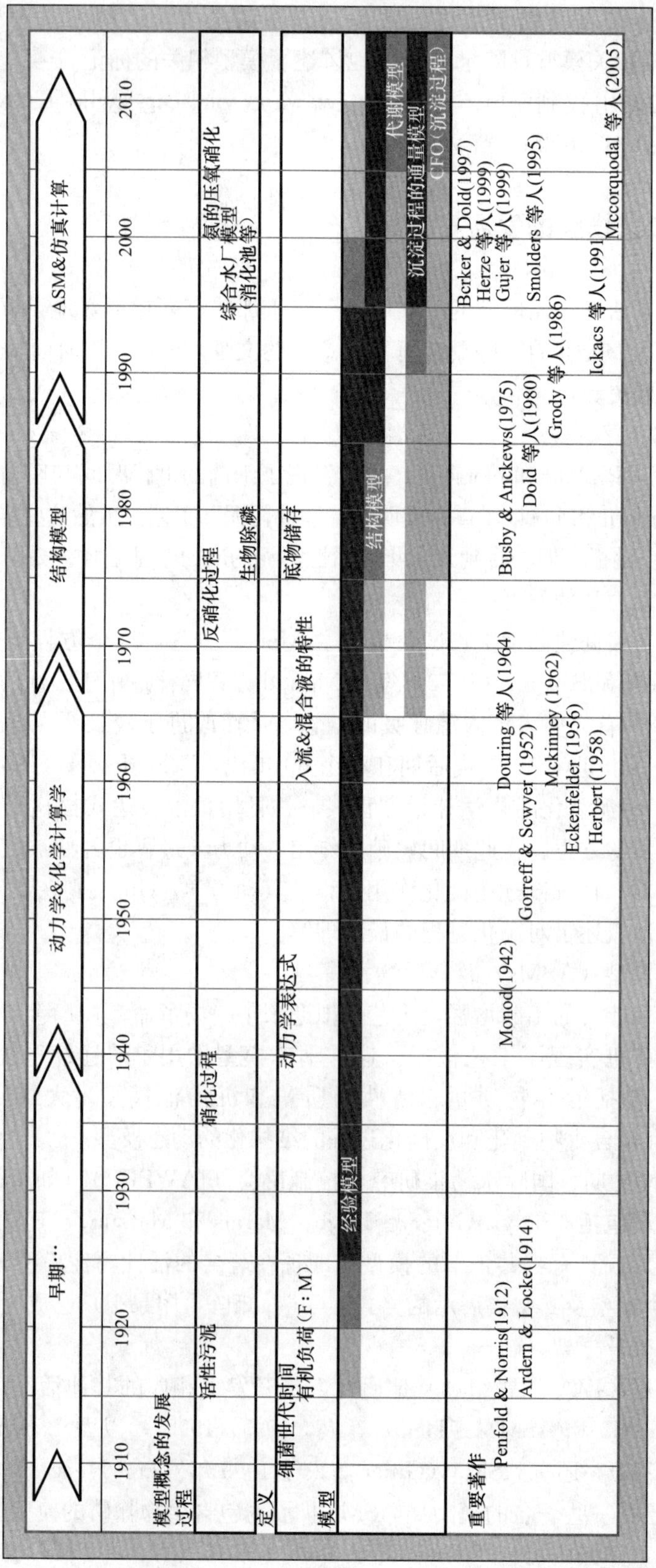

早期…
动力学&化学计算学
结构模型
ASM&仿真计算
1910
1920
1930
1940
1950
1960
1970
1980
1990
2000
2010
模型概念的发展过程
活性污泥
硝化过程
反硝化过程
生物除磷
综合水厂模型（消化池等）
氨的压氧硝化
定义
细菌世代时间
有机负荷（F∶M）
动力学表达式
入流&混合液的特性
底物储存
模型
经验模型
结构模型
代谢模型
沉淀过程的通量模型
CFO（沉淀过程）
重要著作
Penfold & Norris(1912)
Ardern & Locke(1914)
Monod(1942)
Gorreff & Scwyer (1952)
Eckenfelder (1956)
Herbert (1958)
Mckinney (1962)
Douring 等人(1964)
Busby & Anckews(1975)
Dold 等人(1980)
Grody 等人(1986)
Ickacs 等人(1991)
Smolders 等人(1995)
Bcrker & Dold(1997)
Herze 等人(1999)
Gujer 等人(1999)
Mccorquodal 等人(2005)

图 2-3　活性污泥模型发展时间轴

2001)、UCTPHO+模型（Hu 等人，2007）和 ASM2d+TUD 模型（Meijer，2004）。这些模型都包含了生物除磷过程。二沉池模型（如 Takács 等人，1991）与 ASM1 及其后续模型的联合使用被广泛地应用于模拟完整的活性污泥污水处理系统。这些模型中的许多模型已在现今的大部分商业化软件中实施了。大多数模拟软件还包括了其他单元工艺如厌氧消化、浓缩、脱水等，这样就能使用这些软件模拟整个污水处理厂中各工艺单元之间的相互影响。除了基于 Monod 动力学的结构模型，代谢模型也被广泛地用于建立各种反应过程的化学计量关系。

（4）Kollekolle 系列研讨会和 WWTmod 系列研讨会

20 世纪 80 年代和 90 年代，在丹麦 Kollekolle 召开了一系列建模研讨会，这些研讨会提出并完善了 ASM 系列模型的许多想法。自 2008 年，IWA 和 WEF（the Water Environment Federation）合作举办了新的系列建模研讨会 WWTmod，该会每两年举办一次，地点在魁北克 Mont Saint Anne。Universitié Laval 的 The modelEAU 研究组与 GMP 课题组的合作在这项倡议中发挥了举足轻重的作用。延续 Kollekolle 研讨会的精神，WWTmod 研讨会的目的是把来自不同背景的模型研究人员聚集在一起，讨论当前最先进的污水处理工艺模型与对未来的展望。

2.3 活性污泥工艺模拟的应用实践

2.3.1 目前的应用概述

活性污泥模型自 20 世纪 80 年代开始引进，到现在已经获得了广泛的接受。这些都反映在不断增长的文献数量（见图 2-4）和以提供模拟软件和模拟服务为代表的工程/软件公司的污水处理模拟服务行业的诞生和持续的发展壮大这一趋势上。模型的使用也慢慢地改变了污水处理厂收集数据的方式。参数的测量开始关注于基于模拟的工艺评价、质量平衡和动态性能的评估需求，而不仅仅只取决于出水指标的监测和运行目的的需求。以前被忽视的参数，如 COD、污泥的氮和磷成分、呼吸速率等，现在也已开始测量。

传统上，活性污泥模型常被用来估计许多不同结构的工艺的需氧量、反硝化能力以及

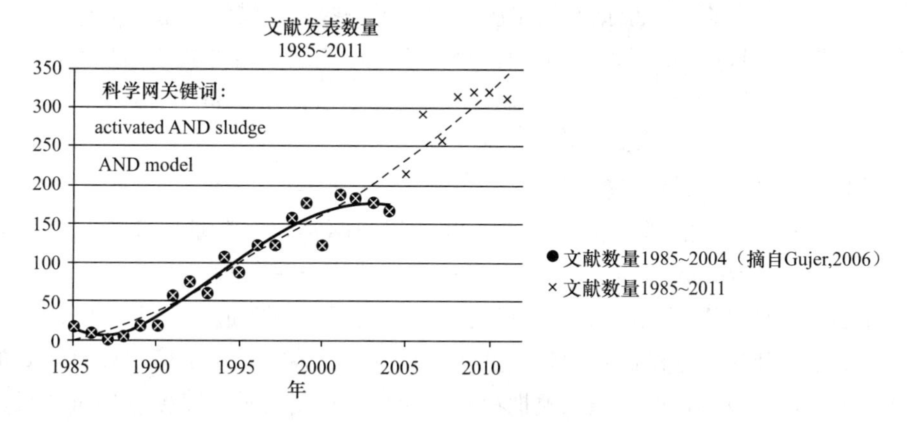

图 2-4　源于科学网（Web of Science）统计的从 1985 到 2011 年之间发表的有关活性污泥模型相关的文献数量（摘自 Gujer，2006）

预测污泥产量及其污泥处理设备的大小（Henze 等人，1987）。这个新的工具后来被发现同样可以应用于改善污水处理厂的控制和运行。现在使用的模型依然是基于有机物降解、硝化和反硝化作用的模型，但是，它们已经得到扩展和改进，如开始包括生物和化学除磷以及固体分离。

活性污泥模型的概念、结构和过程已经扩大应用于各种生物膜处理工艺，如用于沉淀池模拟、好氧和厌氧消化工艺、侧流处理工艺以及其他许多辅助工艺。活性污泥模型的应用与污水处理厂中的其他处理单元工艺的关系日益密切，模型的应用范围开始从模拟单一的活性污泥工艺单元扩展到整个污水处理厂的模拟。这种方法称为“全污水处理厂”或“污水处理厂范围”的模拟。由于这个 STR 报告的范围只限于活性污泥法，我们只考虑与活性污泥法相关的例子，但是我们必须记住活性污泥模型仅仅是污水处理行业的一种模型（虽然它们是基础模型）。

数学模型是一种结构化和严密的存储工艺知识的方式。它可以用来加强（非替换）专家的知识，更全面地了解关键甚至细微的反应单元过程的特点及其相互作用。此外，模型还有助于连续跟踪相关物质流动，计算单元工艺中的反应速率，并估算出水水质、污泥产量、总需氧量和化学需氧量等其他关键指标。

2.3.2 STR 报告中讨论的生物动力学模型

ASM1 发布后，一些生物动力学模型相继发布。以下是这个 STR 报告所涉及的生物动力学模型：

（1）ASM1 活性污泥模型（Henze 等人，1987）；

（2）Barker 和 Dold 通用活性污泥模型（Barker & Dold，1997）；

（3）ASM2d 活性污泥模型（Henze 等人，1999）；

（4）ASM3 活性污泥模型（Gujer 等人，1999）；

（5）ASM3＋BioP 活性污泥模型（Rieger 等人，2001）；

（6）ASM2d＋TUD 综合的活性污泥动力学和新陈代谢模型（Meijer，2004）；

（7）UCTPHO＋通用的生物脱氮除磷活性污泥模型（Hu 等人，2007）。

在 5.3 建立污水处理厂模型部分给出了这些模型的详细信息。这些模型的连续性和正确性已经过了仔细的检查，并根据原始出版物纠正了一些打字错误。附录 E 包含了这些模型检验的详细报告（Hauduc 等人，2010）。这些模型以电子表格形式给出的 Gujer 校正矩阵可在以下网站查询：http://www.iwawaterwiki.org/xwiki/bin/view/Articles/GuidelinesforUsingActivatedSludgeModels.

2.3.3 模拟项目中的利益相关者

一个模拟项目所包含的利益相关者通常可以分为两类，一类是建模者（modellers），另一类是非建模者（non-modellers）。建模者被定义为完全理解模型及其使用方法的一个群体；而非建模者是对于模型的细节不完全了解，也可能不知道如何进行模拟的一个群体。但是，对于非建模者来说需要理解模型能够提供什么答案，一个模拟项目需要的工作量（包括数据需求）以及他们期望从模拟得到的结果的精度。对于建模者的重要考虑是设定模拟时实际的期望值（见 5.1 节）和保证输出结果可以清楚地交流（见 5.5 节）。以这样一种方式使非建模者参与和了解这个建模项目的目标和范围。在一些国家监管机构会检查项目设计是否符合技术标准。某些监管机构的人员需要批准使用模拟技术，这样的话，这些监管人员必须能够评价模拟，以便能够把模拟结果补充到监管文件中。这是 STR 报告对于模拟者和非模拟者两类人员都有帮助的原因。

2.3.4　模型在污水处理厂生命周期分析中的作用

在污水处理厂处理设施的生命周期分析中考虑使用工艺模型是非常有用的，事实上我们不可能非常准确地预测污水处理设施的未来。2011 年，Gujer 以 Zurich-Werdhölzli 污水处理厂 20 年时间的发展为例进行了研究。在这期间，污水处理厂经历了中试研究，原始活性污泥厂的建设和改造工作。为了适应新条例要求、设备老化、新工艺和变化的污水水质（特别是重要工业部门搬离以后）等，该厂需要提高脱氮除磷的标准。在开发和使用这个污水处理厂的工艺模型时，不仅能够优化已有的污水处理厂，而且能够更好地应对未来变化的负荷和处理需求方面的不确定性。一个较好的校准模型可以随着时间的推移，不断修改并且适应污水处理厂的不同阶段，为决策制定提供稳定合理的依据（见图 2-5，Phillips 等人，2010）。

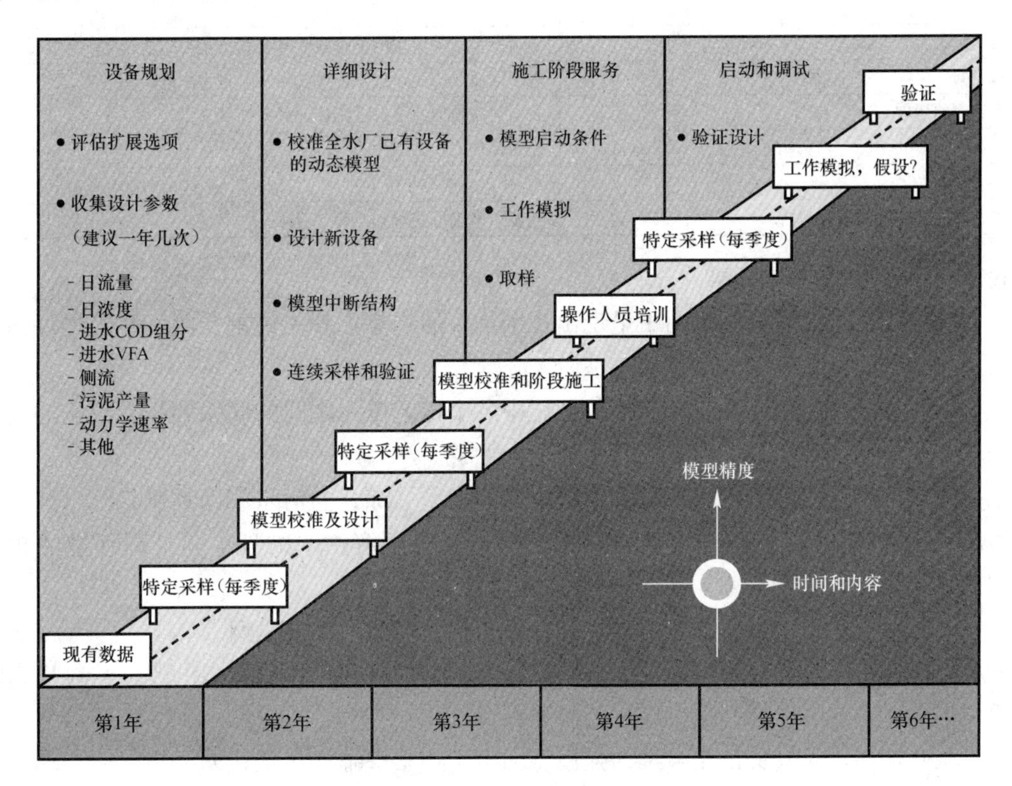

图 2-5　在污水处理厂升级改造不同阶段使用的一个污水处理厂模型的生命周期（Phillips，2010）

2.4　活性污泥工艺模拟的未来发展

2.4.1　污水处理厂中的驱动力

在污水处理行业有众多影响活性污泥工艺目标的挑战。表 2-1 列出了一些推动污水处理模型应用的因素及其对工艺模拟产生的影响。

污水处理中推动模型应用的因素及其对活性污泥模型的影响　　表 2-1

污水处理中推动模型应用的驱动力	对活性污泥模拟产生的影响
财务因素	
运行成本（能源、化学试剂、维护、法律费用等）	采用模型进行运行和控制优化
政治要求向用户收取全部处理费用（没有政府补贴）	不断刺激污水处理厂的运行优化，保持行业在地区的继续存在 采用模型进行运行和控制的优化 采用模型预测未来的费用和规划
有限的污水处理厂的扩建投资	采用模型进行设计优化、减少设计中的安全因子、避免基于经验的设计方法、风险评价、处理不确定性、调查可替代工艺方案
土地资源限制	设计创新工艺，采用高效的工艺
排放标准提高	
富营养化合物（N 和 P）的处理需求	采用模型描述脱氮除磷过程
低出水的限制	污水特征化和状态变量，新的模型，半饱和系数值。处理不确定性的需要
微量污染物	新模型的需求、分析问题，特别组分的归宿
气候变化	
降雨的问题	暴雨模型，不适用的估算流量和负荷的历史方法
用水量的减少	进水性质的改变，进水强度的增加，进水浓度的减少
中水回用的增加	新工艺，增加的溶解性固体问题（如氯离子）
关注温室气体的排放	能源优化，新的 N_2O 模型
社会因素	
对利益相关者的解释工作的增加	模型用来进行交流和教育

2.4.2 发展趋势和研究需求

近年来，在工艺模拟的应用中呈现出几个重要的趋势，其中最重要的一些趋势可归结为以下几个方面：

（1）能够使工艺工程师研究污水处理厂中各个工艺单元之间的联系和相互影响的全污水处理厂模型。

（2）与污水处理厂上游和下游水系统集成的模型（综合的污水管网系统，污水处理厂和污水收纳水体系统的模型）。这种模型能够进一步理解污水处理厂与外部环境的相互影响。

（3）能够把水循环中各部分模型综合在一起构建流域尺度的模型。

动态模拟在工艺优化和控制设计中的应用不断增加。在线仪器仪表的改进与应用为动态模拟提供了必要的数据，这个应用趋势还将继续。

模型开发和研究人员正在继续加强模型的微生物学基础（包括代谢模拟、种群动力学等）研究，开发适用于特定化合物的模型，如温室气体（N_2O）、重金属和微量成分。新的工具和方法也在不断地开发，如元素平衡法和对特殊的污水进水特征化的方法。综合考虑物理化学反应、生物过程和其他与基础物质相关的化学平衡的模型开发也在进行中。计算机运算速度的改善和模型的进一步开发使得计算流体动力学（CFD）与生物反应动力学模型结合成为可能。研究人员正在调查如何运用概率模拟来处理不确定性，也有研究人员将模型用作决策支持系统的一部分（DSS）。

随着模型越来越广泛的应用，也暴露出许多目前知识与应用领域存在的差距，发现更多的模型可以加强或改善的地方。要描述所有的研究需求已经超出了这个科学技术报告的范围，表 2-2 列出了本报告作者认为需要进一步研究的领域。我们应该认识到现在确立这些“好的模拟实践”工作对于这些研究工作的重要性，因为这将有助于我们解决明天的问题。

污水处理厂模拟的未来研究需求　　表 2-2

污水处理的领域	模拟研究的需求
N/P 去除	更详细的污水进水特征化，尤其是对磷和氮的化合物，以确定它们的降解特性； 脱氮除磷到非常低的浓度（在这些低浓度的范围内，我们的模型是否仍然有效）
生物和动力学基础	微生物的识别和定量化； 水解动力学； 污水处理数据库（特定污染物的反应动力学和化学计量数据）
曝气系统的模拟	改进的溶解氧传递模型（包括变量 α）和延时曝气模型（系统包括鼓风机或曝气机）
工艺水动力学的影响	吸附/搅拌影响； 包括 CFD 的详细的水力学； 改进的沉淀模型
污染问题	曝气头和膜污染； 模拟油和油脂的影响
泡沫和污泥膨胀	与泡沫形成和污泥膨胀有关的絮体形成机制和形态学（同样适用于 MBR 反应器）； 扩散限制、沉淀池影响
新工艺/模型	模型中包括硫的化学和生物学； 模拟污泥减量化技术； 微量污染物（去处和处理）； 温室气体排放的 N_2O 模型； 生物膜模拟与活性污泥模型的综合
分析工具	适用于动态模拟的结构化的数据分析工具； 处理不确定性的方法

推荐阅读

- Gujer, W. (2008). Systems Analysis for Water Technology. Springer, Berlin, Germany, ISBN: 978-3-540-77277-4.
- Henze, M. , van Loosdrecht, M. C. M. , Ekama, G. A. and Brdjanovic, D. (2008). Biological Wastewater Treatment: Principles, Modelling and Design. IWA Publishing, London, UK, ISBN: 9781843391883.
- WEF MOP 31(2009). An Introduction to Process Modeling for Designers. Manual of practice No. 31. Water Environment Federation, Alexandria, VA, USA.
- Proceedings from the wastewater modelling seminars in Kollekolle and WWTmod.

第 3 章 现有指南

本章提要

本章将主要讨论模型应用指南的优势，给出已有指南的一个概览，并按照专门的标准对它们进行了分析。逐一讨论每个指南的主要特点，并将结果以表格的形式呈现。

3.1 引言

由于方法种类繁多，又缺乏文献资料，导致了质量评价和保证模拟结果的相似性变得非常困难，甚至几乎无法实现。为了克服这些困难，亟待构建通用的活性污泥模型框架。

最近出现了一些指南，可以用于不同领域的模拟项目。本章我们将综合这些已有的指南，提出一个通用的活性污泥模型应用指南。

3.1.1 模型指南的优势

笔者相信，模拟指南的发展必将提升模拟结果的质量，也可减少模拟项目的工作量。此外，指南的发展还可以提高数据质量，提升设计效果。以下是模型方案化的重要优势：

(1) 作为一个标准化进程，协议下的结果具有更好的可比较性、可重复性、可传递性；

(2) 在协议的指导下可以保证需求、限制和预测结果更清晰；

(3) 标准化进程可以实现更优异的质量保证和质量控制（Shaw 等人，2011）；

(4) 标准化步骤可以协助缺乏经验的建模者和用户参与项目。

一份 GMP 调查报告（Hauduc 等人，2009）显示大多数的模型使用者从未接受过模型使用方面的培训。这一现象不利于产业发展，也解释了文献中各种方法层出不穷的原因。一个标准化的协议可以引导建模者按照一系列规定步骤操作，一段时间之后可以使操作方法固定下来，这也就减少了工程师的培训时间。协议会指出一些典型的错误，这样既能减少时间，也能保证模型质量。标准化进程将实现更优异的质量保证和质量控制过程，也将增加模型结果的可信度。协议明确了建模者和委托人之间的关系，便于明确双方责任和目标。水质量模拟项目常隐含着未知因素和数据不一致等问题，标准化的报告将加快文件编写和与委托人交流的速度，这将有助于信息交流和知识分享。标准化建模协议下简单易懂的操作过程，将有利于所有项目参与人员，无论是从业者，操作人员还是监管机构。

模拟协议致力于促进模拟效率的不断上升。因此，我们应该定期评估所提出的方法，并对一些广泛使用的方法进行标准化改进，保证模型协议对新模型、新技术同样具有较好的适用性。

3.1.2 标准化的潜在风险

标准化进程并不是毫无风险可言的。一个明显的问题就是标准化进程的推广可能阻碍创新，可能会影响提出更多有效解决问题的方法。我们会给出对于所有模型项目通用的结构，但是建模者应该根据不同的项目目标自由选择最好的方法和模型。

此外，建模者不应该盲目遵循准则，必须考虑预定目标和案例特点，尽可能地避开不必要的、复杂的和高成本的步骤。

3.2 已有指南

最近几年出现了一些建模协议和建模指南。其中许多指南都是针对污水处理模型的，也有一些其他的通用模型指南。

3.2.1 通用模型指南

在污水处理领域，提高模型使用的准确性，保证模型的质量和有效性一直被认为是令人头疼的难题（Scholten 等人，2000；Refsgaard 等人，2005；US EPA，2009）。模型质量亟待提高，复现性不足，标准化流程也尚待实现。为了解决这些问题，荷兰的一个水处理专家研究组出版了《Good Modelling Practice Handbook》（Van Waveren 等人，2000）。提高模型可信度也是欧盟资助 HarmoniQuA 项目的原因之一（http://harmoniqua.wau.nl/）。这个项目促进了质量保证准则和建模辅助工具（MoST，2006）的发展。质量保证准则和建模辅助工具是污水处理质量保证体系的重要组成部分。

3.2.2 污水处理模型指南

以下四种针对污水的模型已被广泛应用和参考：

（1）STOWA（Hulsbeek 等人，2002；Roeleveld & van Loosdrecht，2002）；

（2）BIOMATH（Petersen 等人，2002；Vanrolleghem 等人，2003）；

（3）WERF（Melcer 等人，2003）；

（4）HSG（Langergraber 等人，2004）。

这四种建模方式的对比可以在 Sin 等人（2005）和 Corominas（2006）两篇文中找到。针对国际上较少使用的建模方式可参考以下两篇文献，Frank（2006）和 Japan Sewage Works Agency（2006，日文版附英文总结，Itokawa 等人，2008）。在发表的文献中可以找到 WWTP 模型说明的众多研究实例（比如 Brdjanovic 等人，2000；Meijer 等人，2002；Third 等人，2007；Gujer，2008；Henze 等人，2008；Makinia，2010）还可在模拟计算机用户手册或私营企业的建模准则中找到。

3.2.3 已有指南分析

本节将详细介绍统一协议所包含的各指南或准则的主要特点。对指南的具体分析详见表 3-1～表 3-4。表 3-1 和表 3-2 包含了四个重要协议的主要内容。表 3-3 的内容出自 Frank（2006）和 Itokawa 等人（2008）的协议分析；表 3-4 是通用建模指南（由 2000 年的 Van Waveren 版本和 2005 年的 Refsgaard 版本组成）。

四种主要活性污泥模型指南（STOWA，WERF，BIOMATH，HSG）可以被归结为 Type 2：Type 2 源自 HarmoniQuA 项目（Refsgaard 等人，2005）。其他协议较少使用，

可被归结为 Type 1（Internal Technical Guidelines Developed and Used Internally）。Type 3 指南附加了建模者和客户之间的互动部分。Type 2 和 Type 3 指南都源于普遍认同的建模流程。表中所列出的其余特征准则也可作为参考：

（1）建模协议的使用范围；

（2）建模协议开发者的背景；

（3）工作条件及使用等级。

3.2.3.1 指南简述

STOWA 主要帮助用户基于 ASM1 模型建立系统化和标准化的过程，用于脱氮处理工艺。这份协议的关键部分在于易操作的污水特性表征方法。该方法的先进之处在于建立了用户组，并且建立在普遍认同的建模流程之上。可惜的是，这一协议目前只有一个英文版的总结（Hulsbeek 等人，2002；Roeleveld & van Loosdrecht，2002）。

WERF（水环境研究基金）指南（Melcer 等人，2003）主要基于北美的经验。这一经验来源于两部分，一部分是废水特性表征方法的研究进展，另一部分是被各国研究人员普遍认同的建模流程。最终报告包含大量对理论知识、实践经验以及数据的概述。这一报告已经成为污水特性表征和模拟方法的参考标准。

比利时根特大学的 BIOMATH 组提出了一个基于最新参数估计方法的通用校准方法（Vanrolleghem 等人，2003）。这一方法关注生物动力学模型（生物动力学模型包括沉淀、水力作用和曝气）。这一校准方法的建立需要进行大量实验并使用系统分析工具来分析实验结果。

HSG 则是一个手把手指导建模者建立模型的通用协议。HSG 是专业研究人员（来自使用德语的国家）经验的总结。这一协议鼓励以目标为导向确定方案，但是在处理过程中出现的偏差需要解释和注明。HSG 建模协议强调数据质量。关于 HSG 的具体解释可以参考一篇 8 页的英文文献（Langergraber 等人，2004）。

地区协议（如 JS 协议，Japan Sewage Works Agency）通常针对特定的问题和条件，并不适用于普遍情况。公司协议（如 Frank，2006）通常具有知识产权，使用不方便。软件手册，尽管专注于特定的软件包，但仍然会提供一个综合的模型使用方法说明。出版的研究案例（如 Meijer 等人，2002；Third 等人，2007）也可以用于指导操作，但往往过于具体，无法用作一般活性污泥模型的指南。

STOWA，BIOMATH 两个协议的特点及具体指导功能及其在统一协议中的作用　表 3-1

名　称	背景信息	目标/程序主要特点	协议主要步骤	GMP 统一协议所包含的内容
STOWA (TheNetherlands) (Hulsbeek 等人，2002；Roeleveld & van Loosdrecht，2002)	发布机构： Dutch Foundation for Applied Water Research 作者背景： 圆桌会议参会人员（由 STOWA 举办） 目标用户： 日常工作涉及动态模型的工艺工程师/建模初学者 工作成果： 完整报告（只限荷兰使用） 2 个英语版本（2×8 页）	特点： 简单实用的使用协议 1. 促进在优化和设计阶段中 AS 系统动态模拟的实际应用； 2. 模型的标准化使用； 3. 废水特性表征程序； 4. 质量控制； 5. 适合于缺乏经验的使用者	1. 确定目标； 2. 工艺说明； 3. 数据收集和验证； 4. 模型结构选择； 5. 主流表征； 6. 校准/检验； 7. 详细的特性表述； 8. 项目验证； 9. 模型应用	1. 协议的结构化概述，包括反馈循环； 2. 沉淀和生物污泥特性； 3. 进水特性； 4. 时间估计； 5. 详细的数据质量检查； 6. 逐级校准生物反应过程的参数（提供某些校准参数和参数的接受范围）； 7. 实用的实验模型； 8. 适用于咨询和建模初学者

续表

名 称	背景信息	目标/程序主要特点	协议主要步骤	GMP统一协议所包含的内容
BIOMATH (Belgium) (Vanrolleghem 等人，2003)	发布机构： BIOMATH课题组 (Ghent University) 作者背景： 研究员，生物技术博士 目标用户： 处理高等建模问题的研究人员和建模者 工作成果： 广泛出版，用于模型校准案例分析 (28页)	特点：生物动力学模型的校准程序 1. 提出较全面的模型校准程序； 2. 采用先进的方法来校准模型（实验优化的设计方法）； 3. 适合于经验丰富的建模者； 4. 需要较好的实验结果和专家经验（系统分析背景）	1. 确定目标和需求； 2. 水厂调研和特征描述（模型选择），额外数据收集； 3. 稳态校准； 4. 动态校准和校准结果评估	1. 协议的结构化概述，包括反馈循环； 2. 进水、生物量、沉淀物、水力和生物学模型的特性； 3. 采用优化实验设计进行测量； 4. 灵敏度分析和参数选择； 5. 提供的案例； 6. 普遍适用

WERF，HSGSim两个协议的特点与具体指导功能及其在统一协议中的作用　　表3-2

名 称	背景信息	目标/程序主要特点	协议主要步骤	GMP统一协议所包含的内容
WERF (North America) (Melcer等人，2003)	发布机构： Water Environment Research Foundation 作者背景： 来自咨询顾问公司、模拟计算机生产商、化工厂和大学的专家 目标用户： 政府或工程咨询公司开展的市政/工业污水模拟研究；建模初学者 工作成果： 以原创研究为主的最终报告（575页）	特点： 进水和污泥特性表征方法，硝化细菌增长速率测定方法的建议和简介 1. AS模型的参数测定方法和进水特性表征方法； 2. 模型校准和使用指南； 3. 参考手册：知识、经验、数据	不同于传统协议，不具有结构化的概述。用于校准： 1. 水厂配置设立； 2. 额外数据收集； 3. 自我校准，根据不同目标分为四个不同等级： -level 1：基于默认值和假设 -level 2：基于水厂历史数据 -level 3：区域测试和收集数据 -level 4：直接补充level 3 4. 验证	1. 测定进水和生物量特性的详细程序和特殊参数（如硝化作用）的测定方法； 2. 灵敏度分析和参数选择； 3. 详细的数据质量检测； 4. 分级校准方法； 5. 案例分析； 6. 实用的实验方法； 7. 适用于咨询和建模初学者
HSGSim (DE，AU，CH) (Langergraber 等人，2004)	发布机构： Hochschulgruppe Simulation (HSGSim) 作者背景： 大学研究员，来自使用德语的国家 目标用户： 咨询公司、水处理领域和政府机构的建模者 工作成果： 协议框架和未来工作大纲（8页）	特点：完整的模拟研究结构化方法 1. 根据参考案例对质量分级； 2. 根据较低的目标需求，修改案例，并解释原因； 3. 模拟结果易理解、重复性高； 4. 数据验证的重要性； 5. 适用于任何生物动力学模型； 6. 合理的存档	1. 确定目标； 2. 数据收集和模型选择； 3. 数据质量控制； 4. 模型结构评价和实验设计； 5. 额外数据收集； 6. 校准/验证； 7. 案例、评估、存档	1. 指导完整模拟研究的指南； 2. 结构化的协议概述； 3. 水力学和生物反应动力学特性； 4. 测量工作的安排； 5. 数据质量检验； 6. 存档； 7. 广泛适用性

废水导向指南的特点与具体指导功能及其在统一协议中的作用　　表3-3

名 称	背景信息	目标/程序主要特点	协议主要步骤	GMP统一协议所包含的内容
Frank (USA) (Frank，2006)	发布机构： Gannett Fleming，Inc 作者背景： 咨询顾问公司的工艺工程师 目标用户： 日常生活常使用动态模型的咨询工程师 工作成果： 一些研究可用的应用协议（31页）	特点： 为咨询工程师量身打造的协议 1. 工艺设计和工艺结果预测的实际可行的程序； 2. 没有提及沉淀过程	1. 目标分类； 2. 历史数据分析； 3. 数据协调； 4. 广泛采样； 5. 进水WW特性表征； 6. 模型构建和校准； 7. 模型验证； 8. 出水情况提升； 9. 水厂运行情况模拟	1. 协议的结构化概述，包括反馈循环； 2. 进水和水力学、生物反应学特性； 3. 数据质量检验； 4. WW典型比率的特性； 5. 三个案例的程序流程图； 6. 场景分析流程图

续表

名　称	背景信息	目标/程序主要特点	协议主要步骤	GMP 统一协议所包含的内容
Japan Sewage Works Agency (Japan) (Japan Sewage Works，2006；Itokawa 等人，2008)	发布机构： Japan Sewage Works 作者背景： 圆桌会议参会人员（由 Japan Sewage Works 举办） 目标用户： 咨询公司、水处理领域和政府机构的建模者 工作成果： 完整报告（只限日本使用） 1 个英语版本（8 页）	特点： 1. 实用可行的协议，特别是对于刚开始参与此类工作的人； 2. 推动 AS 模型在日本政府 WWTPs 设计和运行中的使用； 3. 重点关注主要生物反应过程（ASM2d），包括辅助工艺模型如沉淀； 4. 该协议基于现有协议的整合	1. 项目定义； 2. 已有数据收集； 3. 额外测量方法； 4. 工艺分析； 5. 工艺模拟； 6. 校准； 7. 模拟和评估	1. 应用案例介绍和灵敏度分析； 2. 动力学参数的校准； 3. 综述已发布应用案例； 4. 广泛地调研日本市政污水，确定特性比率； 5. 典型错误说明

已有常见协议的特点与具体指导功能及其在统一协议中的作用　　表 3-4

名　称	背景信息	目标/程序主要特点	协议主要步骤	GMP 统一协议所包含的内容
GMP-Handbook (The Netherlands 1999) (Van Waveren 等人，2000)	发布机构： 污水管理建模/荷兰污水管理 作者背景： 研究组来自荷兰的水处理领域、大学、咨询公司和由 STOWA 领导的国家机构 目标用户： 建模者 工作成果： 最终报告（165 页）	1. 提高荷兰污水管理模型的效率和质量； 2. 基于用户建议，改进传统模拟和仿真过程，建立知识共享的多跨学科团队； 3. 一般的模拟程序，并非专门为 WWTP 模拟开发	1. 启动日志； 2. 项目定义； 3. 模型建立； 4. 模型分析（灵敏度分析、校准、验证）； 5. 模型使用； 6. 结果使用； 7. 报告和存档	1. 协议的结构化概述，包括反馈循环；建议建立启动日志； 2. AS 模型中统一使用的词汇表； 3. 提供检验表，确保协议的每个重要步骤被执行； 4. 系统化的存档和报告； 5. 常见错误列表； 6. 协议通过建模者的检验（包括经验丰富的建模者和新手）
HarmoniQuA (European project 2002-2005) (http：/if in mathharmoniqua. wau. nl/) (Refsgaard 等人，2005)	发布机构： 12 个参与者，由 H. Scholten 领导（Wageningen University，The Netherlands） 作者背景： 参与者来自国家机构、大学、流域管理软件公司 目标用户： 建模者、水业管理者、审计员、利益相关者、公众 工作成果：EU 项目于 2005 年已完成工作。还将以 Post HarmoniQuA 标准框架的形式继续开展	1. 克服模型项目中的方法难题； 2. 开发 7 个不同地域的水管理模型使用手册； 3. 开发模型辅助工具（MoST）用于指导和提供质量控制框架，保证不同工作组能在同一个项目中工作； 4. 考虑咨询等事件的参与者和市民； 5. 一般的模拟程序，并非专门为 WWTP 模拟开发	1. 模型研究计划； 2. 数据收集和构建； 3. 模型建立； 4. 校准和验证； 5. 模拟和评价	1. 协议的结构化概述，包括反馈循环； 2. 在确定目标阶段，为不同的步骤定义停止条件（校准和验证）； 3. 不确定性分析； 4. 指导机构工作，促进用户和建模者的交流； 5. 每个步骤都需要用 MoST 进行评估； 6. 在计算机中实现指导和质量保证的一般框架 7. 在模拟项目中指导用户 8. 指南适用于不同地域和不同使用者： （1）建模者； （2）水业管理人员； （3）审核人员； （4）利益相关者； （5）公众

第 4 章
GMP 统一协议

本章提要

本章简要介绍了 GMP 统一协议，并给出每一个步骤的简要流程图。GMP 统一协议包括建模项目中的技术准则，并通过一个循序渐进的过程，指导建模者和利益相关者之间的协作。第 5 章将提供每一步骤的详细说明。

4.1 统一协议的达成

GMP 统一协议以第 3 章中所述的污水处理协议为基础，并对指南中的一些关键元素进行了扩展，尤其是在关于建模者和利益相关者之间的协作等方面。现有协议的相似之处多于分歧和差异，而且差异大多是细节和重点。所讨论的协议的主要差别在于：

（1）现场测量的设计；

（2）测量进水水量、水力学、沉淀、曝气、化学计量学和动力学参数的实验方法；

（3）校准和验证污水处理厂模型的程序。

毫无疑问，这些差异是与建模者的目标、背景以及用户目标相关联的（例如，建模者是研究人员、咨询工程师还是利益相关者，以及他们的专业知识背景是工艺工程或给水排水管理）。同时，模拟的差异也与地区和目的有关，例如北美采用模拟的目的主要是设计或改造，而欧洲则是控制和优化研究，这就会要求更多的动态模拟（Hauduc 等人，2009）。

第 3 章中的表 3-1～表 3-4 给出了纳入统一协议时应当考虑的几个关键因素：

（1）实际协议的结构性概述，包括反馈回路；

（2）所耗费的成本水平（例如数据要求、校准水平、时间估算）与所达成目标之间的函数关系；

（3）数据采集与协调策略；

（4）详细表征污水水质、生物量、沉淀、水力学过程和生物过程的实际方法论；

（5）模型的选择与设定；

（6）污水处理厂模型的校正/验证方法，包括参数选择；

（7）不确定性分析；

（8）建模者与最终用户之间互动关系的指导意见（性能标准的建立，对协议主要步骤的理解）；

（9）文档标准；

（10）实例，包括模型的典型缺陷。

4.2 GMP 统一协议——结构概述

统一协议包含了 MoST（2006）的主要方面，并且使用了 MoST 的整体结构。之所以选择这一结构，是因为它与一般的建模概念一致（例如 Van Impe 等人，1998）。

GMP 工作组的工作目标是创建一种第三类型的协议（公共交互指导章程），这一协议由 Refsgaard 等人，（2005）定义，包含了建模者和利益相关者的互动关系。上述协议的主要步骤表达于图 4-1，主要有五个步骤：

步骤 1：项目定义；

步骤 2：数据采集与协调；

步骤 3：污水处理厂模型设定；

步骤 4：模型校正与验证；

步骤 5：模拟与结果解释。

每一个步骤都应提供给利益相关者评阅，并得到其同意，才可以开展下一个步骤（图 4-1 中的黑色判断框）。评阅可以是报告形式或文档形式，这是每一步骤的最后一个任务。协议要求一个包含所有建模步骤结果的最终报告，通常就是附录所述的每一步骤详细阶段报告的总结。

下面简单介绍统一协议的五个步骤。执行各个步骤所要求的程序和方法在第 5 章中有详细说明。

（1）步骤 1：项目定义

在项目定义阶段，建模项目的目的要得到定义，利益相关者及他们的职责需要明确，预算和时间约束也要达成协议。

产出的成果：形成关于建模项目的技术条件和预算的协定。产生一个介定项目内容的项目定义文档。该文档在每一步骤的任务评阅中可以被修改，这个文档是一个“成长的”、“动态的”文档。

（2）步骤 2：数据采集与协调

这一步骤的目标是对模拟项目所需数据进行收集和评估，如果需要的话，对数据进行协调。应提供一个循序渐进的过程，用以分析所收集的数据，包括基于统计分析、工程专业知识和质量平衡的专用方法。

产出的成果：步骤 2 的阶段性成果应产生一个经过协调的数据系统，可以被用于模拟项目的下一阶段。此外，应该明确对于项目定义产生的偏离和修改，并在下一步骤开始之前形成项目定义文档的修改稿。

（3）步骤 3：污水处理厂模型设定

本步骤的主要工作是针对一个污水处理厂，将真实世界的数据纳入一个简化的数学模型。这一步中需要确定的有：模型的设计，各部分模型的结构，与数据库的连接，以及模拟生成的图表的设定。污水处理厂模型的建立要求检验该模型的主要功能，保证它能模拟

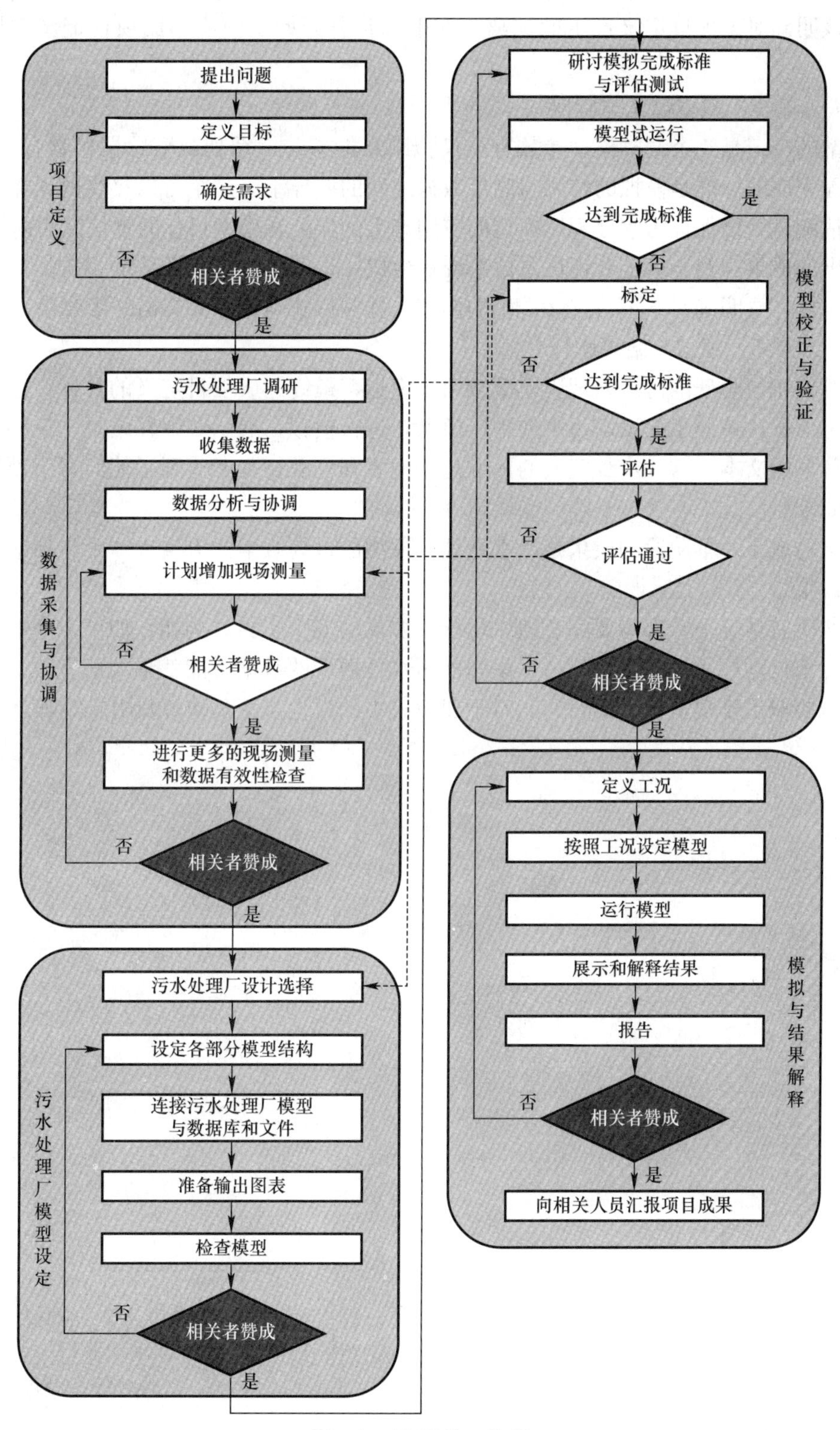

图 4-1　GMP 统一协议

出合理的结果。

产出的成果：建立起描述污水处理厂的模型，生成一个污水处理厂建模的报告，同时，应该明确对于项目定义产生的偏离。在下一步骤开始之前应形成项目定义文档的修改稿。

(4) 步骤 4：模型校正与验证

模型的校正是一个调整模型参数直至模拟结果能够与一系列观察数据相吻合的过程。这一过程完成的标准是模拟的结果与测量数据之间的差异小于一个可以接受的误差。应该进行评估测试，以保证污水处理厂模型的应用产生的误差在模型目标的置信区间内。

产出的成果：给出标定和评估参数系统，生成一个关于标定和评估的报告。如同前面的步骤一样，要明确对于项目定义产生的偏离。并应形成项目定义文档的修改稿。

(5) 步骤 5：模拟与结果解释

经过校正与验证的污水处理厂模型被用于模拟，最终达成项目定义的目标。这一步骤包括确定工况，按照工况设定污水处理厂模型，进行模拟，展示和解释结果，最终生成所有重要信息的文本。这一步骤完成的标准是建模者和利益相关者达到了他们对于项目定义的预期要求。

产出的成果：本阶段的成果是污水处理厂模型的最终版本。应生成一个包括对模型解释的最终报告。

并非所有情况下，都需要完全地执行统一协议的五个步骤。例如，如果未来的设计与已建的污水处理厂完全不同，那么采集当前污水处理厂的数据可能就不太适宜。每一步骤的成本主要取决于建模项目的目的。对于建模成本的讨论参见第 6 章及附录矩阵。

第 5 章
统一协议的步骤

本章提要

本章详细地阐述了统一协议的各个步骤，结构与统一协议一致。第一部分是项目定义，描述了协议的初始步骤，包括定义建模项目的目标，明确参与者的职责并对预算、时间达成一致意见。第二部分是数据采集与协调，提供了收集和评估数据的方法，用来保证数据质量。接下来的部分就是污水处理厂模型设定、模型校正与验证，建立一个可以产生合理预测结果的模型。最后一部分是模拟与结果解释。

5.1 项目定义

5.1.1 简介

对于任何工程项目来说，第一步就是定义它的目的和要达到的目标。一个好的项目定义，从一开始就设定项目的预期目标，为建模项目的所有参与者——“利益相关者”——打开一个清晰的交流通道，并有效地减少预算和时间延误造成的风险。相反，如果对项目预期目标没有一个清晰的理解，在项目进程中严重的问题就会接踵而至。模拟项目尤其易发生任务范围扩大（通常被称为“范围蔓延”）的问题；而额外工作要求的额外时间和努力得不到认可。这是由于一个工艺流程的模型可以被用于很多不同的目的，它可以运行的工况数量几乎是无限的。因此，需要一个明确的项目定义，来给项目划出合理的约束。

5.1.2 流程

图 5-1 描述了统一协议的项目定义的要素。这些要素包括：问题陈述、目标、需求和客户意见。协议由提出问题开始，逐步推进到客户的同意，直至所有的相关者都确定他们达成了一致意见，才能继续进行下一步骤。

5.1.2.1 问题陈述

任何建模项目的开端都是对问题的陈述。该陈述要表明建立的模型将用来解决什么问题。对问题的陈述应该清晰、明确、语言易懂，以便让所有的利益相关者都明白建模的要求。问题陈述要切中要点，不能含糊不清。表 5-1 给出了“明确的问题”和“模糊的问题”的例子。有些情况下——例如第二个例子——可能用精确的术语来提出问题是很困难的，但是仍应该尽量将建模的意图表达清楚。

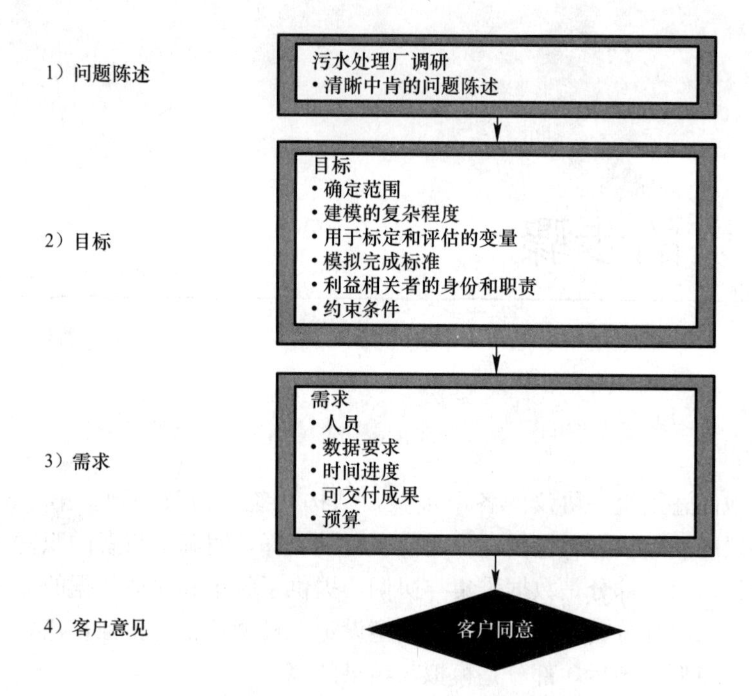

图 5-1 统一协议步骤 1：项目定义的流程

"明确的问题"与"模糊的问题"示例　　表 5-1

模型应用	"明确的问题"示例	"模糊的问题"示例
确定曝气量	在给定的设计负荷条件下，计算出污水处理系统曝气量的峰值、平均值和最小值	通过建模给出曝气系统的容量
估算污水处理厂的脱氮能力	在给定的设计负荷条件下，为使氮去除率和出水含氮量能够达标，最大的进水量是多少	通过建模估算污水处理厂的去除能力

5.1.2.2 目标

在明确的问题陈述基础上，应考虑以下方面，以确立建模项目的目标：

（1）建模的范围（例如，是整个污水处理厂还是仅为活性污泥工艺部分）；

（2）建模需要的复杂程度（是稳态模拟还是动态模拟，是多种状态还是单一状态），要注意到随着复杂程度的增长，成本也会增长；

（3）用于校正和验证的变量，以及每个输出变量的期望精度（换言之，建立一个模拟的"完整标准"）；

（4）每个利益相关者的身份和职责；

（5）已知的约束，包括：时间（项目何时完成）、经费、建模者的经验和模拟用计算机的计算能力。

建模项目的目标通常是通过相关者之间的协商和会议来确立的（例如咨询顾问和客户，研究者和导师）。一个能够联系所有利益相关者的方法是组织一个工作组，并鼓励对建模目标提出意见。

5.1.2.3 需求

一旦目标确定了，为实现目标就会提出建模所需要的条件：

（1）任务：项目应被分解为明确的任务。

（2）数据需求：数据收集，额外的采样，专门的测量——所需的时间和经费必须进入预算。

（3）人员：应当明确需要的人员类型和他们所需的经验。

（4）时间进度：完成任务需要的时间要与项目要求的时间相匹配（如，建模工作是否是一个更大项目的一部分，而且有后续的任务要依赖于建模的输出?）。

（5）可交付的成果：要求什么样的报告，研讨会，或是培训?模型是否要转手给客户?需要交付什么文档?

（6）预算：项目的成本要包括劳务、数据收集、软件、培训和测试。

问题陈述、目标和需求都应该被清晰地记录进项目定义文档，从而规定项目的整个范围。

5.1.2.4　客户意见

这一步骤是一个迭代过程，它要求利益相关者们平衡与约束以达到时间进度、预算和人员的目标。在理想的情况下，可以用现有的预算、时间进度和人员来达成目标。但是，因为受到这些条件的约束，对原定目标进行调整的情况也时有发生。对目标的重点进行调整，合并或砍掉不那么关键的目标，也是可以接受的。在一些情况下，通过对目标和需求的反复讨论，可能会引导人们发现新的目标和需求，从而使项目获得成功。

5.1.3　可交付成果

在一系列的讨论与协商之后，应该可以生成《项目定义文档》。这一文档是本步骤应交付的成果，并作为项目范围的参考协议。利益相关者和他们的职责应该明确，预算和时间进度约束也要达成一致。如果需要，在项目执行过程中这个文档也可能被修改，但是必须征得所有相关者的同意，换言之，这是一个“成长”或“动态”的文档。项目定义文档应包括以下内容：

（1）问题陈述：应该清晰、明确，语言易懂，以便让所有的利益相关者都明白建模是为了解决什么问题。

（2）目标：建模项目的目标必须包括对于以下方面的说明：

1）建模的范围；

2）复杂程度；

3）用于校正和验证的变量，以及每个输出变量的期望精度，用以建立一个模拟的“完整标准”；

4）利益相关者的身份和职责；

5）已知的约束，包括时间、经费、人员经验和软件运算能力。

（3）需求：任务、人员、数据、预算，以及实现目标要求的时间进度。

（4）客户意见：负有责任的利益相关者应当在项目定义文档上签字，以表明他们对于项目目标和需求的确认。

扩展阅读参考文献

HarmoniQua，Harmonising Quality Assurance in model based catchment and river basin management. Project website：http://harmoniqua.wau.nl/.

WEF MOP 31. (2009). An introduction to process modeling for designers. Manual of practice No. 31. Water Environment Federation, Alexandria, VA, USA.

WEF MOP 8. (2010). Design of municipal wastewater treatment plants. Manual of practice No. 8. Water Environment Federation, Alexandria, VA, USA.

WERF Project 04-CTS-5. (2009). Integrated methods for wastewater treatment plant upgrading and optimization. Water Environment Research Foundation, Alexandria, VA, USA.

5.2 数据采集和协调

5.2.1 简介

第一个 GMP 工作组的调查问卷结果（Hauduc 等，2009）显示，数据的采集与协调是最需要下功夫的步骤（参见第 6 章的应用矩阵，本步骤占用了整个建模项目 1/3 的工作量）。这一结论强调了在建模过程中，提供高质量的数据系统应当受到重视。良好的数据协调工作会为建模过程的后续步骤节约时间。

在统一协议的步骤 1（本书 5.1 节）中定义了数据需求的数量与质量。在模型校正与验证步骤中（本书 5.4 节）可以看到，输入数据的质量对于模型模拟的精确度有很大的影响。

5.2.2 步骤

图 5-2 给出了数据采集、分析与协调的步骤。

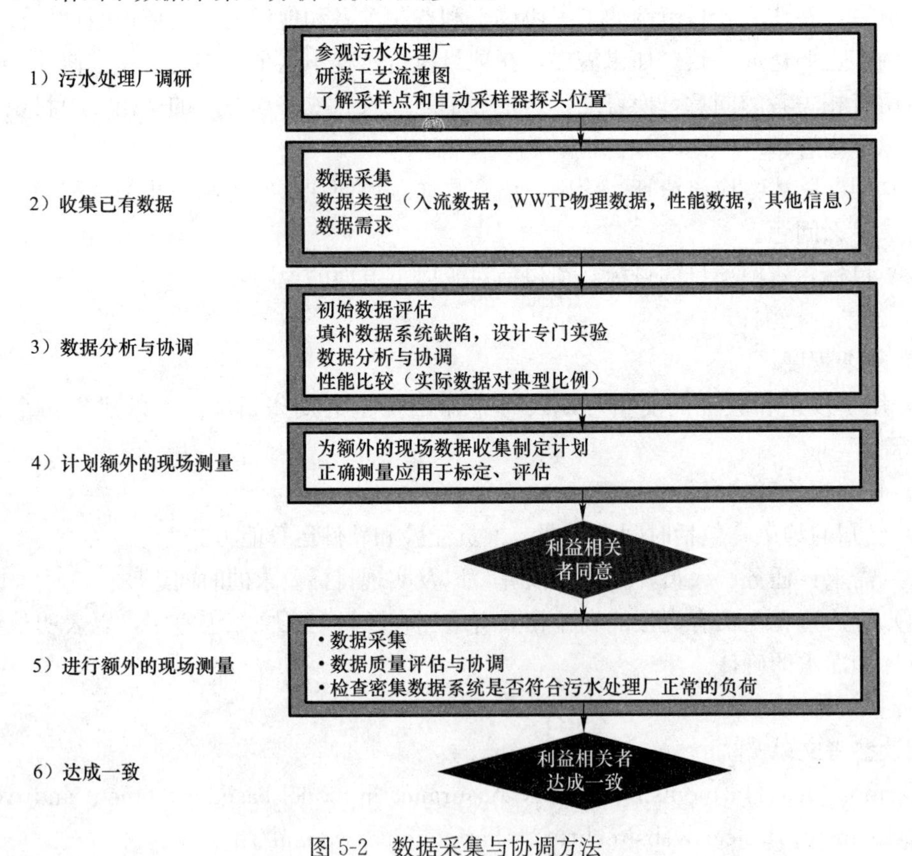

图 5-2　数据采集与协调方法

第一阶段是污水处理厂调研，包括从可得的文档中熟悉污水处理厂的设计和流程，参观污水处理厂，并与工作人员进行交流。

第二阶段是收集已有数据，其中包括数据的出处，数据的类型和与建模目标相关的数据需求。

第三阶段是数据分析与协调，并且要以为项目创造协调的数据系统为目的，找到识别和去除错误数据的方法。

以第三阶段的输出数据为基础，可以计划额外的现场测量。现场测量会增加费用，因此这一阶段需要征得客户的同意。额外现场测量所取得的数据，也要用与已有数据类似的方法来检查其数据质量并加以协调。如果客户不反对，精细的系列数据系统应该在一段时间内采集，在这段时间内污水处理厂是在正常负荷下稳定运行。为满足模型校正和预测的需要，收集“高信息含量”的数据是非常重要的。数据中可能要包括压力测试，特殊传感器的测量或某一组分的高精度数据。

最终，对于协调数据系统的数据量和数据质量，所有的利益相关者都应达成一致意见。

5.2.3　污水处理厂调研

对污水处理厂数据进行分析的起点是正确理解运行情况。要达到这一目的，参观污水处理厂并与工作人员进行交流是最好的方法。除此之外，还应该收集污水处理厂的设计图、设计参数等信息，用来比较目前的负荷、运行状况与原始设计之间的区别。要注意到，这是一个连续的过程，因为通常污水处理厂的运行状态是未知的，需要在建模过程中确定。

首要的任务是分析污水处理厂流程。这一任务可以帮助建模者理解污水处理步骤，以及每一工艺步骤的负荷。这里的两个要点是：（每一系列的）反应池的构造，在不同的负荷或温度条件下的不同运行工艺（例如不同季节的不同运行方式），并且要了解内部环流的结构（回流与排放点）。如果有可能，也应该收集关于污水处理厂的额外负荷的信息，例如内部回流带来富含氨氮的消化池上清液产生的负荷，还有污水处理厂的外来负荷，如其他污水处理厂的污泥或联合运作的发酵工艺。

污水处理厂的管路与设备图可以提供污水处理厂设计的更多细节思路。此外，它还可以显示出仪器设备的位置及其对工艺流程的控制。我们也建议比较污水处理厂的设计图与实际情况，例如，仪器传感器的安装位置可能与设计位置有所不同。

多数大型污水处理厂都有自动运行的采样装置，用来反映污水处理厂的运行状态。采样的频率和采样器的位置通常是以国家/地区具体规范条例、设备手册和污水处理厂规模为基础来确定的。这些数据是了解污水处理厂运行状态、评定其效能的必要基础。为了正确利用这些数据，必须了解自动采样器的安装位置，采样时间点，以及采样程序的设置（是按照时间、体积，还是流量来采样）。

5.2.4　收集已有数据

这一阶段是为了获得后续建模步骤所需的数据。在5.2.4.3节整体数据需求中，给出了建模所需数据的整体需求（即不依赖于具体目标的一般模拟研究所需的数据）。应用矩阵的具体数据要求参见第6章。

收集数据的工作，一般从查看各种来源的现有数据开始。通过对初始基础数据的分析发现问题，对数据中的漏洞需要进行修补，这就需要增加额外的测量或具体的实验。

本节讨论了数据类型，数据来源，以及整体数据需求。

5.2.4.1　数据类型

图 5-3 列出了建模研究需要的数据类型。这一归纳法可以帮助建模者理解不同模型的输入输出，并帮助他们区分哪些数据是必不可少的，哪些是有用的，哪些是“最好能有的”。

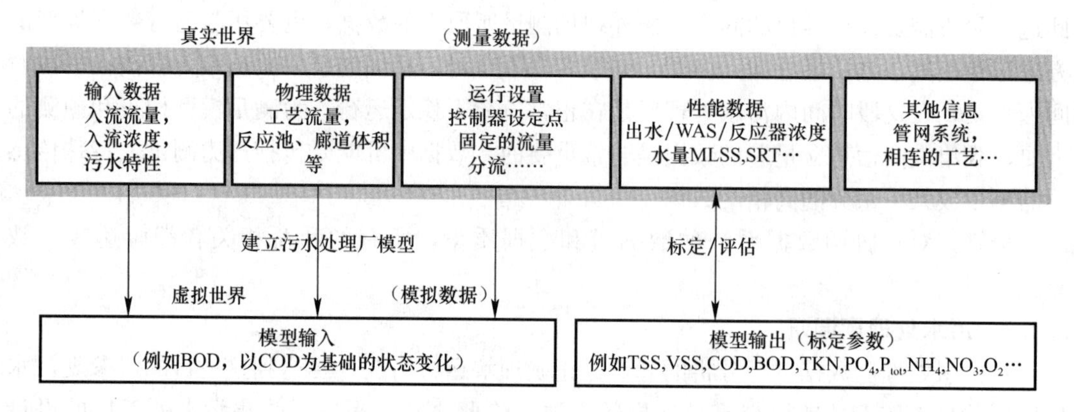

图 5-3　建模研究需要的数据类型

（1）输入数据

输入数据是指输入所模拟的污水处理系统的所有与质量负荷相关的数据。通常包括进水和其他入流的浓度（流量-质量），以及额外投加的化学药剂或外加碳源。这一数据也包括每个入流的流量（例如日平均流量，每日流量，季节流量或由于某一事件引起的流量）和反应器温度。

（2）物理数据

污水处理厂物理数据包括描述污水处理厂物理特性的一切数据，如：

1）反应池容积、深度和设计结构（廊道、竖流等）；

2）反应池构造、连接方式和水力学特性（推流式还是完全混合式）；

3）入流点位置；

4）曝气和搅拌装置（位置以及鼓风机规格，曝气头、管道、阀门和其他制动、控制器）；

5）泵（水量、扬程，控制策略）；

6）可用的传感器和控制回路（参见管路与设备图）；

7）污泥浓缩、处理和脱水的方式（连续的或序批的，排泥口的位置，以及对污泥浓缩液的处理）。

（3）运行设置

运行设置描述了污水处理厂是如何运行的（即采取什么运行措施来处理污水处理厂波动的负荷，以及其设定点）。关键数据包括：

1）分流情况；

2）泵的工作策略和设定点（如污泥回流泵、内回流泵、加药泵）；

3）曝气控制参数（设定点，其他控制参数，以及额外的约束如强制开机/关机的时间，等等）；

4）其他控制策略参数。

（4）性能数据

性能数据反映了在具体的负荷条件和运行方式下，污水处理厂的性能如何。出水和排泥的浓度是核心的性能数据；此外，反应器内的浓度数据也是重要信息（例如在一个有完全硝化工艺的污水处理厂中，氨氮浓度变化曲线比之一个很低的出水氨氮浓度，对校正工作更有价值）。以下的性能数据通常对污水处理厂工艺评估很有帮助：

1）污泥处置（污水处理厂的剩余污泥量通常可以从污泥运出量推算）；

2）能量消耗（对于具体工艺而言，如曝气、搅拌等）；

3）厌氧消化产气量（如果能够测量的话）。

（5）其他信息

这里所说的其他信息，指的是所研究污水处理厂的更多细节。这些信息可以帮助人们理解该污水处理厂的典型或“非典型”运行条件，以及它的特殊之处。

其他信息可能包括，其他工艺的工艺性能或化学药品消耗量（例如，在污泥脱水工艺中添加石灰），工业废水的流入，季节性负荷变化（例如旅游业带来的排放，酿造业的排放等），或管网系统信息（坡度、平均停留时间、管网蓄水量等）。了解污水处理厂维修养护信息是必不可少的（在维修期间，污水处理厂的运行策略通常会有所改变，如某个反应池或系列停止运行），此外，某个污水处理厂工作人员看似无关紧要的评论其实至关重要（例如，当某个廊道的流量过高时，水的颜色会与其他廊道有所不同）。

5.2.4.2　数据来源

污水处理厂主要的数据来源是污水处理厂的日常数据采集（如进水出水采样，混合采样成分检测，人工测量数据等等）和数据采集与监控系统（SCADA）的数据（如流量数据和其他在线监测数据）。采样的频率取决于SCADA系统的特性与设置。污水处理厂日常数据采集的内容通常由国家（或地区）的具体法规来规定。

除了污水处理厂日常报告文件记录的数据之外，SCADA系统可能会收集更多的数据，例如进水泵站的工作曲线或好氧池采样点的DO浓度-时间曲线。

在一些国家，有的污水处理厂被要求定期进行外部审计（通常是由立法机关来安排审计）。这些数据通常在很短的时间内采集（1～2d内），但是分析的范围非常广泛（例如有实验室分析的工艺内多测点的各指标浓度，活性污泥性能的详细分析，重金属等）。

从排水管网系统和污水处理厂的设计、改造文件中可以得到更多的信息。

应该从污水处理厂的日志中了解污水处理厂发生的特殊事件，如仪器故障和维修信息。

收集信息除了可以查阅纸质和电子档案之外，另一个非常有价值的渠道是与厂内工作人员的交流。

5.2.4.3　整体数据需求

本节给出了适用于大多数模拟研究的典型的整体数据需求，这一需求不局限于模拟研究的具体目标。整体数据需求见表 5-2。需要注意的是，采样频率无法一概而论，而是与项目目标直接联系的。应用矩阵示例所需要的具体数据需求将在第 6 章讨论。

整体数据需求 表 5-2

数据类型	需求	用途/备注
输入数据	进水流量和其他入流流量：Q_{INF}	用来定义入流流量（未经处理的原污水，沉淀后的污水，其他入流，按照模型边界条件的要求提供数据）
	入流有机物和固体悬浮物： $COD_{tot,INF}$ TSS_{INF}，VSS_{INF}	可用来计算污泥产量 $COD_{tot,INF}/BOD_{5,INF}$ 如果污水厂日常测量 $BOD_{5,INF}$，最好能够提供
	入流营养物质： TKN_{INF}，NH_x-N_{INF} $P_{tot,INF}$，PO_4-P_{INF}	用来计算 N 去除率 P 去除率，质量平衡
	进水 COD，N 和 P 比例 碱度 Alk_{INF}	污水特征 富营养化评估
物理数据	反应池容积、深度和设计构造 连接管道和水力学特性 设备（曝气机、推流器、泵） 管路与设备图	
运行设置	污泥处理系统的主要特性	
	DO 控制策略和设定点 泵设定点/分流比 其他控制策略	
性能数据	出水流量：Q_{EFF}	流量平衡
	出水有机物： $COD_{tot,EFF}$，$BOD_{5,EFF}$ TSS_{EFF}	标定有机物去除率
	出水营养物质： TKN_{EFF}，NH_x-N_{EFF}，NO_x-N_{EFF} $P_{tot,EFF}$，PO_4-P_{EFF} Alk_{EFF}	标定营养物质去除率 质量平衡 富营养化评估
	混合液 MLSS，MLVSS Ptot，ML DO（反应池内溶解氧） 温度	污泥产量 质量平衡 DO 控制，好氧池污泥龄
	WAS（剩余污泥） 流量：Q_{WAS} 含固率：$MLSS_{WAS}$ Ptot，WAS	污泥产量 质量平衡

（1）污水的性质

污水组分的描述是将入流污水测量数据转化成模型状态变量的步骤。对于大多数活性污泥模型来说，COD 的平衡是基础，然而，模型方程并不直接将测量所得的 COD 作为一个变量。实际上，模型需要将测量所得的 COD 分解成模型特征相关的分量，而这些分量并不是能够直接测量的。这一分解过程就被称为污水组分的描述。

虽然污水组分在现实世界里是每天、每周，或随着温度变化而随时变化的，但是用于模拟的一般是每种组分的平均值。如果有间歇排入的工业废水，或是季节性的负荷变化，那么对于组分平均值的使用就应该加以注意。这种非典型性的条件可能需要进行专门的调查，以便正确地描述进水负荷特性。

表5-3列出了污水组分的检测方法，可以用来帮助描述污水的特性。经验显示，按照表中提出的方法进行测量，有时会得到不同的组分浓度（Gillot & Choubert，2010），因此，尽管初始值是由实验测得，但是在一些情况下，在校正阶段（5.4.2.4节），仍需修改初始值。虽然污水特性的测量没有一种标准检测法，但是作者建议，通过一个絮凝步骤，来区分可溶、胶体、颗粒组分（Melcer等，2003）。

氮、磷化合物，如NH_x-N、NO_x-N、PO_4-P以及P_{tot}、N_{tot}、TKN应该使用标准分析技术进行检测。有机物组分则需要按照其种类进行计算（附录A：模型输入）。

本节概括地说明了为了描述污水特性，需要测量哪些参数，以及如何获取这些基础数据。本书5.3节和附录A详述了污水特性检测的方法，请读者参考。

COD组分测试实验方法　**表5-3**

组分/参数	方法	原理	仪器与装置	测试时间	结果分析	参考文献
总可生物降解COD（$COD_{TOT,B}$）	长期BOD检测	BOD检测	BOD检测仪	8～10d	一阶变化速率常数	Roeleveld & van Loosdrecht（2002）
	好氧序批测试高S/X率	呼吸速率：污水进入活性污泥后OUR监测	呼吸速率仪	数小时	OUR曲线下方面积	Sperandio等人（2001）
易生物降解COD（S_B）	物理-化学方法	过滤，孔径＝0.1μm	过滤装置	数小时（包括化学分析）	$S_B=COD_{f0.1}-S_U$需要先确定S_U	Roeleveld & van Loosdrecht（2002）
	物理-化学方法	过滤，孔径＝0.45μm絮凝（Zn＋过滤）	过滤、搅拌装置	数小时（包括化学分析）	$S_B=COD_{ff0.45}-S_U$需要先确定S_U	Mamais等人（1993）
	流通式批次试验	呼吸速率：连续反应器内的OUR监测	连续反应器	实验室SRT的3倍数小时（WW除外）	OUR曲线下方面积	Ekama等人（1986）
	好氧序批测试F/M	呼吸速率：污水进入活性污泥后OUR监测	呼吸速率仪	数小时	OUR曲线下方面积	Ekama等人（1986）
	好氧序批测试S/X	呼吸速率：曝气污水水样的OUR监测	呼吸速率仪	10～20h	拟合的OUR曲线，需要独立确定的$COD_{TOT,B}$	Wentzel等人（1995）；Sperandio等人（2001）
	缺氧序批测试	缺氧呼吸速率：硝氮监测	搅拌序批反应器	4～6h	计算斜率	Naidoo等人（1998）
总不可生物降解COD（$COD_{TOT,U}$）	长期的好氧序批测试	好氧反应器中的COD监测	2个好氧序批反应器（用于未经处理的和经过滤的水样）	20～40d	微生物量由反应器初始的过滤污水量确定	Lesouef等人（1992）；Orhon等人（1997）；Stricker等人（2003）

续表

组分/参数	方法	原理	仪器与装置	测试时间	结果分析	参考文献
不可生物降解可溶性 COD（S_U）	物理-化学方法	出水过滤	过滤装置	数小时（包括化学分析）	$S_U = COD_{EFF,f0.45}$ $S_U = 0.9 COD_{EFF,f0.45}$（低负荷系统） $S_U = 0.9 COD_{EFF,f0.45} - 1.5 BOD_{5,EFF}$（高负荷系统）	Melcer 等人（2003）；Roeleveld& van Loosdrecht（2002）
不可生物降解颗粒性 COD（X_U）	模拟测定	运行 SBR 测定处理或污水处理厂实测数据＋AS 模型标定	SBR 中试装置	至少 SRT 的 3 倍	由中试模拟测定	Melcer 等人（2003）
异养菌生物量（X_{OHO}）	呼吸速率 OUR	曝气污水水样的 OUR 监测	呼吸速率仪	10～20h	拟合的 OUR 曲线	Kappeler& Gujer（1992）；Wentzel 等人（1995）

（2）总论

对于任何建模实践来说，数据的时间精度都是一个关键参数。对于稳态模拟项目，平均数值可能就够了。但是，仍然应该仔细验证，在整个采样期间，污水处理厂是否确实在以一种稳定状态运行。如果污水处理厂的运行状态并不稳定，那么使用平均值可能会造成误差。粗略衡量的一个简单方法是，做出 MLSS 或物量累积曲线（进水、出水对比）。

如果要研究动态工艺，就需要提供日均值或日变化曲线。多数情况下，对于输入数据的时间频率要求是由模拟的目标决定的（第 6 章应用矩阵）。

如图 5-4 给出一个城市污水处理厂的日进水变化曲线。每小时流量变化曲线形状类似，但是周末的进水峰值发生得比工作日要晚，并且周末的平均值略低。图 5-5 显示了同一污水处理厂的 COD、氮、磷变化曲线，可以看出这些参数也并不平均，而是波动的。如果项目目标对数据时间精度的要求较高（例如，需要模拟高峰时段负荷），那么考虑到进水浓度的日变化就很重要。数据的时间精度要求因项目而异，要由项目的目标来决定。

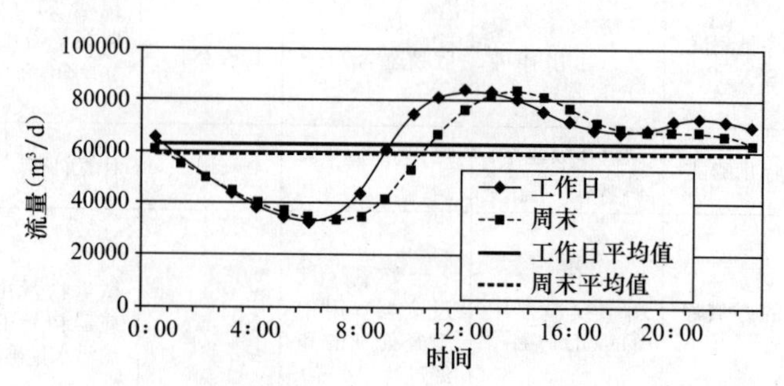

图 5-4 进水流量时变化曲线（一年平均）

（3）一些论点

1）如果仅能得到 BOD_5 的数据，就应该增加实验来测定进水、活性污泥和出水的 COD 与 BOD_5 的比例关系，因为本书中的所有活性污泥模型都是基于 COD 质量平衡。

2）应该格外注意污泥回流的流量和浓度。这直接关系到污泥产量，并且污泥龄（SRT）是模拟中的关键参数，影响到模拟结果是否正确。

3）测定污泥（或 MLSS）的磷浓度可以建立一个有价值的物料平衡体系。如果污水处理厂日常数据中并不测定磷，应该增加一些对磷浓度的测量，即使该污水处理厂并不要求除磷。

4）应该测量曝气池的溶解氧浓度曲线（DO）。至少，要收集 DO 传感器的数据，如有可能，应该增加测量，以建立 DO 曲线。

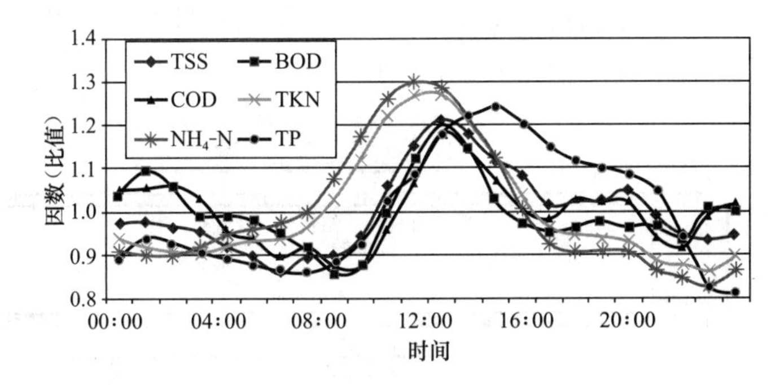

图 5-5　浓度系数的典型日变化曲线（基于 4d 现场测量）

5.2.5　数据分析与协调

在进行统一协议的下一个步骤之前，应该先对收集到的所有数据进行协调，检查其一致性与数据质量。接下来的章节阐述了数据质量控制的一些基本原则，并提出了数据协调的步骤程序。

5.2.5.1　数据质量控制原则

数据质量控制的难题是：数据的“真实值”永远是未知的，因此只能由一些参考方法来“决定”真实值。尽管如此，在一个封闭的工艺体系（例如污水处理厂）中，通过研究进水出水关系，以及对工艺的深入理解，可以为测量数据的精度提供额外的信息。图 5-6 是系统误差、随机误差和异常值的一个症状分类表。

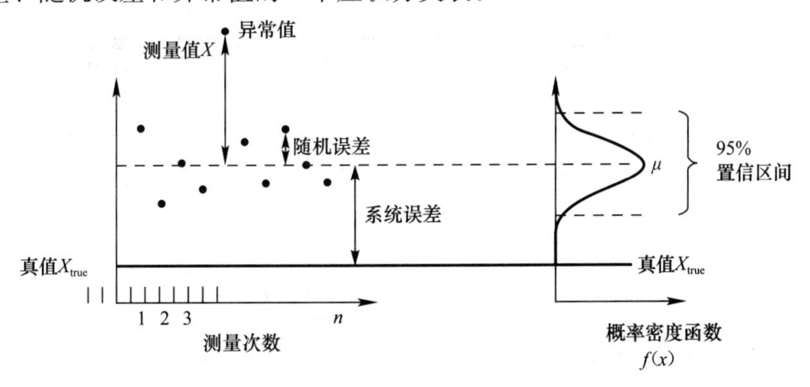

图 5-6　系统误差（真实度）、随机误差（准确度）和异常值的定义（Rieger 等人，2005）

系统误差可以分为偏离（或浮动）、信号浮动（信号随时间的改变）或标定曲线误差（线性或非线性）（Thomann 等人，2002）。随机误差可以分为仪器引起的和测量方法引起的随机误差（通常无法还原），以及个例的随机误差，包括环境条件、传感器安装、测量频率或信号传输过程中引起的随机误差。例如，由传感器阻障引起的信号噪声增加，看起来就像症状分类表里的不断增加的随机误差（Villez，2012）。但是，由于这类误差通常可以用信号分析方法消除，因此它不宜被分类成随机的。异常值是显而易见的误差，通常在统计分析中就被去除了。

应该注意到，数据质量是相对而言的，应该建立一个清晰的标准，来确定一个数据系统是否可以接受。

5.2.5.2 GMP 数据协调方法

图 5-7 显示了数据协调的方法，包括的主要阶段有错误排查、隔离、确认和协调（定义见 Isermann & Ballé，1997 及 the Glossary）。

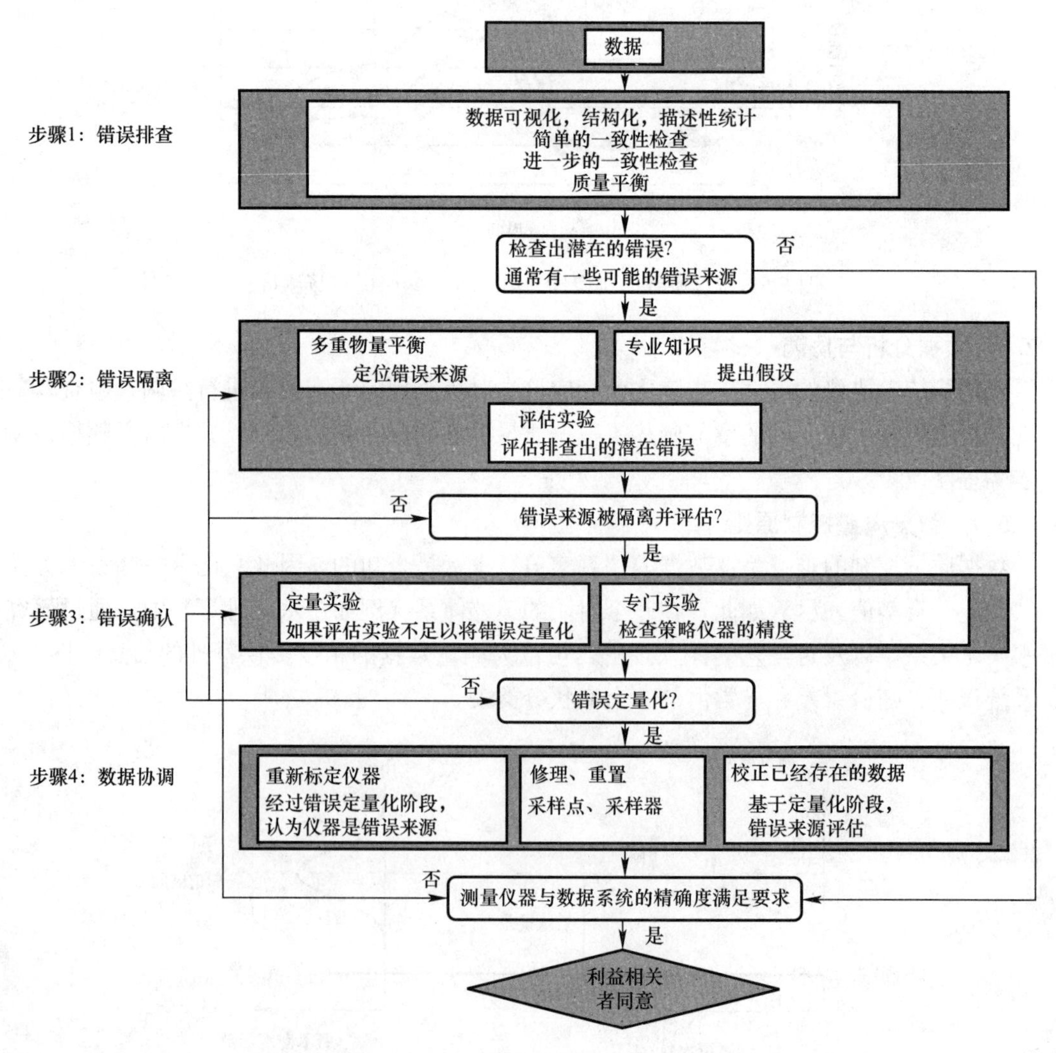

图 5-7 数据协调方法，即排查、隔离、确认错误，并最终得到协调的数据系统（摘自 Rieger 等人，2010）。

5.2.5.3　步骤 1：错误排查

数据协调方法的第一步是排查潜在的错误。图 5-8 指出了错误排查程序的几个主要方面。

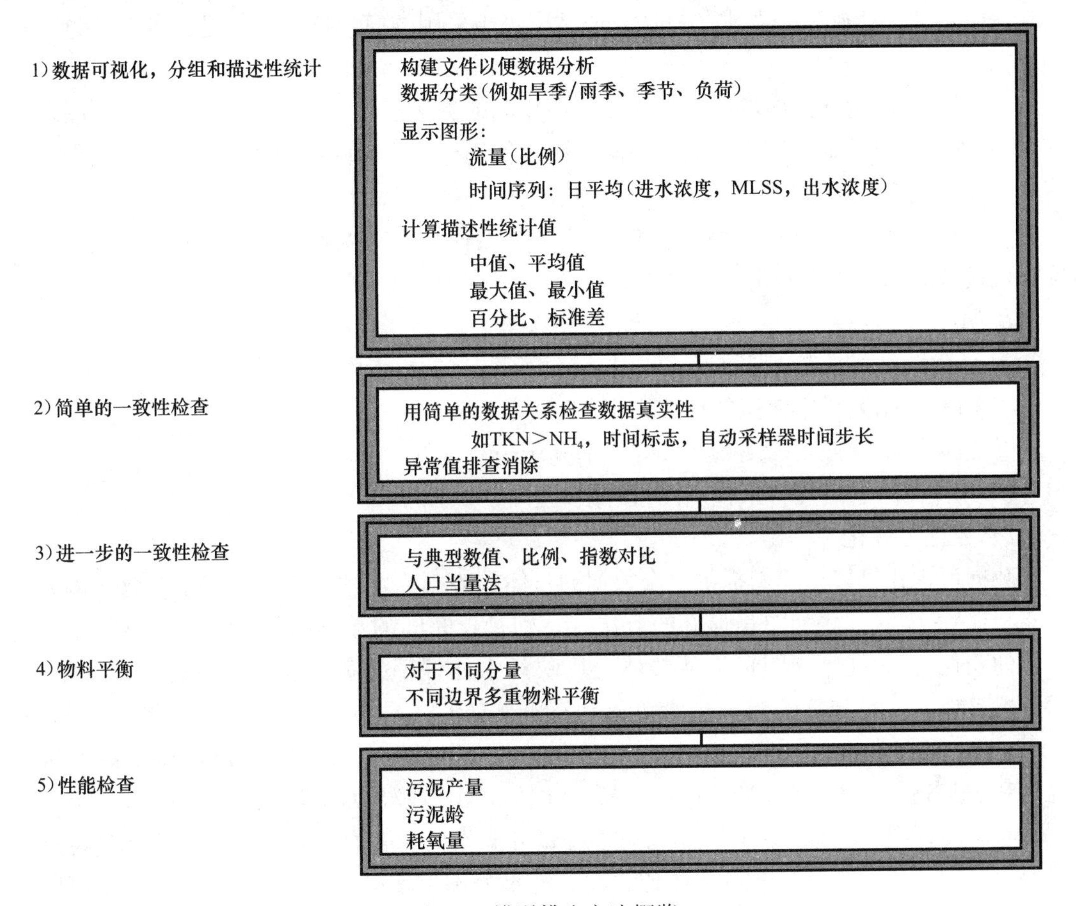

图 5-8　错误排查方法概览

（1）数据可视化，分组和描述性统计

1）建立文件以便数据分析

如果数据的时间记录不正确，就可能引起各种错误有时甚至是严重的错误。这类错误，通常在与污水处理厂工作人员交流中才能排查出来。以下列出一些问题，应在详细的数据分析开始之前考虑：

① 自动采样器的采样时间（例如 08：00am—次日 08：00am）与污水处理厂报告中的数据平均时间应该一致。

② 数据的采样时间与实验室出结果的时间应有合适的间隔（例如，BOD_5 的分析结果要在采样的 5d 之后才能得到）。

③ 要正确理解水力停留时间 HRT（进水/出水的自动采样器是与哪个流量计对应的）。

④ 采样和过滤预处理过程中的传感器及仪器的响应时间（根据 ISO 15839，2003）。

数据丢失或测量时间间隔不统一的情况是经常发生的（例如，流量和浓度测量时间不对应，或实验室与在线传感器数据没有兼顾）。根据项目目标的需要，可能要对数据进行插值。

通常情况下，复合采样数据必须转换成特定时间的模型输入数据。这种对采样时间的需求，以及如何达到这一要求的方法，通常取决于采用的模拟器。以下是三种解决这一问题的方法：

① 在整个测量区间内的时间间隔，使用相同的测量值。

② 时间间隔设定在测量区间的中间，测量值用于两个时间间隔之间。

③ 在测量区间和时间间隔对测量值进行插值（伪动态方法）。

这三种方法都会降低实际数据的动态性，并给模拟带来误差。尽管如此，在大多数情况下，模拟结果的误差并不那么显著。

注意：

为了了解所分析的全部数据，建议存储关于数据的以下附加信息：

① 所有数据测量中使用的单位；

② 数据来源（搜集、测量、计算、估算……）；

③ 采样时间（或复合采样点测量时间）。

2）数据可视化

数据可视化可以给我们提供一个数据的整体趋势概览，以及数据的变化形势（例如其分布特性）。做时间序列图是最好的方法（特别是长时间的数据时间序列图，可以看出随季节的变化）。时间序列图可以从整体上反映污水处理厂的负荷变化以及运行的稳定性。通常感兴趣的变量包括流量，进水负荷动态（例如 COD、N_{tot}、P_{tot}），出水浓度（例如，NH_x-N、NO_x-N、N_{tot}、PO_4-P、P_{tot}），反应器内浓度（例如厌氧区的 PO_4-P），好氧区的温度和 MLSS，以及污泥龄 SRT（如果存在固体排出以及出水的话）。

时间序列图也是排查浓度或流量数据浮动和异常值的有力工具。数据可能通过各种方法获得（例如，实验室测量对在线传感器，污水处理厂实验室对外部审计），作图可以简便地识别出问题数据。污水处理厂平行工艺的数据如能获得，作图比较，也可以揭示出问题。

图 5-9 是一个污水处理厂的进水与生物处理出水的时间序列数据。该图清楚地显示了进出水的补偿关系，并可以帮助我们发现运行数据存储系统的平均误差，该误差在 2006 年 6 月被纠正。

为了检查在线传感器的数据，提供一些好的实践方法：①做出实验室测量数据与在线数据的图，计算其相关系数及 95％置信区间（见图 5-10）；②做出时间-方差图（见图 5-11）。实验数据沿着 X 轴排列，Y 轴表示误差。关于数据评估方法的详细说明参见 Rieger 等人（2005）。

3）数据分类

可以根据负荷范围和季节条件把数据分成不同的类别。这样做之后，由于数据属于不同类别而造成的参差不齐就可以减少。数据分类后，可以根据不同数据类别的情况，来进行描述性统计，总结出“典型的”条件。

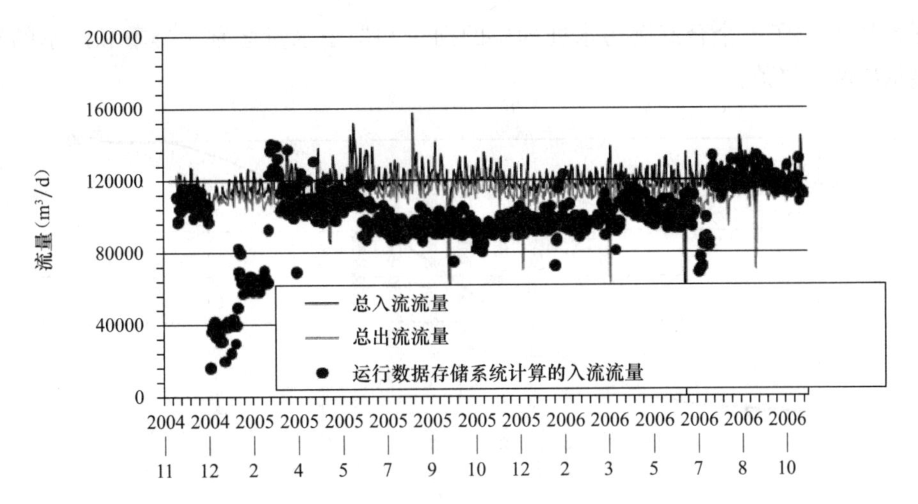

图 5-9 污水处理厂报告中的数据平均误差，经与 SCADA 系统原始流量测量数据比较后，发现问题在建模项目的数据评估中产生，并在 2006 年 6 月得到纠正（Third 等人，2007）

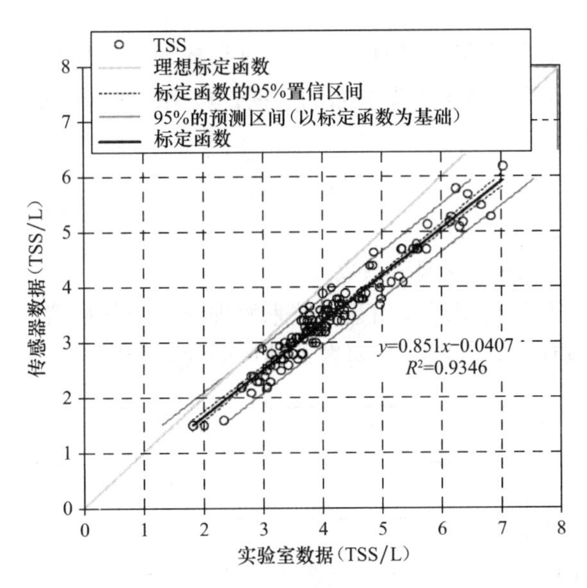

图 5-10 实验室测量数据与在线数据的比较，来自于标定出问题的 TSS 传感器

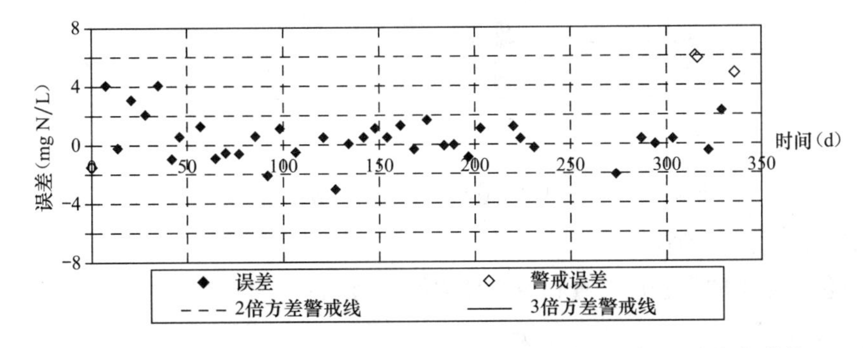

图 5-11 方差控制图：一个氨氮传感器信号的时间-方差图，包括报警线

图5-12给出了一个合流制污水处理厂的雨季和旱季水量区别。旱季和雨季的平均值分别显示出两个峰值。

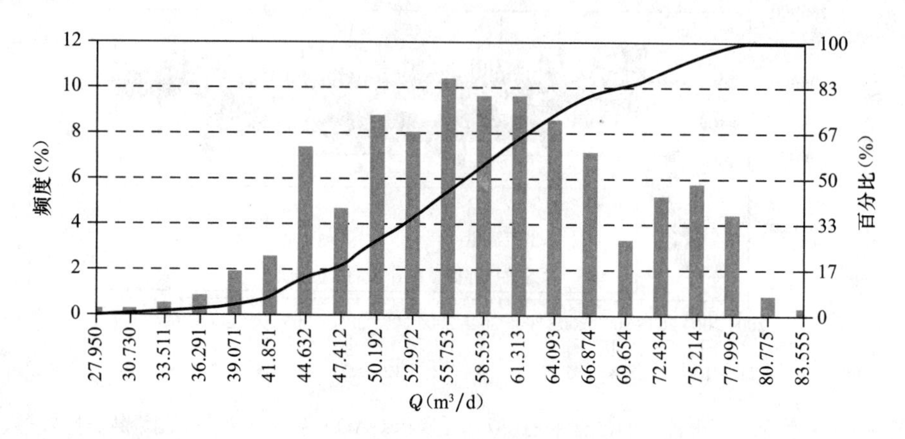

图5-12　合流制城市污水处理厂的进水流量

4）计算描述性统计值

计算描述性统计值，是为了获得对于污水处理厂典型（平均）负荷及波动与其设计的更多详细信息（见图5-13)。对于正态分布的数据，典型的统计方法如下：

① 最大值/最小值；

② 平均值/中间值/状态；

③ 标准方差，变化系数，百分比；

④ 对于偏离分布，应该计算偏离系数。

通常，可以通过查看运行记录和相互比较来发现异常的负荷或运行条件。可以用这些原始的或计算出的数据作图，从而得到对数据性质的快速概览。

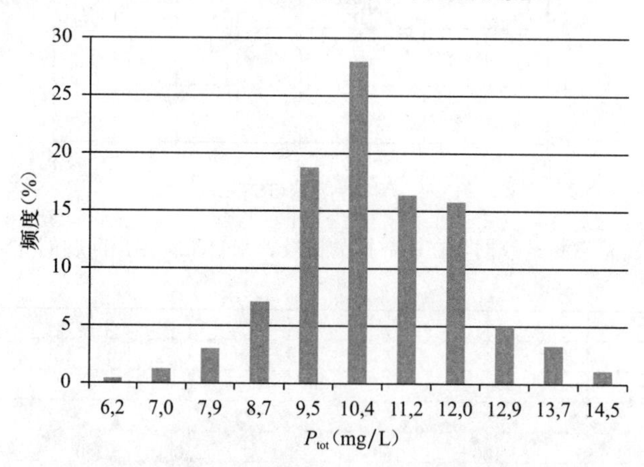

图5-13　一个城市污水处理厂的总磷（P_{tot}）历史数据图，用于检验正态分布

（2）简单的一致性检查

本步骤包括基本的真实性检查和潜在异常值检测。

1）真实性检查

真实性检查通常从确定物料之间的简单关系开始，例如：

① $N_{tot} \equiv TKN + NO_3\text{-}N + NO_2\text{-}N$；

② $TKN > NH_x\text{-}N$；

③ $P_{tot} > PO_4\text{-}P$；

④ $COD_{tot} > COD_{fil} > COD_{sol}$；

⑤ $COD_{tot} > BOD_5$；

⑥ $TSS > VSS$；

⑦ $MLSS_{RAS} > MLSS_{AST}$（其中 AST＝活性污泥池）。

如果数据不符合以上的任何一个规则，就应该进行数据质量调查，以确定错误的来源。如果调查不能显示数据矛盾的原因，那么可能需要将相关数据从系统中排除。

2）潜在异常值检测

如果出现以下的问题，应该对异常数据再次进行真实性检查和纠正，或从数据系统中分离排除。

① 无法确定数据的正确性（例如，再次检查数据来源过程）；

② 异常值的原因无法求证（例如，特殊时间段的冲击负荷相关信息无法获得）；

③ 数据代表了污水处理厂的一种非正常运行条件（例如，在维修期间污水处理厂处理量下降，而这一运行状态是不需要被分析的）。

在排查异常值的过程中，使用整体物料平衡比单独使用浓度好，因为浓度会被流量影响（例如被降雨稀释）。

（3）进一步的一致性检查

1）验证典型比例

计算所研究的数据系统的各项比例，并将之与城市污水处理厂的典型范围相比较，可以帮助我们确定一个污水处理厂的整体特征，如图 5-14 所示。

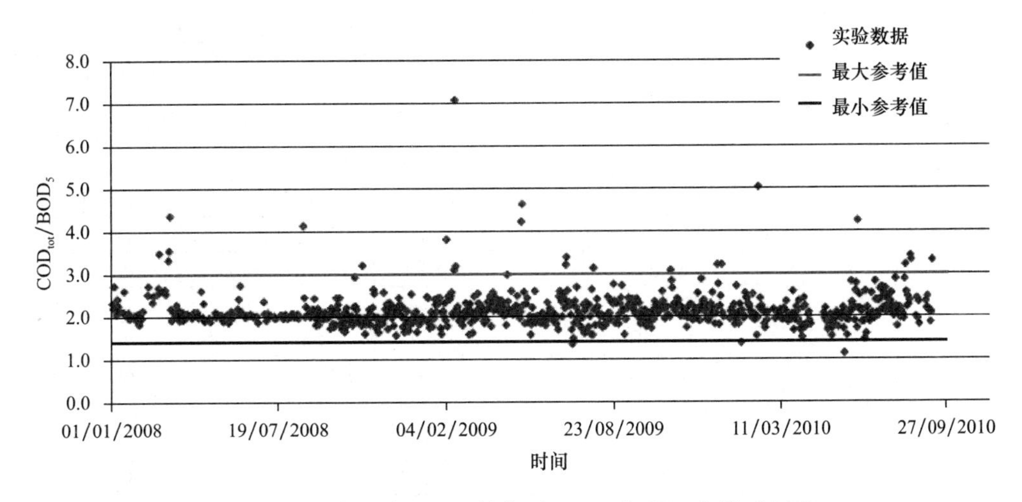

图 5-14 城市污水处理厂的典型 COD_{tot}/BOD_5 比例（法国）

注：实验室测得数据在 2008 年 8 月有变化。

与浓度负荷相比，质量负荷比例的应用更广泛，因为如前文所提到的，质量负荷较少受到降雨影响，所以质量比例也较少依赖于区域因素，例如自来水用量或污水系统渗透量。表 5-4 给出了城市污水处理厂的相关数值。

如果污水特征的各项比例严重偏离了城市污水的参考范围，那么可能是由工业废水的大量排入引起的（或数据错误）。这类事件应当引起特殊注意，因为多数的活性污泥模型都是按照城市污水处理来设计的。应用活性污泥模型进行工业废水处理模拟的内容见第 8 章。

2）物料平衡

物料平衡是检验污水处理厂数据系统一致性的有力工具，并且可以帮助识别系统误差（Barker &Dold，1995；Nowak 等人，1999；Thomann，2008）。它能够确定进出系统的各种物质流量。根据质量守恒定律，物料平衡的基本形式为：

$$输入量+反应量=输出量+积累量 \tag{5-1}$$

GMP 问卷调查总结：城市污水处理厂典型成分比例 **表 5-4**

	比例	单位	n[1]	平均值	Std%[2]	中值	最小值	最大值
未经处理的进水	Ntot/CODtot	g N/g COD	12	0.095	17%	0.091	0.050	0.150
	$N\text{-}NH_x$/TKN	g N/g N	13	0.684	8%	0.670	0.500	0.900
	Ptot/CODtot	g P/g COD	12	0.016	22%	0.016	0.007	0.025
	P-PO4/Ptot	g P/g P	12	0.603	16%	0.600	0.390	0.800
	CODtot/BOD5	g COD/g BOD	12	2.060	11%	2.050	1.410	3.000
	CODfil/CODtot	g COD/g COD	13	0.343	29%	0.350	0.120	0.750
	TSS/COD_{tot}	g TSS/g COD	12	0.503	18%	0.500	0.350	0.700
	COD_{part}/VSS	g COD/g VSS	11	1.690	12%	1.600	1.300	3.000
	VSS/TSS	g SS/g SS	12	0.740	20%	0.800	0.300	0.900
	BOD_5/BOD_∞	gBOD/gBOD	7	0.655	7%	0.650	0.580	0.740
	碱度	Mol_{eq}/L	11	5.173	35%	5.000	1.500	9.000
生物处理出水	Ntot/CODtot	g N/g COD	9	0.134	35%	0.120	0.050	0.360
	$N\text{-}NH_x$/TKN	g N/g N	11	0.755	4%	0.750	0.430	0.900
	Ptot/CODtot	g P/g COD	9	0.023	25%	0.023	0.010	0.060
	P-PO4/Ptot	g P/g P	10	0.741	12%	0.750	0.500	0.900
	CODtot/BOD5	g COD/g BOD	9	1.874	31%	1.900	0.500	3.000
	CODfil/CODtot	g COD/g COD	10	0.449	31%	0.495	0.150	0.750
	TSS/COD_{tot}	g TSS/g COD	9	0.380	21%	0.400	0.180	0.560
	COD_{part}/VSS	g COD/g VSS	9	1.718	14%	1.700	1.400	3.500
	VSS/TSS	g SS/g SS	9	0.794	7%	0.800	0.700	0.909
	BOD_5/BOD_∞	g BOD/gBOD	6	0.644	10%	0.656	0.533	0.760
	碱度	Mol_{eq}/L	9	5.711	40%	6.000	1.500	9.000
活性污泥	COD_{tot}/VSS	g COD/g SS	9	1.434	7%	1.420	1.266	1.600
	Ntot/CODtot	g N/g COD	7	0.073	35%	0.060	0.045	0.116
	Ptot/CODtot	g P/g COD	7	0.020	64%	0.015	0.010	0.044
	VSS/TSS	g SS/g SS	10	0.739	8%	0.750	0.650	0.900

1：问卷调查次数；2：标准差。

来源：Hauduc，2010。

物料平衡可以包括多种不同的变量（如 Q、COD、N、P、TSS）。用物料平衡来检验数据的一种更高级的方法是，建立多重平行的物料平衡方程（即，同一系统的多个不同变量的物料平衡）或重叠的物料平衡方程（对于一个共同测量点，不同系统边界的物料平衡)。更多信息和例子参见附录I。

3) 性能测试

为了进一步评估数据系统，可以将污水处理厂的实际性能与这一类型污水处理厂的典型性能相比较。估算其运行条件，如污泥产量、污泥龄（SRT）或需氧量，要求首先评估物料平衡和反应器里污泥量。因此，这些条件应建立在调和的数据系统的基础上，而不是对原始数据进行计算。

5.2.5.4　步骤2：错误隔离

在上一步骤中，数据错误会被排查出来，但是并不知道错误发生的位置或错误发生的根本原因。本节描述了如何隔离（定位）错误。这一任务通常是以经验为基础的（例如，数据的错误率高），但是有时也可以通过额外的实验来完成。

一个更加结构化的方式是使用重叠物料平衡（附录I），以隔离错误，或者至少提出假设错误位置触发验证实验。重叠物料平衡方法就是整合多种物料平衡。如果一种物料平衡可以达成，而另一种不能，那么错误可能出在另一个变量上（而不是重叠物料平衡的问题）。如果多种物质都不平衡，那么可能是分量出了错误（流量或浓度）。

5.2.5.5　步骤3：错误确认

在对错误进行定位隔离之后，应该找出错误产生的根源并加以量化。可能需要特殊的测量来确定测量仪器的精度。

错误的来源可以分为：流量测量，采样和分析方法（见图5-15）。下面列出了典型的错误来源，扩展的测量错误来源列表见附录G。

(1) 流量测量的误差是重要的误差来源。因此，建议检查一下流量计，例如，测量充满一个已知体积容器所需的时间。附录G表1提供了流量测量中典型误差来源的列表。

(2) 采样（自动的或人工的）是另一个常见的误差来源。能够均匀混合的典型采样点的选取是非常重要的——特别是污泥的采样和其他固体含量高的标本采样。关于采样问题的列表见附录G表2。

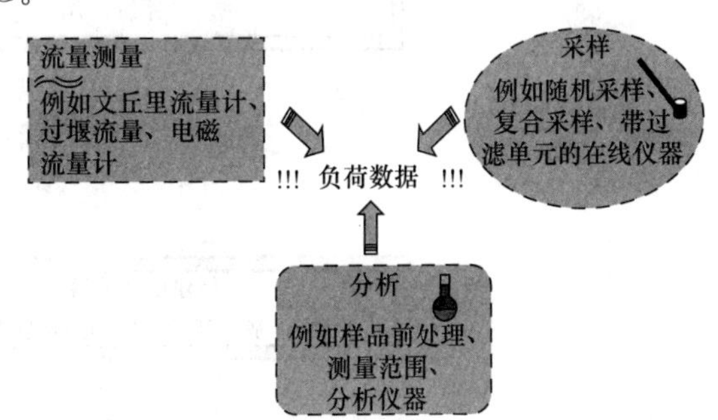

图5-15　对于负荷数据精度的三方面影响（Rieger等人，2010）

(3) 由于不同原因，分析方法（实验室分析或在线仪器）也可以成为误差来源。比较常见的是样品的准备过程和程序（例如，贮藏、混合、二次取样、不完全的消化等）。附录G表3列出了分析方法的潜在问题。

(4) 在线传感器在污水处理厂中的使用越来越多，它们可以提供很高的测量频率，这对建模者是很有用的。但是，在线传感器也要求额外的维护和质量控制。因此，建议对参考测量和控制图表使用的在线传感器数据的质量进行定期检查。为了满足模拟的需要，应该格外注意这些仪器的响应时间，包括采样器和过滤器。在线仪器产生的潜在误差列表见附录G表4。

5.2.5.6 步骤4：数据协调

需要强调指出的是，所有的活性污泥模型都以物料平衡为基础，并且最终要达到物料平衡的闭合（有少数例外）。因此，对污水处理厂的数据系统进行协调，以使其达到物料平衡的闭合是关键的一步。如果数据达不到协调，在此基础上建立活性污泥模型，产生的模拟结果是没有意义的。有经验的程序工程师会尝试将错误归类，尽管错误来源可能是未知的，这是一种好的尝试。如果不对错误进行处理，模型就要接纳这些错误数据，可能会得到不适当的结果。

图5-16显示了协调数据系统的结构化程序，从而得到闭合的物料平衡系统。

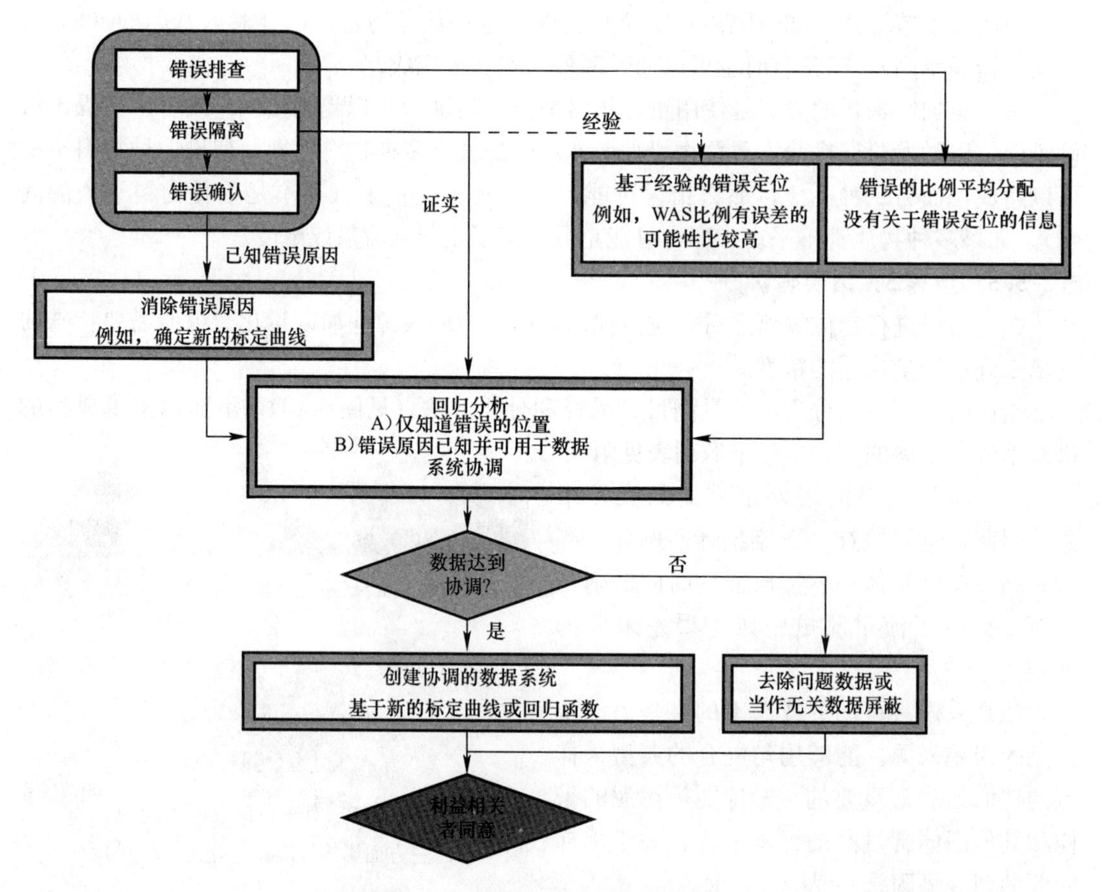

图5-16　数据协调的结构化程序

根据可以得到的信息，可能并不能将错误准确定位。在这种情况下，只能将错误分配到可能的位置。但是，通常可以用专业知识（例如，从其他污水处理厂得到的经验，或者该污水处理厂的典型测量问题），综合可能性、经验、直觉来给错误定位。

错误被定位之后，就可以将其隔离（如确定有问题的传感器/采样点）。最后一个步骤是明确错误产生的根源。结论可能是需要更新实验室测量程序，或者要为测量仪器做一个新的标定曲线。虽然这对于今后测量的正确性很有益处，但是并不能帮助协调已经存在的数据系统。

为了协调已经存在的数据系统，应进行回归分析。一种方法是根据高精度的数据（例如由控制实验专门测得的数据）生成线性回归模型，与过去测量的历史数据进行关联。回归函数生成的结果，可以用来校正历史数据。在回归分析和用新的数据系统重新计算物料平衡之后，仍需要确定数据系统是否协调，或者需要抛弃这部分数据。有时，数据系统无法协调，但是仍然可以揭示有价值的信息（例如，在检测限以外的数据是无法协调的）。有问题的数据可以被标记出来，忽视问题进入系统，或者被移出系统。回归方法是一个相对简单的例子，而还有更多的高级方法可以用于数据协调，建议读者通过“扩展阅读”来了解相关信息。

最终的步骤是，模拟项目所使用的数据系统得到利益相关者的赞同。

填补数据缺陷

数据协调的过程包括填补数据缺陷（使用替代值），如果需要模拟特定时间段的情况，而进水数据系统又不完备，就要采取方法来填补。如果核心数据缺失，那么通常可能用文献数据来弥补（例如典型的人口当量或比率）。另一种选择是使用额外的数据源（例如污泥处置的分析报告）。其他时间段的数据也可以用来提供运行条件（温度、进水负荷、$MLSS_{AST}$、运行设定、出水数据等），如果这两个时间段情况是类似的。需要强调的是，这样做应该十分小心，以防引入不适当的数据。

在可获取数据有限的情况下（例如，对一个设计中尚未建成的污水处理厂进行研究），人口当量负荷这一类的方法可以用于最初的推测。如果要求的数据输入频率很高，可以使用“进水负荷生成器”来生成进水流量负荷的典型模式。这类“进水负荷生成器”能够根据污水处理厂规模、结构、前端的管网系统等参数，提供进水模式（Gernaey 等人，2006；Langergraber 等人，2008）。“进水负荷生成器”提供的数据系统代表了相似规模的污水处理厂的平均条件，因此可以对所研究的污水处理厂的进水负荷特征进行粗略的估计。这一类工具并不能代替专门的现场测量，特别是当模拟研究的主要目标与污水处理厂的动态负荷相关时。但是对于不那么精细的模拟研究，这通常是一种有价值的工具。

应该明确的是，为了填补数据缺陷，可能需要额外的测量。

5.2.6　额外现场测量

对于一个污水处理厂的已知数据系统进行深入分析之后，可能会发现一些关键数据缺失或者是参考值不配套，需要更高时间精度的数据等等。在这种情况下，就必须进行额外的现场测量。

在与客户就以下问题讨论并达成一致意见之前，不应开展额外的现场监测：

（1）哪种过程变量应被监测？监测频率是什么？

（2）哪个采样点合适？

（3）应该使用什么采样和分析方法？

（4）由谁提供采样和分析仪器？

（5）由谁负责采样、分析和报告？

（6）对于采样和分析由不同的工作组完成时：由谁负责样品的标记、贮藏和运输？

（7）额外现场监测应生成什么文档？数据如何存储和交换？

（8）由谁负责额外数据分析的数据质量保证工作？

如果安装在线传感器或分析仪，就需要考虑以下问题：

（1）传感器能否安装在合适的位置，以便能够提供有意义的测量数据及容易维护？

（2）由谁来操作和维护安装传感器？

（3）为保证连续测量的数据质量，需要进行哪种相关分析，由谁负责进行实验并报告结果？

（4）安装传感器或分析仪预计需要多长时间？

对于以上几点明确达成协议之后，就可以进行额外现场监测了。应该特别注意的是，采样时间要有代表性，能够反映研究需要的条件。表 5-5 给出了常见的额外数据需求提纲，以及这些数据的使用。

典型漏洞：

由于时间紧迫，集中的现场测试通常在常规数据分析协调结束之前就开始了。在这种情况下，存在的错误可能还没有被排查出来，有可能会对模拟结果和后续的决定造成重大影响。

客户赞同

由于额外数据的需求会带来大量工作，并可能提高整个项目的经费预算，因此在进行额外现场监测之前，必须征得客户同意。

额外数据要求与目的 **表 5-5**

问题	过程变量	目的	建议
混合特性 污水处理厂模型	示踪试验	模型的水力学设定（反应池个数）	在设计示踪试验之前对系统进行预模拟研究
污泥产量 SRT	Ptot，WAS	总磷质量平衡	每周检测 2 次 至少 5 个值
动态进水负荷	COD_{INF}，$N_{tot,INF}$，NH_x-N_{INF}，$P_{tot,INF}$，TSS_{INF}	在动态负荷下的污水处理厂性能	2h 联合采样（进水、出水，以及所选的反应器）至少 2×24h 的现场测试 或： 连续监控，至少 1 个月
出水浓度峰值	NH_x-N_{EFF}，NO_x-N_{EFF}，PO_4-P_{EFF}	出水浓度峰值能否达标	2h 联合采样（进水、出水，以及所选的反应器）至少 2×24h 的现场测试 或： 连续监控，至少 1 个月
曝气控制策略	DO_{AST}，NH_x-N_{AST}，NO_x-N_{AST}	优化曝气控制	DO，NO_x-N：原位传感器 NH_x-N：原位传感器或分析仪，至少 2 周，至少包括 1 次暴雨事件
活性污泥反应器的 MLSS 动态测量	$MLSS_{AST}$	暴雨流量条件下的污水处理厂性能 WAS 减量策略	浊度仪，至少 2 周，至少包括 1 次暴雨事件

5.2.7 客户的最终同意

本步骤的最终任务是所有利益相关者就以下的成果达成一致。

5.2.8 可交付成果

（1）经协调的数据应当包括：

1）有代表性的主要进水流量和负荷，出水指标；

2）污水处理厂的最新流程图，包括运行中的反应池容积；

3）反应池的曝气和混合因数（空间或时间）；

4）内部循环的流量和浓度；

5）污水处理厂运行的管路与设备图；
6）采样点和进水出水的采样方式。
（2）异常数据应被评估、隔离或删除。
（3）被排查和隔离的错误数据应被记录。

扩展阅读材料

Nowak O.，Franz A.，Svardal K.，Müller V. and Kühn V.（1999）. Parameter estimation for activated sludge models with the help of mass balances. Water Science and Technology，39(4)，113-120.

Barker P. S. and Dold P. L.（1995）. COD and nitrogen mass balances in activated sludge systems. Water Research，29（2），633-643. Melcer H.，Dold P. L.，Jones R. M.，Bye C. M.，Takacs I.，Stensel H. D.，Wilson A. W.，Sun P. and Bury S.（2003）. Methods for wastewater characterization in activated sludge modeling. Water Environment Research Foundation（WERF），Alexandria，VA，USA.

Montgomery D. C.（2005）. Introduction to Statistical Quality Control，5th edn；John Wiley & Sons，New York，USA.

Russel S. and Norvig P.（2010）. Probabilistic reasoning. In Artificial Intelligence - A modern approach，3rd edn，Chapter 14，Prentice Hall，USA.

5.3　建立污水处理厂模型

5.3.1　简介

本节的主题是污水处理厂模型的建立。第一部分介绍了分为6个步骤的建模过程，第二部分讨论了可供选择的子模型和模型选择的一些标准。给出了模型简化的实例，以及关于如何将污水处理厂的典型构筑物转化为模型流程的建议。对于主要的子模型的详细讨论参见附录A。

5.3.2　步骤

图5-17给出了建立污水处理厂模型的方法步骤，这一方法从统一协议的步骤1“理解污水处理厂设计”开始。污水处理厂建模的第一个任务是仔细评价整个体系，包括定义模型的边界，子系统或运行单元，以及它们的互相作用（例如物质和能量流量平衡，或控制信号）。研究目标决定了污水处理厂的哪个单元需要模拟，以及模拟的精度。例如，要根据模拟的目标来决定，沉淀池是否用点模型就足够了，还是必须用分层建模。同样，模拟目标决定是否要包含侧流处理，传感器、控制器等是否要表现出来。接下来的程序是建立连接到数据库与文件的程序，并设置输出的图表。最后，进行一些初步的试运行检查模型。结果是一个可实现功能，能够提供足够的合理输出来实现研究目标的模型。

使用不同的模拟程序包，上述过程会有所不同，可能包括额外的步骤，例如模型编译（即产生一个可执行程序）。具体信息请读者自行参阅相关模拟器的手册。

下一章节将具体介绍每一步骤。

5.3.2.1 污水处理厂设计

基于前面的步骤，可确定模型的边界，建立运行单元。对于每一个运行单元，都要确定子模型的精细程度，其中也包括了模型的简化决定。

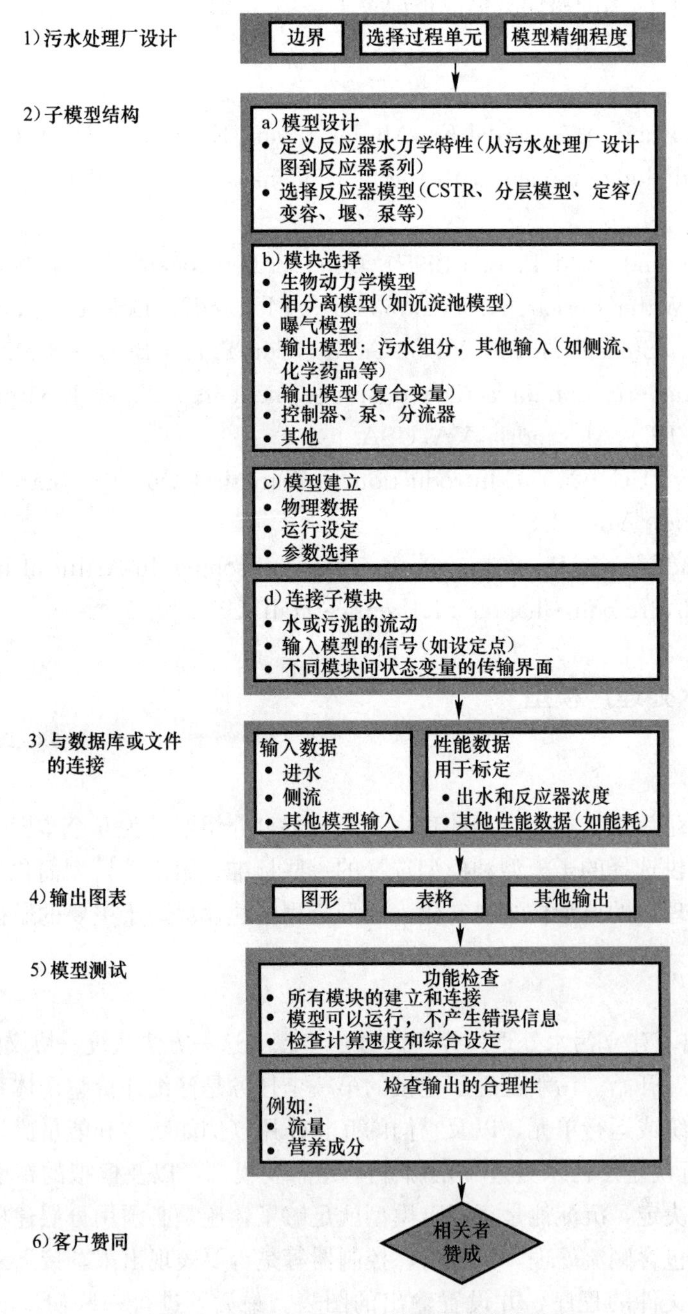

图 5-17 建立污水处理厂模型的结构化程序

确定模型的精细程度是一个重要的决定，应该请有经验的建模者来做。表 5-6 中给出了一些例子。包含太多细节会使模型建立和运行的时间过长。不必要的细节将会要求更多的数据并增加校正和验证的工作量。但细节过少又会由于模型的结构不合理给模型的输出结果带来严重的不确定性，合理的平衡取决于建模目标，但是在这一过程中应该记住，一些问题可能被隐藏在模型简化中了（例如，流量的分布可能是不均衡的，但是除非模拟了具体的廊道，否则很难发现）。

模型的典型简化与其潜在漏洞　　表5-6

目标/污水处理厂原型	典型简化	潜在漏洞
几个平行的处理系列	模型其中一个系列，体积为几个系列之和	不均衡的流量分布造成模拟的误差
	仅模拟其中一个系列	流量分配的不正确，或选取的系列没有代表性（应检查所有系列的进水、RAS、WAS等）
几个平行的沉淀池（独立的污泥系统）	模拟一个沉淀池，体积为几个沉淀池之和	仅模拟了一个污泥系统，但实际上几个沉淀池的特性可能是不同的
	仅模拟其中一个沉淀池	所选的沉淀池没有代表性
连续的污水处理回流，浓度基本是常量	将回流直接包含在进水中	污水处理回流的冲击无法被评估
SRT已知（例如从磷的质量平衡推算）并且不关心沉降行为	使用理想沉淀池模型（完全沉降，或固定的出水含固量）并设定推测出的SRT	沉降过程没有模拟，模型的污泥产量可能比实际高
污水处理厂仅去除COD和氮，不对磷进行生物去除	使用碳氮模型（如ASM1或ASM3）	模型对厌氧区的模拟可能不符合实际（因为在厌氧区S_B对生物磷的积累没有被模拟）。缺乏磷的情况没有考虑
仅对活性污泥系统感兴趣	直接模拟活性污泥模型，忽略一级处理	一级处理的影响没有模拟（例如在雨季情况下），回流（如污泥回流液）的影响应计入模拟

模型的精细程度应该在一个试算与标定的迭代过程中确定。在这一过程中，如果在标定中发现模型的准确度不够，建模者就可以回溯到建立污水处理厂模型的阶段。

5.3.2.2　子模型结构

（1）模型设计：多数模拟程序包提供图形化的用户界面，每一个子模型或模型构筑物都用一个图标来表示。用户可以在一个“设计”页面将这些图标连接起来。这一任务将污水处理厂的运行流程（处理过程）和混合行为（全混式、推流式）概化为模型。进行这一任务时，建模者必须决定应用哪种反应器模型（例如，完全混合反应器CSTR，定容/变容反应器、堰、泵等）。目前，应用的多是“系列反应器”方法，即将多个CSTR串联起来，模拟实际处理过程的混合行为。使用的CSTR越多，模拟越接近推流反应器。请注意反应器串联模型会影响到模拟的出水浓度，这是浓度分布模拟的结果，因此，应该妥善考虑模型的整体设计。

（2）模型选择：对于模拟的每个工艺单元，都需要选择所用的子模型。5.3.4节子模型选择讨论典型的子模型及其选择标准。附录A提供了子模型列表和解释。

（3）模型建立：物理数据（例如体积），运行设定（例如流量和设定点）以及其他（模型参数、状态变量的初值等其他参数）需要提供给模型的参数。

（4）连接子模型：所有的子模型都是连接起来的，并有数据交换。这种连接表示物质（液体或固体）的交流或一个提供给子模型的信号向量。连接向量的分量由所选择的子模型规定其格式，并在模拟的每一个时间步长上计算该状态变量。如果模型中包含不同系统的状态变量，就要有一个交互界面来处理子模型的连接（例如，生物动力学状态变量要转化成沉淀池模型的状态变量）。这种交互通常是自动的，并不需要用户来输入。信号向量可能包含一个或多个变量与常量，例如空气进入反应器或控制器的设定点。

5.3.2.3 与数据库的连接

在模拟器中建好污水处理厂的模型结构后，就需要给它提供输入数据。对于稳态模拟来说，需要进水水量和平均浓度的测量或估算值；对于动态模拟来说，需要将时间序列数据库连接至模型。一些模拟器允许外部数据库连接，另一些则要求全部数据录入内部表格。不论哪种情况，都是进水模块先计算所有的过程变量，然后转化为生物动力学模块的输入值。

5.3.2.4 图形和表格

为了使模拟结果能够被评价，必须定义模型的输出（如图形、表格），并将结果输出至外部的可视化软件。校正通常要求同时将模拟和测量结果的图表进行对比。一些模拟器软件包可以提供统计结果用来进行评估。设计模型输出的表现形式，应该考虑到在不同工况下能够给污水处理厂带来有价值的反馈。因此，图形和表格要含有丰富的信息，并能提供关键点的信息，或者是多种变量的复合信息，从而帮助工艺评估。例如，如果出水的氨氮浓度总是接近0时，可以考察一下反应池中的氨氮分布，从而给污水处理厂的除氮性能提供更好的依据。

5.3.2.5 模型测试

首先要对模型进行功能性的测试。通过初始化运行，确定污水处理厂模型能够在软件环境中运行，而不产生错误信息。尽管未经校正，但这一测试需要包含所有的过程单元并能产生合理的输出。也就是说输出的内容应与输入相对应，例如，如果工艺过程中包含营养物质，那么就应该有相应输出。

其次对模型的计算速度也应该进行测试，以确保能够完成项目要求。当评价模型系统的复杂程度及需要运行的次数时，模拟速度是一个重要参数。对于大型项目来说，通过优化设置减少总的计算时间，可能是很有效益的。

5.3.2.6 利益相关者赞同

通常，在运行模型之前，要就模型是否能够达到项目目标（包括以前的所有步骤）征得客户的同意。

5.3.3 可交付成果

模型建立可交付的成果为：

（1）一个能够实现功能（未经校正）的模型；

（2）模型运行中与数据库的连接方式；

（3）设计良好的输出图表；

（4）对所有子模型的说明；

（5）对于模型选择、简化和假定的评价；

（6）对项目校正和验证的定义文档提出的修改。

5.3.4 子模型选择

一个污水处理厂模型由几个子模型构成。本节将讨论最常用的子模型，并给出一些如何基于项目目标选择合适的子模型的建议。表5-7列出了常用子模型；更详细的描述参见附录 A。

常见子模型列表（详见附录 A）　表 5-7

子模块类型	子模型
水力模型和传质模型	反应器模型（例如，体积一定或可变的 CSTR） 流程：反应器构造和连接（如串联反应池） 污泥回流（RAS）和内回流（IR） 污泥排出（WAS） 分流器：比例、因数、流量、支流、流程、流速
沉淀池模型	点沉淀池模型 理想沉淀池模型 分层沉淀池模型（模拟一维沉淀） 多维 CFD 沉淀池模型（一般 WWTP 模拟器中不包含） 生物反应沉淀池模型（与生物动力学模型耦合）
输入模型	进水模型：将测量值（如 COD、N、P）转化成模型分量（状态变量）。运行设定和其他输入常量，如控制器设定点 表面曝气装置或其他工艺单元的能量输入
输出模型	复合（或综合）变量（如 COD_{tot}、BOD、TSS 等） 能量或消耗模型
生物动力学模型	如 ASM1/2d/3 等 温度-反应速率模型（Arrhenius 公式）
曝气模型	将空气流量转化为 k_La 的模型 溶解氧传质模型 曝气设备模型（扩散器、管道、鼓风机系统）
除磷模型	投加铁盐或铝盐 钙和镁除磷
其他子模型 （不做详细讨论）	控制模型，传感器模型，反馈模型，气体传输 模拟整个污水处理厂的子模型（如一级处理，厌氧消化，污泥处理等） 热力学模型，运行费用，能耗，碳足迹，温室气体转化等

5.3.4.1　工艺流程

污水处理厂的混合方式会影响处理效率。缺乏对混合模型的校正，可能会严重地影响模型的准确性。表 5-8 是一些将真实污水处理厂转化成概化模型的例子。在多数模拟器中，模型的水力学行为用一系列的完全混合反应器（CSTR）来模拟。反应器的个数和连接方式必须经过校正和验证，可以以实验、性能数据测试、经验公式、示踪实验或 CFD（计算流体动力学）为基础。

真实系统转化为模型工艺流程的例子　表 5-8

污水处理厂工艺	真实系统	模型流程图
MLE	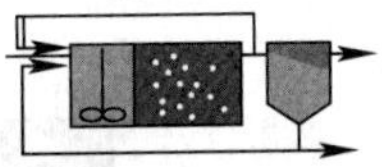	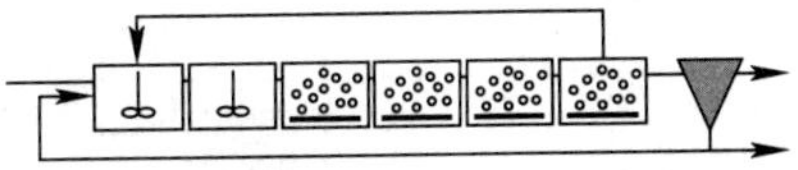
A_2O	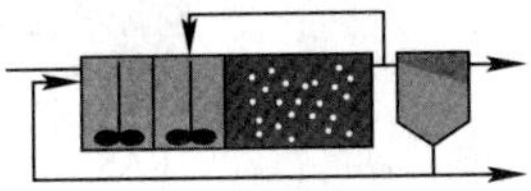	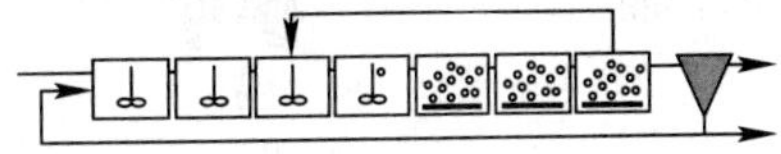

续表

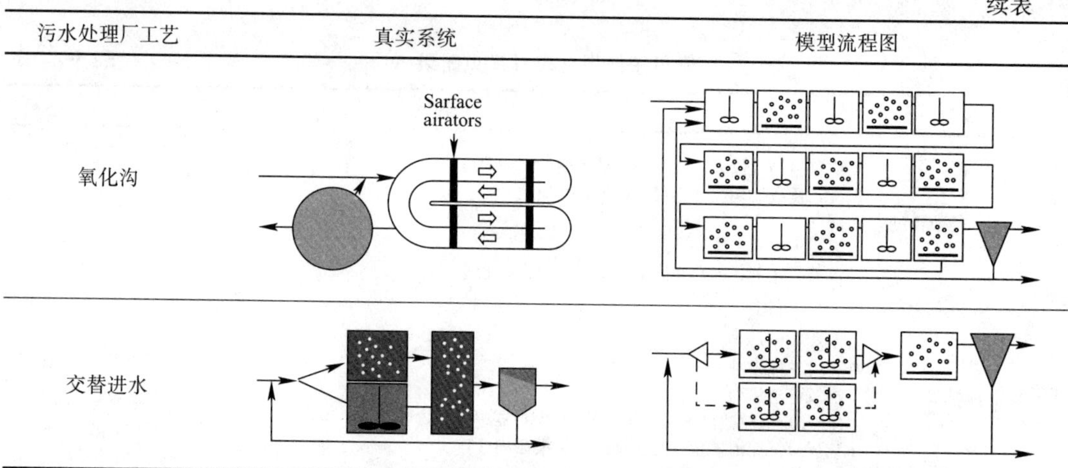

污水处理厂示踪实验是一个比较常用的方法，但是如果没有示踪实验的结果，也有一些估计反应器串联方式的替代方法。Fujie 等人（1983）提出了一种方法，其在大多数标准情况下都可以给出令人满意的结果（Makinia& Wells，2005）。GMP IWA WaterWiki 网站上提供了一个估算规则的表格。

5.3.4.2 选择沉淀池模型

商用模拟器中都会提供不同的沉淀池模型，因此根据模拟目标来选择最合适的模型是很重要的。表 5-9 列出了图形化的各种模型示例。如果水力条件和 SS 负荷基本不变，可以应用简单的沉淀池模型（如理想沉淀池）。如果涉及降雨事件或其他明显的动态进水情况，导致反应池和沉淀池的污泥沉淀状况改变，就应该选用更复杂的模型来研究沉淀行为。

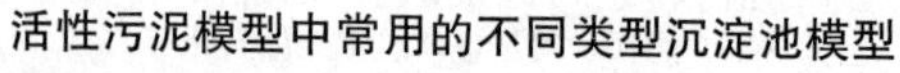

表 5-9

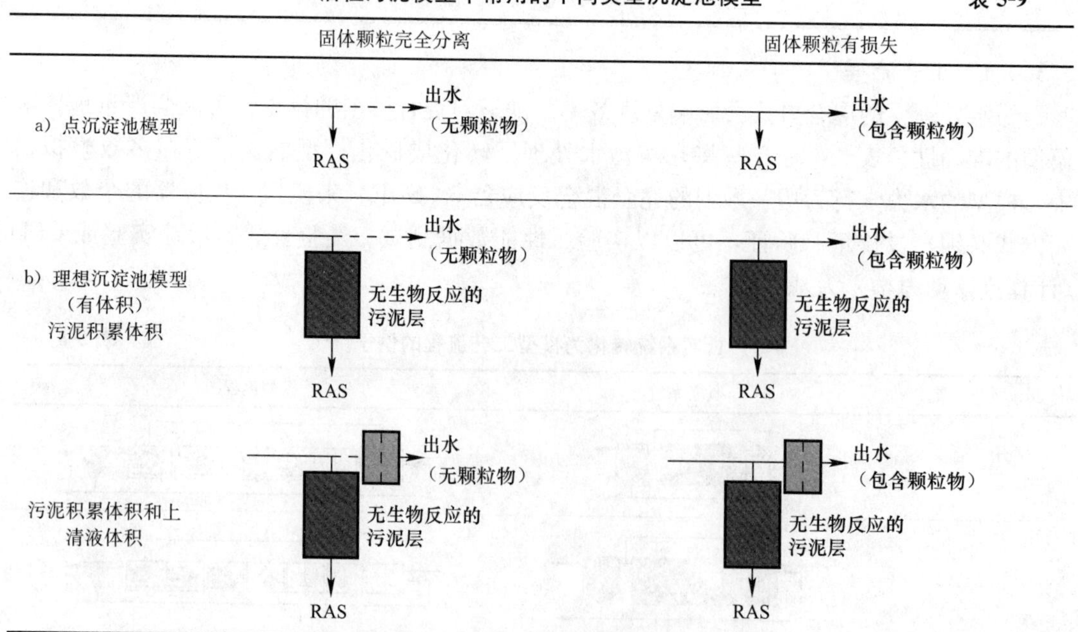

续表

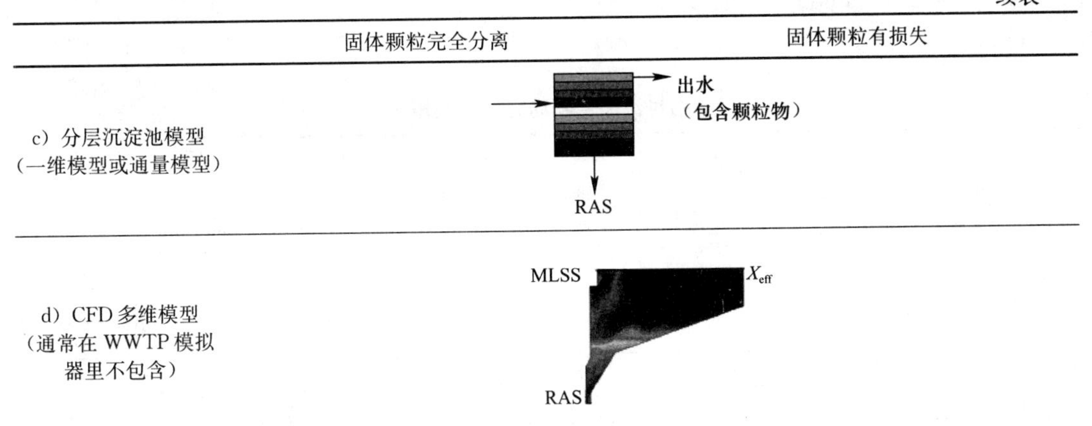

	固体颗粒完全分离	固体颗粒有损失
c）分层沉淀池模型（一维模型或通量模型）		
d）CFD多维模型（通常在WWTP模拟器里不包含）		
e）有生物反应的沉淀池模型与上述有体积的模型联合应用		

一般而言，理想沉淀池模型对很多一般性的目标来说就足够了。更加复杂的分层模型，甚至是经过校正的，也不一定能准确地预测出水固含量。尽管如此，这些模型能够预测污泥上浮，可以显示出潜在的沉淀池失效和污泥溢出问题。在一些模型中，水平分层的层数对沉淀池的性能有着显著影响。同时应该注意的是，用来校正分层模型的详细数据通常是不能够直接获得的，而是需要增加额外的现场测量。CFD可以模拟沉淀行为的大量细节，但是这种模拟主要用在现代研究中，在标准的污水处理厂建模中应用的较少。

典型漏洞：

污泥层内部的反硝化会显著地影响污水处理厂的脱氮作用（例如Siegrist等人，1995）。尤其是在SBR内，可能有高达30%的反硝化发生在沉淀阶段。

生物反应沉淀池模型

在沉淀池的水力学行为之外，应该意识到污泥中的生化反应在沉淀阶段仍在进行。污泥层是一个活跃的区域，反硝化和二次释磷等生物反应仍在进行。将生物动力学模型与沉淀池模型耦合，可以使模型能够预测生物转化过程，但会增加计算的工作量，因此应该谨慎选用。

5.3.4.3　生物动力学模型

本节对七个已发表的模型进行了概述（见表5-10）。值得注意的是，还有更多的模型和数不清的扩展模型可以应用。有的模型是未公开的，有的用在特定的模拟器里。本书没有讨论这些模型，但并不应理解为本书作者赞同或反对某个特定的模型。

附录B提供了模型的更多信息（以Gujer矩阵的形式）。GMP WaterWiki网站提供了经验证的以下模型的Gujer矩阵电子表格形式。关于模型评估研究的更多信息（Hauduc等，2010）请参见附录E。

（1）ASM1（Henze等人，1987；再版见Henze等，2000a）；

（2）Barker和Dold模型（Barker &Dold，1997）；

（3）ASM2d（Henze等人，1999；再版见Henze等人，2000c）；

（4）ASM3（Gujer等人，1999；新版见Gujer等人，2000）；

（5）ASM3+EAWAG Bio-P模型（Rieger等人，2001）；

（6）ASM2d＋TUD（Meijer，2004）；

（7）UCTPHO＋（Hu 等人，2007）。

本书讨论的生物动力学模型概述 表 5-10

模型	ASM1	ASM3	ASM2d	Barker&Dold	ASM3＋P	TUD	UCTPHO＋
发表年份	1986	1998	1995	1997	2001	2004	2007
模型类型	C/N	C/N	C/N/P	C/N/P	C/N/P	C/N/P	C/N/P
营养物质	√	√	√	√	√	√	√
营养物质去除	√	√	√	√	√	√	√
发酵反应	—	—	√	√	—	√	√
生物除磷	—	—	√	√	√	√	√
pH 限制[1]	碱度警告	碱度限制	碱度限制	—	碱度限制	碱度限制	—
化学除磷[2]（Fe，Al）	—	—	√		—	—	—
过程个数	8	12	21	36	23	22	35
状态变量	13	13	19	19	17	18	16
交互过程/变量[3]	31	72	136	153	148	154	169
参数总个数	26	46	74	81	83	98	66
化学计量参数							
水解	—	1	1	2	1	1	—
OHO	1	4	1	5	4	2	3
ANO	1	1	1	2	1	2	2
PAO	—	—	3	8	5	12	7
生物量生成[4]	1	1	1	—	1	—	—
动力学参数							
水解	3	2	6	4	2	6	—
OHO	6	13	12	9	13	12	13
ANO	5	6	6	5	7	6	4
PAO	—	—	18	11	21	26	14
生物量生成[4]	—	—	—	1	—	—	1
组合参数个数	2	8	13	16	15	16	12
温度调节系数	7	10	12	18	13	15	10

[1]生物反应中一般用碱度来限制 pH；

[2]化学除磷（Fe，Al）过程一般是增加在原有的矩阵上；

[3]非空的化学计量参考数；

[4]所有生物量生成的通用参数。

来源：摘自 Hauduc，2010。

当问到应该选择哪个生物动力学模型时，最常见的回答是："只要能解决问题，越简单越好。"如果模型的目标很简单，大可以照这个回答来进行，但是在实际中，建模者通常要面对更复杂的系统和多样化的问题。一个"功能强大"的工程模型要求考虑其他的标准，而这些"其他的标准"可能比简化过程和参数更加重要。以下是一些标准：

（1）过程：一切对研究的目标变量有显著影响的工艺过程都应该有所描述。此外，模型应该能够预测典型条件下的出水浓度。例如，一个污水处理厂的设计目标是去除碳和氮，但是由于负荷减少，缺氧条件存在，纯粹的 C/N 模型无法预测由此产生的生物磷循环过程。对于建模者的挑战是，要分辨出潜在的过程条件，并选择一个能够覆盖各种标准情况的模型。

（2）经验：

1）咨询工程师们一般都没有时间去研究每一个模型。对于一个特定模型的经验，在“良好建模实践”中是很重要的。

2）对于所选模型，能否适当地使用默认参数？还需要知道什么信息，提供什么支持？

（3）易用性：模型必须严格遵循科学标准，但是也应该易于理解，便于交流。

（4）有可用的模拟器。

（5）运行时间。

5.3.4.4　输入模型

输入模型将测量值转化为模型的状态变量或能耗等其他变量以及模型需要的常量（例如设定点）。

进水模型

污水特性描述用来将进水的测量值（例如COD、N、P）转化为模型的状态变量因数（见图5-18）。污水的进水组分比例取决于所选择的生物动力学模型，往往因污水处理厂的不同而不同，并且对模型输出有着显著影响。选择模型并输入进水组分比例是模拟过程中关键的一步。

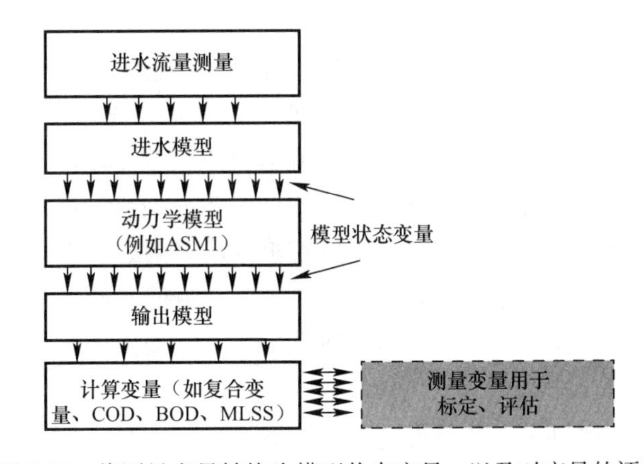

图5-18　将测量变量转换为模型状态变量，以及对变量的评估

附录A讨论了进水中COD、氮和磷的组分比例概念。表5-3提供了典型进水特性描述方法的列表和说明，可以应用于多数城市污水和一级处理出水。对于含有一定量的工业废水的进水，在第8章用活性污泥模型模拟工业废水中有所说明。

扩展阅读材料

Dochain D. and Vanrolleghem P. A. (2001). Dynamical Modelling and Estimation in Wastewater Treatment Processes. IWA Publishing, London, UK. ISBN 1-900222-50-7.

Gujer W. (2008). Systems Analysis for Water Technology. Springer, Berlin, Germany, ISBN：978-3-540-77277-4.

Henze M., van Loosdrecht M. C. M., Ekama G. A. and Brdjanovic D. (2008). Biological Wastewater Treatment: Principles, Modelling and Design. IWA Publishing, London, UK, ISBN：9781843391883.

Olsson G. ,Nielsen M. K. ,Yuan Z. ,Lynggaard-Jensen A. and Steyer J. P. (2005). Instrumentation,Control and Automation in Wastewater Systems. IWA Scientific and Technical Report No. 15,IWA Publishing,London,UK.

USEPA (U. S. Environmental Protection Agency,Office of Research and Development). (1989). Design Manual: Fine Pore Aeration Systems. EPA/625/1 - 89/023. U. S. E. P. A. ,Cincinnati,OH,USA.

WEF. (2006). Clarifier Design: WEF Manual of Practice No. FD-8. Water Environment Federation,Alexandria,VA,USA.

5.4 校准和验证

5.4.1 引言

数学模型是复杂系统的简单表述，因此并不能反映所有进行中的过程。然而，模型应该描述真实系统的关键过程。模型结构的简化是对真正的物理、化学和生物过程的有限理解，包含了对输入和变化的有限知识，这就要求在特定情况下调整模型参数以适应具体的情况。

模型校准可以描述为调整模型参数直至模拟结果和观测值相匹配。从这个意义上来说，校准不包含任何特定的额外的污水处理厂模型的测量和修正。如果考虑到数据质量、可行性和污水处理厂模型的建立，那么建模者就必须返回到步骤 2（数据收集和处理）和步骤 3（污水处理厂模型设置）。如果模型用错误的数据来校准，那么模型的预测能力就会降低。因此，应该先退回到前面的步骤而不是修正参数（例如生物动力学参数）。

模拟结果的质量需要用特定的状态或组合变量——目标变量来评估，即在预先给定的测量值的误差范围内停止校验。误差范围在项目定义环节被预先确定，但经常需要在数据质量评估后精确确定。

然后，使用一些在项目定义环节定义好的测试来进行校准。一个被接受的校准应该保证污水处理厂模型的使用可以满足建模目的。

污水处理厂模型参数可以被分为物理的、运行的、化学计量的或动力学的参数。在本报告中，污水处理厂模型的参数分为以下几种：

（1）原始值，即原始模型发表时的数值。

（2）默认值，即模型校验过程中的起始值。若一个污水处理厂模型参数集可以通过不同的污水处理厂检验，并且可以合理解释每个提出的值是如何获得的（最好可以提供实验证据），该模型参数集便具有默认值的性质。

（3）测量值，即由实验所确定的值。

（4）校验值，即经人工或自动校准后的所得值。

第 6 章应用矩阵阐明了校验等级、所需工作量与建模项目目标之间的联系。在设计和对比备选方案时，一个模型使用默认值就应该能满足目标，但并非所有情况都是如此。

除了使测量值与预测值之间的误差最小化外，校准/检验步骤有助于建立保证模型功能强大和给出可信结果的环境条件，因此可作为决策的有效基础（依据 Melcer 等人，

2003）。

5.4.2 步骤

校准和检验 ASM 模型的步骤基于一些常用模型并反映实际操作过程。系统分析专家所发展起来的高级方法被有意排除在外，因为对它们的使用还没有达成共识。关于这些方法，读者可参考“延伸阅读”部分。

简而言之，过程包括如图 5-19 所示的 5 个主要步骤。它始于细化先前在项目定义时定义的停止标准。模型最初以默认或测量的参数值运行，然后对比模拟数据与测量数据，并根据需要调整参数值。所获得的参数集是经过反复验证测试的。模型预测质量、不确定性和模型局限性应该向利益相关者解释，并且过程结束时要达成一致协议。

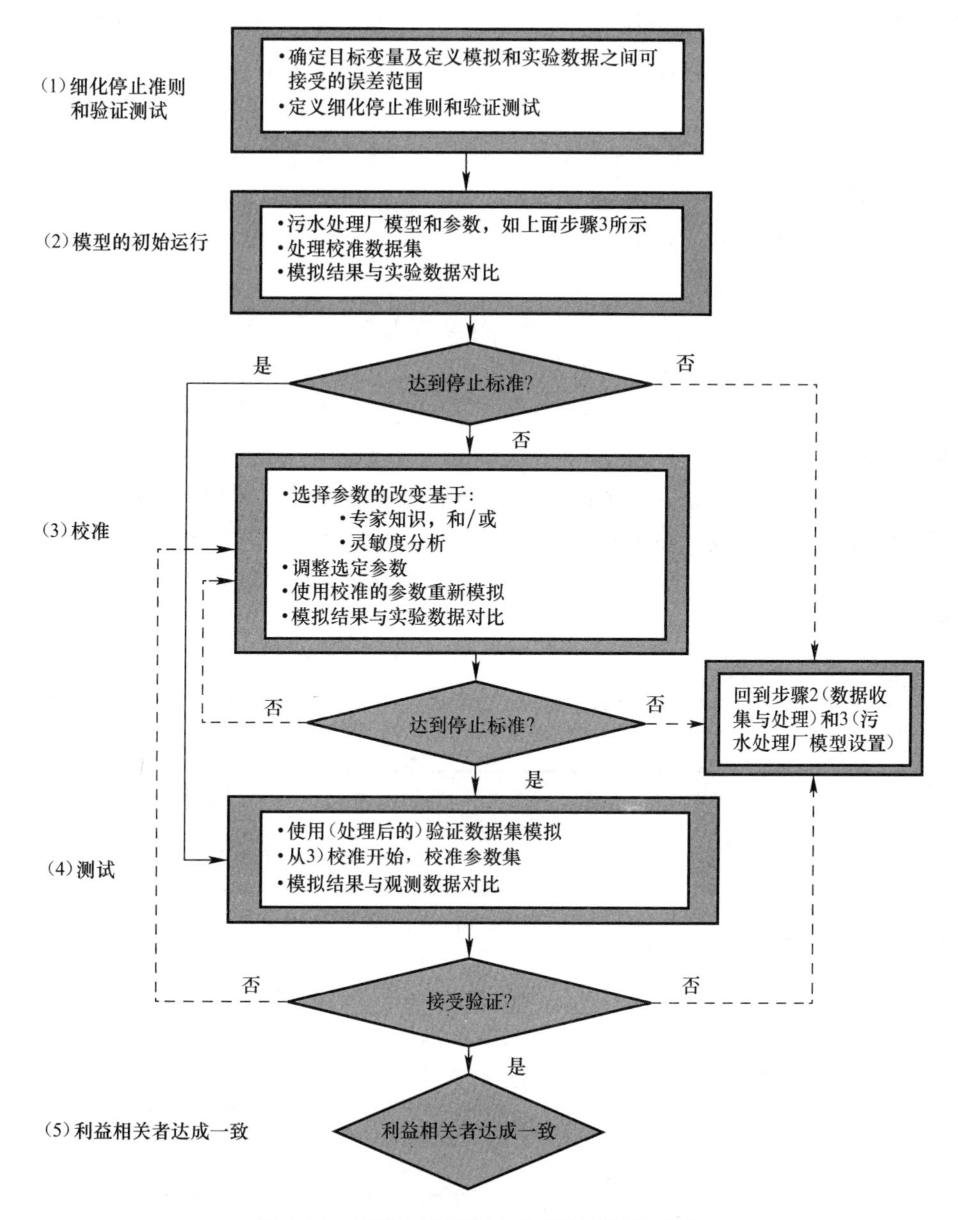

图 5-19 校准和验证污水处理厂模型的步骤

5.4.2.1 模型预测质量

在人工或自动的校准步骤中，模型输出值和实测值之间的差异使用性能指标来量化。这些指标可以作为“目标函数”用于停止校准过程，也可在验证测试过程中用于评价模型预测结果。表 5-11 给出了一些用于描述模型预测质量特征的函数。

虽然标准方法还未达成一致，但一直在发展（Hauduc 等，2011）。污水处理模型不确定性来源的详细阐述见附录 H。模型发展的下一步将会是不确定度的评估。国际水协（IWA）/水环境基金会（WEF）的设计和运行不确定性工作组已经开始此方面的工作并向该方向努力（Belia 等人，2009；DOUT，2011）。

5.4.2.2 停止准则的细化和验证测试

校准步骤的第一个任务是细化规定参数调整应在何时停止的准则。停止准则在数据质量和可用性（如样本的数量和频率）的基础上进行调整。典型的停止准则如第 6 章应用矩阵表 6-5 所示。

停止准则一般与目标函数的定量（最小）值相结合，但也有其他的准则如：

（1）模型运行的最大值；

（2）目标函数变化的最小值；

（3）参数变化的最大值。

验证测试也在这一阶段细化。这些测试或基于工程师/专家的知识，或用特定的数据集（验证数据集）进行完整运行。如果模型能通过这些测试，就假定它可以满足给定的建模目标。如果不能通过测试，则需要重新校准或只能在已知的有限范围内使用。

5.4.2.3 模型的初步运行

处理的数据在之前被分为两个或多个数据集：校准数据集和验证数据集。在模型设置期间使用校准数据集执行模型初步运行，它提供的最初输出通常与测量的性能数据进行对比。同样，此次运行是作为完成校准而进行的改变参数设置及模型结构的迭代过程的开始。

用来量化模型和预测质量的标准/目标函数的示例 **表 5-11**

指标	定义/公式	意义
残差	$r_i = P_i - O_i$	残差（r_i 为在时间步长 i 内观察值 O_i 和预测值 P_i 之间的差别）应该尽可能地低而且没有额外的信息保留在残差中（即它们应该是随机的）。单独残差可以通过图形化观察到，并且能够比较最大值
残差平均值	$m_i = \frac{1}{n}\sum_{i=1}^{n} r_i$	残差的平均值（m_i）可以显示系统是否存在过度预测或预测不足产生的模型的系统偏差
平均绝对误差	$MAE = \frac{1}{n}\sum_{i=1}^{n} \mid r_i \mid$	平均绝对误差是变化性的一个指标。这个指标应该尽可能达到最低
均方根误差	$RMSE = \sqrt{\frac{1}{n}\sum_{i=1}^{n}(r_i)^2}$	均方根误差避免了误差补偿，显示了误差的平均大小。如果是正态分布，$RMSE$ 是模型预测方差的极大似然估计量。然而，它强调了高误差。这个指标应该尽可能低

续表

指标	定义/公式	意义
Janus 系数	$J^2 = \frac{\frac{1}{n}\sum_{i=1}^{n}(P_{\text{validation},i} - O_i)^2}{\frac{1}{n}\sum_{i=1}^{n}(P_{\text{calibration},i} - O_i)^2}$	Janus 系数表明在校准步骤和验证步骤之间模型精度的变化。Janus 系数为 1 意味着在这两个步骤中模型都具有相同的预测性能。Janus 系数很高时表明模型结构已经改变或者模型过度拟合，而且失去了它的稳健性。然而，这个系数并不能表明一个良好的预测性能本身

5.4.2.4　校准

当目标值超出了指定的范围（例如，超出了指定的误差范围），第一步应复查数据和模型设置。如果没有另外的测量值或通过污水处理厂模型的调整以确认结果，则应该采用手动或借助数值优化算法修正参数。

依据图 5-20，通过图解说明提出以下的一般校准程序：

（1）水动力特性：串联反应池（CSTR）的数量代表了污水处理系统的水动力学特性，并且在调整时应作为第一个被考虑的输入参数。如果没有水力测量数据可用，出水中的峰值（如氨氮的峰值）可以通过改变串联的反应池的数量来校准。流量分配同样需要检查。水力学特性对溶解性浓度的日变化有很大影响。

（2）可以通过调整进水和回流特征来适应污泥产量的模拟。调整回流污水特征实际上是对系统建立正确的 SRT。如果无法获得准确的结果，那么在这个阶段可以考虑修改污水处理厂模型的设置（例如，不同的输入模型可能会改变输出结果）。

（3）沉淀池参数是有位点特异性的，当一个简单的点或理想沉淀池模型不足以满足项目目标要求时通常需要进行调整。

（4）曝气模型参数是可以进行调整的，特别是当溶解氧浓度的测量点位不够或传感器位置不对而引起数据不准确时必须进行调整。

（5）生物动力学参数应当作为最后被考虑调整的参数，并且只有当通过生物反应原理分析找到充分理由支持时才能进行调整。

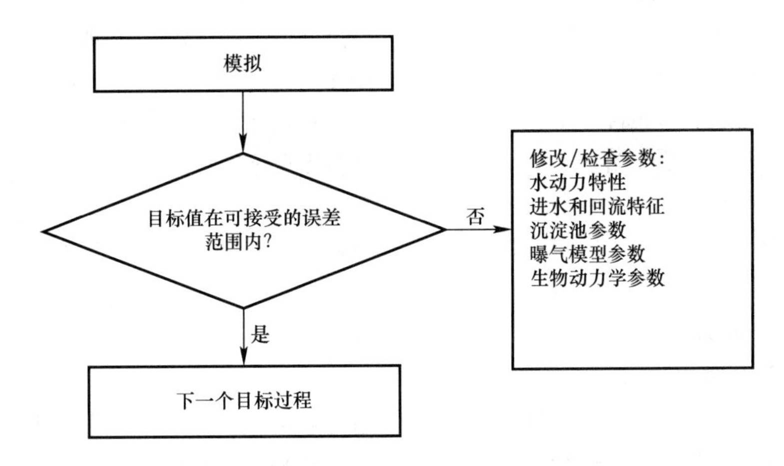

图 5-20　校准每个目标过程的迭代程序

1. 校准参数的选择

校准过程中如何选择要调整的参数取决于不同的因素：

（1）首先，参数应该能被直接测量或能根据测量值进行计算。

（2）应获得有利证据以支持参数默认值或测量值的调整。例如，工业废水的大量流入可能需要调整参数。

（3）参数调整必须能够对模拟结果产生足够的影响才能证明修改默认参数的合理性。这已经被敏感性分析证明。

（4）从实验中得到的数据必须足够精确方可用于修改参数值。校准与数据收集和处理步骤是紧密关联的，当校准模型遇到问题时，就需要重新评估这些数据。

如果生物动力学模型的参数必须改变，那些已经通过测量被确定的参数应该设置为测量值（假设测量值是通过可靠的步骤得到的）。有些参数虽未被测量，但已知在不同条件下是固定的（例如，异养菌产率系数）。其他一些参数应该依据专家经验和对模型结构的分析来选择。敏感度分析常用作识别那些对目标变量有显著影响的参数。应该首先调整那些有显著影响的参数，同时应依据专家经验保证那些参数的值仍然在实际可信的范围内。敏感度分析的方法和实例见不同的参考文献（如 Melcer 等人，2003；De Pauw & Vanrolleghem，2006）。

2. BNR 污水处理厂的校准过程

图 5-21 描述了用于校准脱氮除磷（BNR）污水处理厂的迭代过程。虽然一些需要调整的参数在具体应用中会有所不同，但还是要将其列出。将一些无关过程省略后，这个过程也可用于较简单的处理厂（如只有硝化过程）。基于这个过程的实例在第 7 章（使用 GMP 统一协议的例子）会有更进一步的阐述。

上述方法旨在首先校准模型以精确预测污泥产量——然后是系统的 SRT——再继而调整与氮磷去除紧密相关的参数。氧传质模型的参数放到最后考虑（虽然它可能是先于硝化作用/反硝化作用校准步骤而被校准的模型），特别是当缺少 DO 数据或它们不能代表所有的反应器时。

5.4.2.5 验证

活性污泥模型已经使用多年，不断增长的经验为其提供了常规的验证。然而，因为一些取决于项目目标的临界条件（如冬季环境、动力学模拟），特定的验证测试仍然需要。这些情况需要具体化，选择的验证数据集也应该与模型用于预测的条件类似。验证测试包括：

（1）工程检查，例如将模型结果和相似的实际污水处理厂的数据进行对比，或者将模型结果和其他方法（设计图表，方程式…）所得结果进行对比。

（2）对特定条件与临界条件的数据集进行验证模拟

实际情况中，数据的收集和处理是困难和昂贵的，这意味着可用的数据几乎要全部用于校准阶段。此外，并不是所有情况均可被包括（也就是，不可能收集所有可能情况的数据）。这些实际问题意味着模型有效性很少被证明，只能评估验证对项目至关重要的特定情况。

5.4.3 可交付的成果

（1）一个经校准的参数集，包括参数由默认值或污水处理厂模型设置过程中指定值调整的解释和理由。参数的调整对模型结果的影响应该被记录下来；

（2）验证测试的描述（数据集，结果准确度）；

（3）模型预测准确度的估计；

（4）已知或潜在的不确定性和模型局限性。

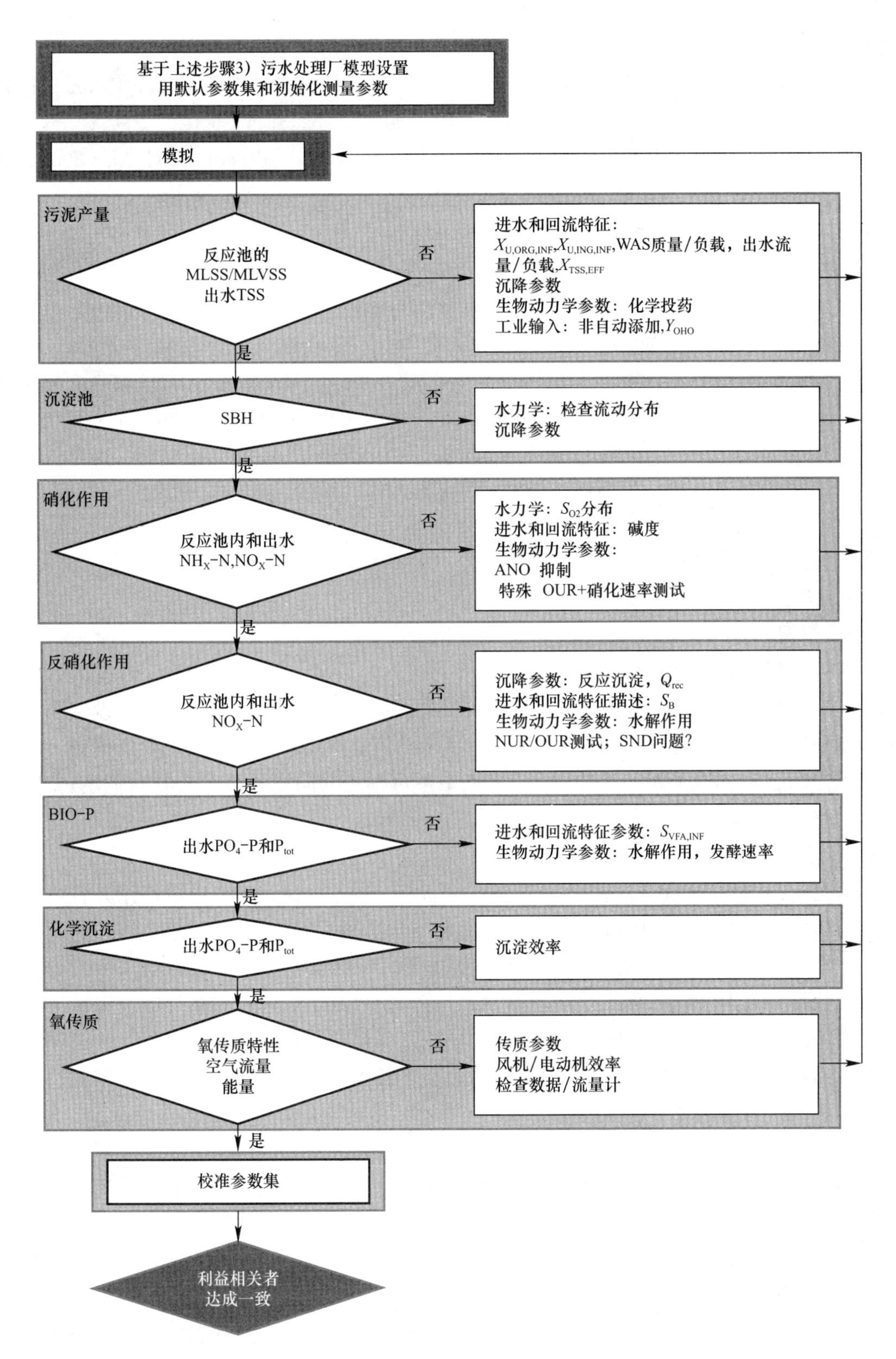

图 5-21　用迭代法校准生物脱氮除磷（BNR）污水处理厂模型

延伸阅读

Dochain D. and Vanrolleghem P. A. (2001). Dynamical Modelling and Estimation in Wastewater Treatment Processes. IWA Publishing, London, UK. ISBN 1-900222-50-7. p. 342.

Hulsbeek J. J. W., Kruit J., Roeleveld P. J. and van Loosdrecht M. C. M. (2002). A practical protocol for dynamic modelling of activated sludge systems. Water Science Technology, 45(6), 127 - 136.

Langergraber G., Rieger L., Winkler S., Alex J., Wiese J., Owerdieck C., Ahnert M., Simon J. and Maurer M. (2004). A guideline for simulation studies of wastewater treatment plants. Water Science Technology, 50(7), 131 - 138.

Vanrolleghem P. A., Insel G., Petersen B., Sin G., De Pauw D., Nopens I., Weijers S. and Gernaey K. (2003). A comprehensive model calibration procedure for activated sludge models. In: Proceedings WEFTEC 2003, 76th Annual Technical Exhibition and Conference. October 11 - 15, 2003, Los Angeles, CA, USA (on CD ROM).

5.5 模拟和结果解释

5.5.1 引言

统一协议的最后一步是模拟和结果解释，包含经设计、构建、校准后的模型如何使用。这一步和第一步项目定义有紧密联系。在项目定义中建模者和利益相关者设定了模型的范围和期望，在模拟和结果解释中，模型用于满足范围要求，实现最主要的期望，并当期望不能满足时说明理由（例如，由于模型中不可预见的问题和资金或时间不足）。所有建模的重要方面，包括结果和解释都应在报告中记录。

5.5.2 步骤

假定前面的步骤已正确地执行，模型已准备好、经过校准，现在可以使用并且可在预期的可信度水平下回答原始目标中的问题。这一环节通常由一系列稳态或动态的运行组成，术语叫做“情景”。建模者使用校准模型去模拟这些情景，术语可称为“情景分析”。情景的数目和范围一般在项目定义时已经设计好，但校准不确定性和意外的模拟结果常常需要额外的情景。准备情景和执行运行所需要的工作量比数据收集和处理需要的工作量要少，然而，如果不预先明确，研究情景的数目会增长到失控。实施这一步骤的系统过程见图 5-22。以下各节描述了这一过程的每个阶段。

5.5.2.1 定义情景

通常大量的模拟对于解答问题和满足项目定义时设定的目标是必须的。在运行和分析情景前有一个现实和实际的明确模拟列表是十分重要的。例如，使用不同设计模拟一些情况可以快速衍化出需要花费许多时间去运行和分析的大量情景。以下是计划情景分析时要考虑的项目清单：

(1) 稳态或动态的选择：为找到答案，是该选用稳态模拟还是动态模拟呢？例如，在设计时，习惯采用稳态模式去研究污泥产量，但计算风机风量的峰值荷载时需要用动态模拟。表 5-12 列举了一个用于描述反应器行为的模型，它可以解释反应器行为是连续的、间歇性的，还是完全动态的进水和运行状态。周期行为指的是进水和操作输入遵循重复却一致的模式，例如序批式反应器的操作和间歇曝气方案。

（2）是否具备所有必需的输入量：所有需要的输入量都可用吗？例如要确定峰值风机容量时，要有关于日峰值载荷的可靠信息，即流量和浓度的峰值和它们的出现时间。

（3）模拟控制行为：有必要去模拟操作员为响应条件变化而手动完成的或由自动控制系统完成的控制措施吗？这方面在稳态和动态模拟时经常被忽略。忽略操作员和控制器的介入将导致出现不真实的结果。在实际分析将来的负荷情况时，即使是稳态，简单地增加处理厂负荷来得到期望的目标值也是非常错误的。实际的处理厂，如果维护和运行得正确，将会有矫正措施，例如，增加消耗或循环利用以及安装新的风机等。如果在模拟中忽略这些等于将来在运行污水处理厂时没有今日的调控策略。

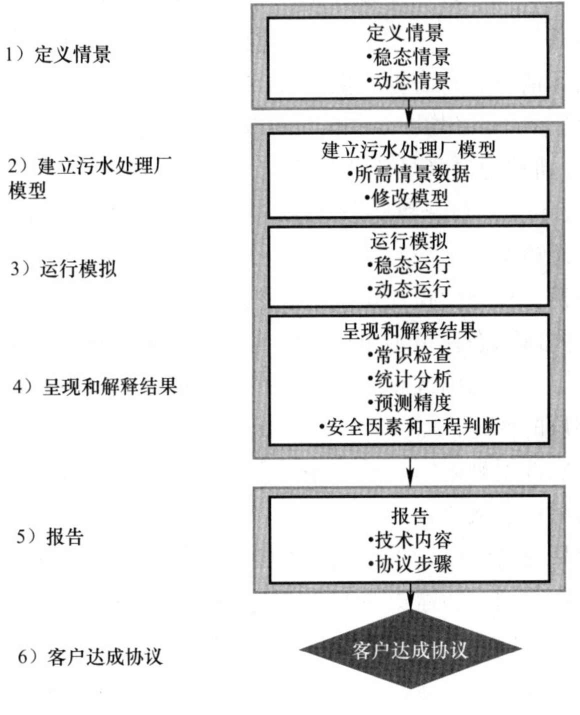

图 5-22　步骤 5 的统一协议流程图：模拟和结果解释

需要基于进水和操作描述处理厂模型类型的考虑　表 5-12

		操作		
		常数	周期	动态
进水	常数	稳态	循环	动态
	周期	循环	循环	动态
	动态	动态	动态	动态

（4）识别模拟时间约束：运行每个情景需要多长时间，以及所有实际的和在范围内的模拟需要的总模拟时间是多长？实际上，许多情景有微小的修改或改变就需要重复，这些额外的工作常常并没有计划在内。运行每个情景所需的时间从几秒到几个小时不等。采用

松弛求解设置，即选择固定步骤的求解程序或接受更大的误差准则，可以加速数值模拟，但是并不推荐这种方法，因为它会导致不精确的解（附录 C）。在极个别情况下“快速”变量，如发酵过程中的溶解氧、亚硝酸盐和氢等会有震荡，结果即使看起来是平滑的变量也会变得无意义。如果需要运行复杂模型，选择具有更高处理能力的快速计算机是一个不错的选择。

（5）选择正确的输出：哪些结果对于评价模拟运行是需要的呢？例如，状态或计算变量，时间步长的过程指标，由于实际情况的约束，没有模拟器可以储存模拟过程中产生的所有数据；因此明确这个列表非常重要。如果运行了一个模拟，结果却没有保存或分辨率不够甚至保存了错误的数据，模型就需要重新运行，导致浪费时间。

（6）稳态情景

在许多情况下，稳态可以快速实现并提供有用的结果。这种类型的运行是基于平均进水负荷和固定的运行条件，通常用于预测“典型”或长期的性能。采用稳态模拟只能得到很少或者不能得到动态信息。稳态模拟的主要类型包括：

1）年度平均表现——年平均；

2）月度模拟——通常为最高月负荷条件；

3）季节平均——冬季、春季和夏季处理厂性能，采用月度负荷条件。

两个常采用的稳态情景：

（1）整体物料平衡。稳态模拟在识别潜在数据样本和分析错误上非常有效。这个模型总是保证物料平衡，所以稳态模拟结果可以将实验或监测数据的错误识别出来。

（2）长期性能检查。在当前或将来的设计负荷条件下，稳态模拟可以用于评估在不同负荷条件下污水处理厂的性能。

稳态模拟一般不应该用来确定在动态条件下运行的条件，或设计和可靠操作取决于峰值和最小流量、载荷的设备大小。

稳态不能很好地呈现时间周期短于一个月的运行状态。污水处理厂的行为是操作条件和污泥停留时间的函数。即使污水处理厂的操作条件保持恒定，对于一个典型的处理厂，在改变后它也要花一个月以上的时间达到平衡，这便是推荐采用一个月的数据进行模拟的原因。

动态情景

动态模拟考虑了污水处理厂通常遵循的变化条件，例如进水流量、负荷、温度和操作条件的变化等。“原始的”未被加工的模拟结果包括了污水处理厂动态行为的具体信息。下面简要地列出了动态模拟的 5 种典型使用情景。结构化的动态模型的真正效果在于动态模拟，因为这些计算不可能在电子表格中轻易重复。

（1）一个常见的动态模拟是包含了一天（24h）的“典型旱季”的流量和操作数据的昼夜运行。24h 周期可以根据需要多次重复。昼夜运行被用来描述循环过程。例如，一天中进水负荷有显著变化（高峰值因子），或者污水处理厂固有的非稳态，如 SBR 或处理厂有间歇的曝气区等，此时，稳态模拟是不可靠的或不能提供有用的结果，所以必须用动态模拟。

动态模拟的结果可以进一步处理成计算平均值、简单或更复杂的统计值，如最小/最大、分布等等，这些数据可以根据不同的运行条件制成图表以提供一个更简单的报告概览。动态模拟可计算昼夜峰值和最低值的情况，通常用于确定设备的上下限，如风机的供风量等。

（2）长期动态模拟常用于研究周、月甚至季节影响。这种类型的模拟的典型任务包括：

1）研究因工作日、周末负荷条件和操作条件改变造成的运行差异，如周末不排泥或某些改变中的污泥回流。

2）一个月的动态运行与一个月平均条件的稳态运行对比，以研究污水处理厂动力学对结果的影响。

3）处理过程中季节变化的研究。这种情况下模拟的长度可能是几个月、一年或更长。

（3）“生日蛋糕”分析对设计目标是一种有用的动态分析。这个模拟为几周时间，包括了通常用于确定设备大小的设计负荷，包括年平均、最大月平均和最大日事件。模型的流量输入类似一个蛋糕（见图 5-23）。

（4）动态模拟为短期事件的优化管理提供了一个特殊的机会。它包括：

1）雨季或特定暴雨期，例如进行分步进水操作的备用方案和准备，以及确定分步进水操作的时间。

2）维护和施工时离线获取设备和反应器的体积。

3）设备损坏时（如泵、风机）的方案。

（5）控制器设计和控制参数调整是动态模拟的特殊情况。在动态模型中需要应用污水处理厂模型和控制系统的相关信息。这可能需要更多细节，如传感器模型、噪声过滤和执行器的响应曲线。

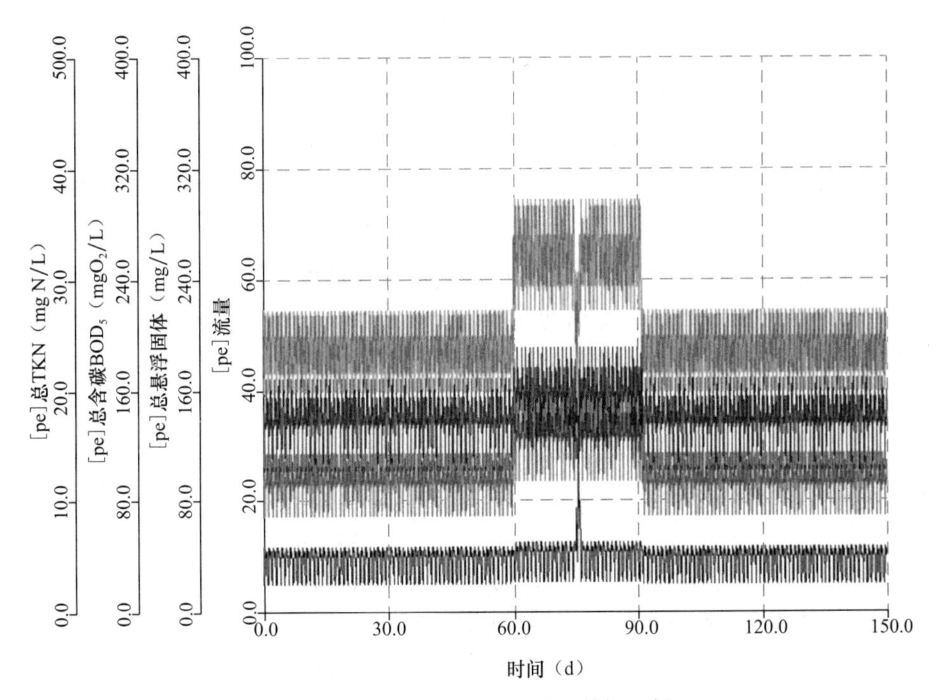

图 5-23　生日蛋糕分析的输入数据示例

动态分析在分析时增加了一个时间维度，因此它的设置需要更多的细节。动态模拟的实施更慢，运行时间更久。与“尽可能简单地回答特定问题”的原则相对应，动态模拟应该只能在稳态模拟无法对过程给出解答或动态模拟可以对过程提供更为详细的理解时使用。而对于动态过程方案（例如SBR）或受控制的过程，则必须使用动态模拟。像生物除磷这样高度动态的过程，采用稳态模拟和动态模拟结果是完全不同的。

5.5.2.2 建立污水处理厂的情景模型

准备运行情景前有两件事需要考虑：①准备运行模拟所需要的数据；②如果需要，调整污水处理厂的模型。

1. 所需数据

稳态情景的数据和用于校准的数据很相似。进水组分常常基于校准数据，如果来自工业废水的进水负荷和一些显著的改变是情景的主题时可能需要调整。未来的负荷条件增加了模型模拟的不确定性，分析和解释结果时必须考虑这些因素的影响。

动态模拟需要关注各个方面，比如日流量的类型和浓度资料。这些方面是具有位点特异性的，主要取决于几个因素，包括污水管道系统收集污水的类型（生活的、商业的、工业的）；排水管道类型（合流制或分流制，重力流或用泵提升的），排水系统的长度和复杂性；处理设施的大小和位置；污水处理厂回流的影响。

日流量数据对于已存在的设备一般都是可获取的，然而，日浓度数据则很难获取。因此，必须进行特定的采样以开发可以叠加到日平均负荷的典型模式。如果日变化数据不可用，有时可以考虑使用与污水处理厂规模相当的液体流量发生器去模糊估计（Langergraber 等人，2008；Gernaey 等人，2006）。流量发生器（Langergraber 等人，2008）的电子表格可以在 GMP WaterWiki 网页上找到：http://www.iwawaterwiki.org/xwiki/bin/view/Articles/GuidelinesforUsingActivatedSludgeModels.

2. 针对场景调整模型

许多场景要求修改污水处理厂自身模型。它们包括：

（1）污水处理厂扩建：如果污水处理厂中增加了新的池子或新的单元，期望污水处理厂怎样运行？这需要额外的池容和额外的单元，水力条件可能会改变，新池子的不同深度和不同的曝气设备都需要考虑。

（2）污水处理厂升级：如果污水处理厂需调整以满足更严格的出水限制，污水处理厂应怎样运行？这是工艺模型的一个常见使用场合，尤其在比较不同的工艺选择时特别有用。这时需对校准模型做很大的修改（或新增一个处理单元，或构建一个全新的布局）。在这些极端情况下，进水特征可能是转接新布局的原始校准模型的唯一方面。

（3）污水处理厂优化：操作改变或提升控制会对污水处理厂的性能有什么影响？模型可以用来研究操作和/或控制参数对污水处理厂性能的影响。这要求增加更复杂的控制模型。

（4）维护和建设的影响：当池子或设备故障时污水处理厂会发生什么问题？这需要调整反应器的尺寸并且/或者减小设备的最大范围。

（5）极端事件评估：多雨天气或其他极端事件（如有毒物质泄漏）时污水处理厂会有什么响应？这些情景可能需要不同的液体流量数据文件。这可能需要调整操作和控制参数以适应污水处理厂的变化。这种类型的情景也可能需要调整模型的水力学特性参数。

5.5.2.3　运行模拟

近年来，运行模拟已经变得比较简单了。然而，新的容易使用的软件仍然需要人们理解其基本功能和背后的模型概念。

从数学角度看，活性污泥模型是由一系列描述各种速率变化的常微分方程组（ODEs）组成的。组分浓度（状态变量）不能通过解方程组直接计算出来。方程确定了状态变量随时间的变化率，这些取决于自身浓度，也取决于模型参数。因为每个方程的输出是一个状态变量的变化，状态变量的初始值对模型输出有很大影响，使得初始值的确定成为情景运行的一个关键部分，对于稳态和动态模拟都是。

关于数值引擎的简要介绍见附录 C。

1. 稳态运行

有两种基本方式可以得到模型的稳态运行结果：

（1）以动态模型模拟稳态：建立每一个状态变量估算的浓度初始值，并从这一状态开始模拟，动态模拟采用固定输入，即不随时间改变，模型的每一步，状态变量通过求解器根据从方程式获得的值而改变，计算出的改变值“加到”先前知道（或估算）的浓度值，直至浓度稳定和导数为 0。假设的初始值会对浓度变化的趋势和绝对值影响很大。

（2）使用稳态求解器：模型以一系列输入和操作变量重复运行，不随时间改变，直至导数（或改变值）变为 0。这是所谓稳态的唯一解，在理想条件下它不依赖初始猜测。

大部分模拟器提供一个或多个稳态求解器。读者请参阅模拟器手册以获取更多信息。求解器的简要介绍见附录 C。

在有些情况下，对于一个给定系列的输入，模型可能有两个或更多的有效稳态解（例如，方程组可能有硝化和非硝化解）。需要谨慎地结合工程经验以获得最适当的解。可以使用软件技术驱动模拟得到一个解。可以这样做的软件技术示例包括：

1）在正确的操作范围内选择初始条件；

2）提供一个小的活性微生物的“数值”种子；

3）在收敛过程早期关闭抑制。

2. 动态运行

动态运行的一个重要准备工作是确定初始条件。由于不知道初始状态变量浓度（有太多状态变量，即使在最简单的模型里也有数十或数百个），需要提供每一个变量的估算值。这些估算值可以通过不同的方式准备。推荐以下阶梯式的方法：

（1）在模拟开始时（$t=0$）为每一个状态变量选定一个典型值。实践表明，该方法只有在模型的实现（软件）已经准备好了特定的“初始条件”或种子才可行。它有太多的状态变量。然而，如果可能的话，这个方法可以作为第一步与其他方法结合，以便更快地建立初始条件。

（2）在动态模拟前先运行稳态模拟，并把结果作为动态模拟的初始条件。这个解决方法需假设污水处理厂在进行模拟前以典型的方式（例如，旱季条件，没有扰动）运行了一段很长的时间。在某些情况下，这一步便足够建立初始条件。

（3）对步骤（2）建立的条件通过稳态求解加以改进，接下来根据几天或者几周的日变化（或其他的时间坐标，如周变化），把由日平均得到的初始浓度逐步转化为起始点的正确浓度（特别是午夜）。所有运行的模型都应该以稳定条件开始，并遵循随后的日变化规律不断重复，但在一次大的扰动（例如大暴雨）以后就会很难准确重现初始浓度。模拟应该运行几个污泥停留时间（通常至少 3 个 SRT）。这个模型应该以日模式或周模式运行几周直到能够观察到类似的输出模式（伪稳态）。这种方法属处理程序密集型而且要花很长时间运行。也可以直接采用这个步骤，即跳过步骤（2）。对于 SBR 和其他交替过程或实时控制已被建模的情况，不能采用稳态解决方案，步骤（2）也必须跳过。

5.5.2.4 提供和解释结果

在分析和解释结果时很重要的一点是要用一种尽可能简洁明了的方式来表达。表 5-13 列出了表达稳态和动态模拟结果的一般方法。第 7 章提供了一些输出例子。

表达稳态和动态模拟结果的方法　　表 5-13

稳态模拟	动态模拟
表	基于时间输出的图表
柱状图，折线图和饼形图	动画版本的柱状图、折线图和饼形图
流程图	输出数据表和概要统计

以常识对结果进行检查，模型是工艺工程师做决定的工具，但是模型是不受约束的，所以质量控制和质量保证是很有必要的。分析员在尝试着得出任何结论前都一定要检查模型结果是否合理。通过下面建议的检查和指导方针可以避免很多陷阱：

（1）视野狭窄：需要时刻关注模型的整体情况。一直盯着很少的几个变量或许会导致分析人员错过另一些变量的意外变化，从而使模型整体无效。例如，一个分析员或许只注意 MLSS 和剩余污泥产量但是忽视了检查出水的 TSS，结果导致对真正的污泥产量给出了一个不正确的答案。

（2）无意义的值：检查所有在合理范围内的值（MLSS、OUR、出水 TSS 等）。例如，在曝气反应器内模型预测出了一个大大超过 100mg/(L·h) 的 OUR 值，那么就应该能看出问题来。一般的曝气系统不可能提供这样的氧气量，因此假设反应器内 DO 值固定在 2.0mg/L 可能就是不切实际的。

（3）合理性检查：对比模型结果和类似的真实污水处理厂的表现。例如，模型预测生物除磷不会出现，但是污水处理厂一直都确实有生物除磷的效果，那么就很可能在模型中某一点出现了错误的假设或者使用了错误的数据。

（4）替代的方法：对比模型结果和其他方法得到的结果，诸如由标准设计曲线或者设计方程所得到的结果。例如，从模型中得到的污泥产量应该和设计导则的值一致（例如 the German ATV-DVWK-A 131E，2000 或 WEF MOP 8，2010）。

1. 统计分析

可以进行两种类型的统计分析：

（1）动态模拟的描述性统计；

（2）情景比较。

目前动态模拟结果的描述性统计基本上局限于对某些感兴趣的输出值的描述，诸如平均值、最小值、最大值和标准差或方差等。表 5-14 提供了常见描述性统计的一般用途（更多信息详见教材如 Montgomery & Runger，2010）。

动态模拟描述性统计的用途　表 5-14

统计量	用途
平均值	长期性能，经济评价
最大值或峰值	短期性能，设备尺寸
最小值	设备尺寸（需要下调时）
标准差或方差	过程变化，过程不稳定性
百分率	变化，满足限值的可信度

我们可以对稳态或动态模拟进行情景比较。稳态模拟的结果提供基本统计数字，如排序或不同性能指标下的最好和最差（例如出水浓度等），它们相互之间可以很容易地进行比较。各种情况下输出差异的显著性水平可以用绝对值来表示，例如一个基准情景的百分比或原始校正模型的百分比。动态模拟结果的比较会稍微复杂一些，但是可以通过比较每个场景的描述性统计结果或者通过输出结果的可视化时间序列图来实现比较。

表 5-15 列出了用统计分析表达的性能指标和其他常用输出结果。

常见性能指标和其他形式的输出　表 5-15

输出	目的
模型出水浓度或负荷	目标或许可范围内的整体处理性能
剩余污泥量	污泥处理系统的设计或影响
风机气流或者曝气系统功率	风机或曝气系统的需求容量或期望性能
OUR 或者需要的曝气量	扩散器设计和曝气系统控制注意事项
营养浓度	为确保良好性能（例如，磷释放和生物对磷的摄取）而对整个处理厂的“健康检查”条件
MLSS	对沉淀池的影响
污泥停留时间（SRT）	总的污泥停留时间（SRT）指标，可以和单独生物种群的临界 SRT 比较（例如，确保氨氧化细菌有足够的 SRT）

2. 预测精度

模型预测的精度取决于很多因素，尤其是污水处理厂模型的质量和模型的校验质量。精度也取决于相关变量和模型的目标。模型的预测精度和可接受的精度范围在项目定义阶段已经确定（5.1 节），但是可能会在数据收集和处理（5.2 节）、校准和验证（5.4 节）步骤中细化。

3. 安全系数和工程评价

传统的设计方法为应对不确定因素会包含安全系数。模型不包括安全系数，因此当解释工艺模型的结果时，需使用好的工程评价与实际操作经验。详细的机理模型能够通过描述真实的机理（例如最大负荷）来替代一些安全系数的作用，然而不应该盲目地相信模型预测。如果模型已经正确建立并且使用了正确的设计和操作标准，模型结果将很少会和已建立的设计和操作标准互相矛盾。

5.5.2.5　报告

在这个阶段的技术文档应该包含已运行的情景细节、结果和评价。除了把项目模拟的结果相互联系起来，报告和文档还应该包含所有重现项目模型和评价它的质量所需的数据和假设。这些文档是在项目定义阶段约定的产出结果中的一部分。它们可能包含了每一步产生的特定的报告和文件，但是也可能包括其他的文档，例如演示文稿的幻灯片等。由于撰写模型任务的报告时常会遇到一些典型的缺陷，所以主报告的内容在接下来的章节中讨论。

遵循统一协议的主要步骤撰写主报告

最终报告的结构应该按照GMP统一协议的主要步骤撰写。报告应该包括概要和作为附录的项目计划书的最终版本。最终报告通常需写一个概要形式包含所有模型步骤的输出，同时，需在附件中给出每一步的详细报告。其他重要的信息（数据文件、模型、输入文件等）应该做成可用的电子文档。

表5-16列出了需包括在最终报告中的建议内容，以便正确地记录模型。该表同样包含对其他可交付成果的建议，以补充报告的主体。这些内容可能涵盖在报告中，可作为附件或具有参考价值的独立可交付成果提交。

基于统一协议的每一步骤的报告和文件 **表5-16**

统一协议步骤	报告内容	其他可交付成果
项目定义	项目要求的目标：人员、数据、时间表、产出、预算、项目计划书	
数据收集和处理	污水处理厂描述； 数据收集； 物料平衡； 数据调整； 对项目定义文件提出修改以便模型设置	工艺流程图 设备与管道图 主要（集中的）变量的原始和处理后数据 物料平衡 数据处理：假设，方法 经过验证的数据文件
污水处理厂模型设置	水力学； 子模型描述； 模型简化/假设； 对项目定义文件提出修改以便校准和检验	工艺单元的配置信息 输入文件（txt或其他标准格式） 基本模型
校准和检验	参数值的列表以及和默认值的对比； 有效性域； 校准结果的不确定性； 模型预测精度； 对项目定义文件提出修改以便模拟和结果解释	对于考虑（集中的）变量，校准结果对测量数据 对于校准数据，校准结果对测量数据 输入文件 校准和检验模型
模拟和结果解释	情景描述； 不确定性分析； 项目定义文件的最后版本； 最终报告-执行摘要	输入文件 输出文件 模型的最终版本，加上不同情景的变体

提交的模拟结果会根据不同的项目目标和预期精度而有所不同。例如，当比较几个可选择的设计时，相对误差将比绝对误差更能说明问题。

此外，商业模拟器可以提供可定制的报表功能，这对报告相关数据（确定工艺单元，模型/模拟器设置数据和假设）非常有用。

5.5.2.6　客户达成协议

最后的也是最重要的步骤是检查完成的目标是否与客户的要求一致。如果建模人员集中于项目定义中所描述的目标并且以简洁的方式展示目标，那么这将会是一个很简单的过程。

在有些情况下，特别是如果模型将用于做关键性决策，请第三方机构审查模型是一种很好的做法。对于用于预测未来情况的模型，当有可用的新信息时，用实际污水处理厂数据重新评估模型预测的做法也值得提倡。

5.5.3　典型缺陷

以下是执行模拟，解释结果以及报告时常见典型缺陷的清单。

（1）不完整或不充分的报告：模型项目的再现性与所提供的包含充足文档和相关文件的完整报告息息相关。若没有记录这些信息，则难以评估模型质量。

（2）未声明的假设：所有假设应该在报告中明确声明。

（3）没有健全的检查：对模型结果的过度相信会导致建模者忽视常识和工程经验的判断。

（4）不完整或丢失数据文件：没有完整地提供全部验证数据文件和输入文件。当模型在当前项目完成后需再度投入使用时，这些文件就显得尤其重要了。

（5）缺乏沟通或不适当的报告形式：技术性结果对于利益相关者应为可理解和可使用的。以附件形式而不是在最终报告的正文中提供详细的支撑主要结果的技术信息的做法会更好。这将保持正文的清晰。

5.5.4　可交付成果

这一阶段交付的主要成果是最终报告。此外，还应该提供以下材料以支持最终报告。

（1）输入文件。

（2）输出文件。

（3）关键参数的汇总数据表，包括：

1）改变默认值的所有参数，以及改变的理由；

2）在情景中改变的参数，以及改变的理由。

（4）解释结果所需要的图表。

（5）模型的最终版本，加上不同情景条件下调整的模型形式。

对照项目计划书要求逐条检查最终报告的内容非常重要。所有利益相关者审阅和评论报告以确保满足预期也是非常重要的。推荐模型结果在撰写成最终报告前，要在研讨会或正式会议上进行展示。在最后提交前，报告草案应经过审阅和修订。

延伸阅读

WEF MOP 31(2009). An Introduction to Process Modeling for Designers. Manual of Practice No. 31. WaterEnvironment Federation, Alexandria, VA, USA.

WEF MOP 8(2010). Design of Municipal Wastewater Treatment Plants.. Manual of Practice No. 8. Water Environment

Federation, Alexandria, VA, USA.

第 6 章
GMP 应用矩阵

本章提要

这一章描述了一个推荐的工具——GMP 应用矩阵，旨在帮助建模者根据具体建模目的，评估实施模型项目所需要的工作量。

这个应用矩阵包括 12 个典型的城市污水模型实例和 2 个模拟工业废水的解决方案。在考虑实施具体模型项目目标所需工作量时，建模者可以用这些例子作为起点。

6.1 引言

统一协议的 5 个步骤并不总是需要全部实施。例如，收集现有的工程设计数据对尚未建设的污水处理厂并不适用。基于最近的调查结果，Hauduc 等评估了在实践中这 5 个步骤的总项目工作时间的比例。图 6-1 用图解的形式说明了时间分配情况。

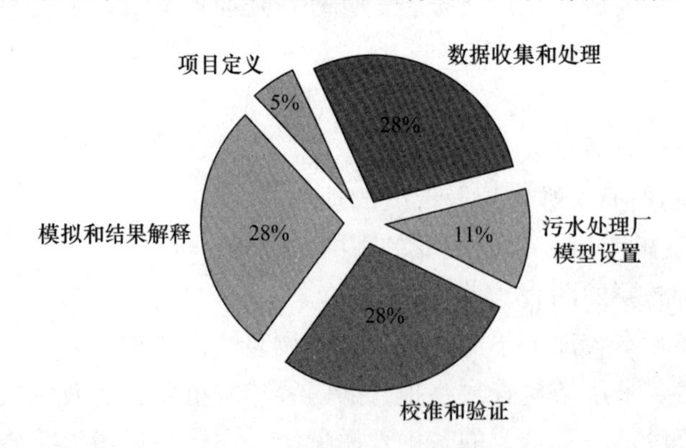

图 6-1　统一协议 5 个步骤的时间分配表（摘自 Hauduc 等人，2009）

和这些步骤相对应的工作量水平取决于模型项目的目标，这个应用矩阵可以用来帮助评估工作量。

工艺模型可用于许多不同的目的。在建立一致协议时，我们认识到很难制定一个严格的过程以适用于所有可能的模拟目的。为了根据模型类型调整协议的每个步骤所需的工作量水平提供指导，提出了应用矩阵的概念。

应用矩阵包括 14 个典型模型应用的清单，并且为统一协议的每个步骤都分配了一个主观分数。这个主观分数表明了一个给定步骤在特定的应用上应采取的相对严谨程度。接下来对每一个步骤进行加权来说明通常每个步骤需要一个不同的工作水平。这14个例子和应用矩阵的打分体系在下面进行了更为详细的描述。综观这一章，术语“工作量水平”是指实施模型项目所需的相对的时间量，因此也可以此表征所需的成本。

IWA水百科网站（IWA WaterWiki）提供了制成微软电子表格格式的应用矩阵。

6.2 应用举例

选定14个典型模型目标用于应用矩阵。这些目标被选定为最普遍目的建模的代表性例子；然而，它不是一个详尽的清单。对于这里没有包括的目标，用户可以选定一个相似的目标并相应地调整分数。

设想应用对象的污水处理厂是在一个发达国家中的一个小城市（10万人口当量），是一座典型中等规模的污水处理设施，包括有微孔曝气器的硝化活性污泥池和二沉池，并且按照当地设计标准进行设计。设施的服务区域主要是生活区，没有主要的工业排放，但有若干商业设施（办公室和餐馆）。排水系统主要用于生活污水（分流制排水系统），但是可以认为有些连接处接收了雨水，并且许多已经渗入系统中。入流特性是此类系统的典型特征。建模项目有适度的预算，包含最多200h的人工费用和最高15000欧元的特定采样费用，并且由一个有足够技术的建模者使用包含所有所需子模型（即不需专门的训练、自定义模型开发或第三方加入）的商业模拟器来实施。建模项目需要在三个月内完成。

建模的目的通过下面四个标题来分组：设计、运行、培训和工业。下面给出了每个目标的简洁描述。

1. 设计实例

（1）计算污泥产量

在这个应用中需要构建一个模型用于估计污泥产量。模型中得到的信息用于确定处理污泥设备的大小。针对这个目的，需要使用模型计算出月平均污泥产量。稳态模型可以满足这个目的。

（2）设计曝气系统

这个模型需要针对活性污泥工艺设计一个新的曝气系统以替代现存的老化的系统。要用模型来计算平均和峰值气量以选定鼓风机的大小。还要用来计算曝气池内需要的空气分布（即梯度），以选择合适的扩散器数目和布局。完成这个目标需要一个动态模型。

（3）构建脱氮工艺的概化模型

在这个应用中需要构建一些不同的（不超过三个）模型以确定哪种工艺结构在不同的设计负荷条件下能给出最好的脱氮效果。假设模型针对一个现存的污水处理厂进行开发，这个污水处理厂可以提供完整的硝化作用，但没有反硝化作用，因此该厂需要升级改造以提高脱氮能力。脱氮效果基于月平均值评估，目标出水总氮浓度的限值为10mg/L。这个评估可以使用稳态模型实施。

（4）构建除磷工艺的概化模型

在这个应用中需要构建一些不同的（不超过三个）模型以确定哪种结构在不同的设计

负荷条件下能给出最好的除磷效果。假设模型针对一个现存的污水处理厂进行开发，这个污水处理厂目前只有硝化作用，需要升级改造以提供生物除磷的功能。除磷效果基于月平均值评估，目标出水总磷浓度的限值为 1mg/L。可以用稳态模型评估不同的结构。

（5）评估污水处理厂脱氮能力

这个应用中需要建立一个现存的脱氮污水处理厂的模型，即这个污水处理厂已经从基本工艺升级到满足出水总氮浓度 10mg/L。这个模型用于确定污水处理厂在不断增长的负荷条件下和总氮 8mg/L 的严格出水的总氮限值下的脱氮能力。脱氮能力基于月平均值评估，通常以可被污水处理厂处理的满足来流量和出水要求的最大流量表示。虽然动态模拟可以提供额外的信息和增加能力评价的可信度，但这个案例使用稳态模拟就足够了。

（6）设计满足峰值出水总氮限值的处理系统

在这个应用中需要构建一些不同的（不超过三个）模型以确定哪种工艺结构在不同的设计负荷条件下给出最好的脱氮效果。假设模型针对一个现存的污水处理厂而开发，这个污水处理厂可以提供完整的硝化作用，但没有反硝化作用，需要升级改造以提高脱氮能力。氮的去除基于在线监测仪器获得的瞬时值进行评估氨氮限值为 1mg/L，基于月平均值总氮限值为 10mg/L，因此对模型预测要求更大的可信度，必须使用动态模型。

2. 运行实例

（1）优化曝气控制

建立一个有基本 DO 控制功能的硝化活性污泥污水处理厂模型。该模型用来调整或修改曝气控制系统以降低能源消耗，同时确保维持现有的出水水质。这个案例必须建立一个动态模型。

（2）测试停用反应池的影响

在这个应用中需要建立一个脱氮的污水处理厂模型以测试维修时几个反应池停用的影响。这个模型用于测试这些改变是否会导致污水处理厂达不到出水要求（氨氮 2mg/L，总氮 10mg/L 和总磷 1mg/L），所有这些都基于月平均值进行计算。这个应用将使用动态模型。

（3）使用模型开发排泥策略

建立一个生物除磷工艺模型，研究不同污泥排放策略对下游固体处理系统的影响。测试不同的排放频率、排放量和控制策略。研究将着眼于活性污泥处理系统的稳定性、污泥产量、排泥和脱水的时间安排，以及对污泥处理流程的潜在影响。污水处理厂出水的限值是基于月平均值计算得到的，氨氮限值为 2mg/L，总磷为 1mg/L。这个特殊的例子并没有直接考虑污泥处理和回流液的影响，这将需要完整的污水处理厂模型。为了正确评估不同的排放频率，需要采用一个动态模型。

（4）开发控制暴雨径流的策略

建立一个针对现有污水处理厂在暴雨条件下的模型。用一些（最多三个）不同的控制策略进行测试，以确定哪些策略使污水处理厂最好地应对暴雨情况。研究的焦点有两个：①什么控制策略提供了最好的工艺稳定性来减轻暴雨的影响（如，降低峰值出水浓度）；②污水处理厂多久能从暴雨的影响中恢复。这个应用需要动态模拟。该污水处理厂瞬时出水的氨氮限值为 1mg/L，月平均总氮和总磷的限值分别为 10mg/L、1mg/L。

3. 培训实例

（1）开发有助于对处理工艺理解的通用模型

构造活性污泥法污水处理厂的通用模型，提高对生物脱氮除磷工艺的理解。该模型大致基于一个现有的污水处理厂，这个污水处理厂已有硝化功能，但将会升级到脱氮除磷。模型将用于一个 3h 的培训课程，投入水平包括制作演示材料的时间。这里可以运用一个简单的动态模型。

（2）开发用于员工培训的案例模型

构建一个现有的活性污泥法污水处理厂的模型。这个污水处理厂最近从简单的硝化工艺升级成为完整的脱氮除磷工艺，月平均出水限值为总氮 10mg/L，总磷 1mg/L。该模型用于训练操作员、工程师和/或其他人员，以应对具体污水处理厂工艺调整的影响。该模型和演示材料用来提供 3d 的培训，包括一些互动的“动手操作”和模型示范运行。采用动态模型进行这个培训。

4. 工业实例

（1）开发用于食品生产厂（酱油酿造）废液处理的脱氮工艺结构

该工厂由完整的酱油酿造工艺组成，包括大豆加工、酿造和灌装。目前废液的容积负荷是 $500m^3/d$，预计在 5 年内将增加至 $700m^3/d$。进水 BOD_5 浓度大约是 1200mg/L，TKN 浓度未知。现有的污水处理厂曝气池总容积为 $1000m^3$，由三个连续的池子组成。后置混凝工艺用于除磷。二沉池中偶尔能观察到浮泥。在这个应用案例中，构建一系列（至多三个）模型，以确定哪种配置在现有和将来设计负荷条件下可以达到最好的脱氮效果。假定模型建立在一个现有的污水处理厂之上，这个厂可以提供完全的硝化功能，但没有反硝化，正在升级来提高脱氮能力。根据初步的现场统计，提出了间歇式曝气可以作为一个选择。脱氮评估基于每日采样值，目标出水限值是硝态氮和亚硝态氮的总和为 10mg/L。这个评估需要使用动态模型。

（2）评估新建石油化工厂进水的可接受性

石油化工厂有一个反应体积为 $10000m^3$ 的污水处理厂，平均进水流量为 $10000m^3/d$，平均 COD 浓度为 1000mg/L。污水收集系统由三个主要的水流组成。一个新工厂计划在 2 年内建造，这将增加 $2000m^3/d$ 的进水。出水水样可以从新工厂的中试车间获得。在这个应用案例中，构建一个针对现有污水处理厂的模型，以评价增加 20%的进水流量和负荷的影响。主要关心的是处理后的出水 COD、污泥产量、曝气能力和抑制效应。这个评估可以使用稳态模型进行。

6.3　矩阵计分系统

对于每个应用实例，按照统一协议建立模型，每一步的相对工作量大小用 0～5 计分。分数表示执行特定步骤所需的相对工作量大小，对某个特定步骤，5 意味着“最大工作量”，0 表示“无需工作量”。表 6-1 提供了这种计分系统的一般规则。

应用矩阵计分系统 表 6-1

工作量	得 分	注 释
无需工作量	0	步骤不需要执行，可跳过
极少工作量	1	这一步需要考虑但不需要很大的工作量。可以由个人在很少或没有咨询下实施
低于平均水平的工作量	2	需要一些工作量，在统一协议中描述 1 或 2 个关键点，可能需要更敏锐的注意
平均工作量	3	这一步需要中等水平的工作量。统一协议中描述的几个任务必须执行
重大工作量	4	比平均水平更多的工作量。涵盖统一协议中相关的几乎所有细节，减去 1 或 2 个较不关键的点
最大工作量	5	这是关键的一步，统一协议中描述的这一步的细节都应该考虑到。需要所有参与者慎重的咨询与协作

对数据收集和处理、校准和验证步骤，建议采用 WERF 指南中的“层次划分”方法（见表 6-2；Melcer 等人，2003）。

校准模型“层次划分” 表 6-2

WERF 的设置	应用矩阵的建议得分	注 释
1 级：只有默认和假设	0～1	一般只适用于未建厂或没有可用数据的案例
2 级：只有历史数据	2～3	使用可用的历史数据，没有做额外的采样
3 级：现场的全面测试	3～4	实施额外的采样和测试以补充历史数据
4 级：直接参数测量	5	实施专门的小试试验，以确定比率和/或废水特征

资料来源：Melcer 等人，2003。

应该指出这种方法将数据收集和校准联系在一起。如果需要一个更好的校准，那么就需要更多更好的数据。这意味着数据收集和处理所需要的工作量是由校准所需的工作量决定的。

权重：不同步骤所需的工作量水平不同，个别步骤可能会达到最大程度的实施，因此权重应用于每个原始得分，以给出一个整体的加权“工作量水平”。

任务组发放两组调查问卷，问题包括实践者在每个建模步骤上的相对工作量水平。结果见表 6-3。任务组约定的自身权重也见表 6-3。任务组设定的权重和从两个问卷中获得的结构相似，任务组更着重强调数据收集和处理步骤。对于任务组来说，通过讨论制定统一协议这一步很重要，其工作量水平往往会超过实际工作者的预计。在校准时大量的工作用于数据分析会更好。

对统一协议不同步骤的加权 表 6-3

协议步骤	权重		
	问卷 1	问卷 2	工作组选择
项目定义	5	8	10
数据收集和处理	28	28	40
污水处理厂模型设置	11	12	10
校准与检验	28	28	15
模拟和结果解释	28	24	25

6.4　应用矩阵

表 6-4 显示了应用矩阵与得分。图 6-2 是结果的图形表示。许多观察值可以从应用矩阵得分得到。

应用矩阵中选出的示例的得分　表 6-4

		每个协议步骤的相对工作量水平得分（0～5 每步）					
应用		项目定义	数据收集和处理	污水处理厂模型设置	校准和验证	模拟和结果解释	总工作量（加权的）
权重		10	40	10	15	25	
	设计						
1	计算污泥产量	1	3	2	3	1	44
2	设计曝气系统	2	3	3	2	3	55
3	构建脱氮工艺的概化模型	3	4	3	4	4	76
4	构建除磷工艺的概化模型	4	4	3	4	4	78
5	评估污水处理厂脱氮能力	4	5	3	5	4	89
6	设计满足峰值出水总氮限值的处理系统	5	5	5	5	5	100
	运行						
7	优化曝气控制	3	4	4	4	4	78
8	测试停用反应池的影响	2	3	3	3	3	58
9	使用模型开发排泥策略	3	3	3	3	3	60
10	开发控制暴雨径流的策略	5	4	4	4	4	82
	培训						
11	开发有助于对处理工艺理解的通用模型	2	1	1	0	2	24
12	开发用于员工培训的案例模型	3	4	4	4	4	78
	工业						
13	构建用于食品生产厂（酱油酿造）废液处理的脱氮工艺的概化模型	3	4	3	4	4	76
14	评估新建石化厂进水的可接受性	4	5	4	4	3	83

（1）简单的应用模型需要较少的整体工作量。

（2）更复杂的问题需要更多的工作量。

（3）不准确的结果会带来更为严重后果的项目需要更多的工作量（如满足高峰时总氮限值或接纳暴雨流量）。

（4）除了用于训练的通用模型外，在其他所有的应用中，数据收集与调整需要极大的工作量，观察值深受数据收集和处理步骤的影响。

在开发应用矩阵时，测试了不同的权重和分数，给出了不同的总体得分，然而不同任务的工作量的相对顺序仍然保持大致相同。例如，设计一个满足峰值出水总氮限值的污水处理厂总是需要最高级别的工作量，而用于培训的通用模型只需要最低级别的工作量。这

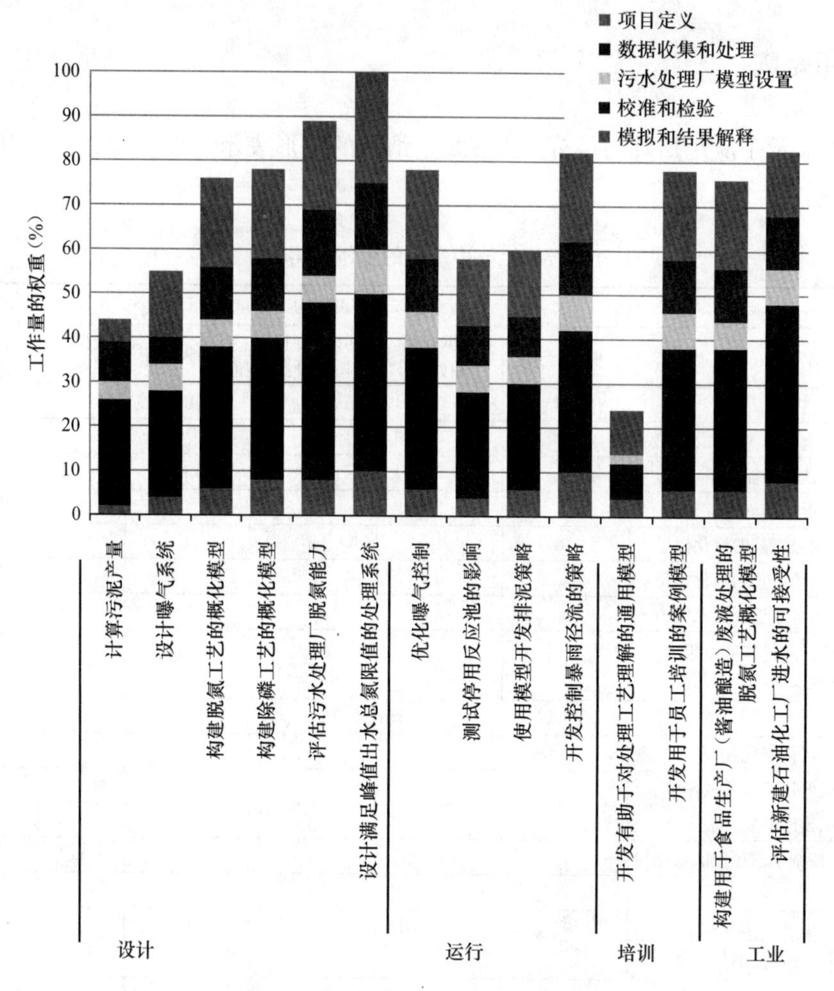

图 6-2　选定例子的总体工作量水平

就意味着，根据应用类型的不同，矩阵得分提供了给定建模项目所期望的工作量级别的合理指示和协议步骤应该采取的严格性。对一个处理工艺的劳动力需求和成本做出具体的估算是不可能的，因为这些要根据具体的项目和地域特点才能确定。

6.5　其他重要注意事项

应用矩阵不可能包括所有的因素和例子，所以将讨论估计工程时间和成本时其他应该考虑的因素。

（1）平均时间原理：出水限值的平均周期越短，越要注意细节，例如，基于日或时的最大值的限值要比基于月平均或年平均的限值需要更多的关注。

（2）污水处理厂规模：较大的污水处理厂通常要解决更复杂的工艺问题（即多种训练、污泥处理、更严格的出水限制），需要更多的时间来调查研究。大型污水处理厂也可能受益于在操作中较小的增值改进，所以在大型污水处理厂，用于优化的更准确的模型可能会有更好的成本效益。然而，应该指出的是，较小的工厂通常有更高的人均资本和运营成本。所以在优化设计和降低运营成本方面良好的模型是有益的。

(3) 污水处理厂的复杂性：更复杂的污水处理厂（如同一污水处理厂有不同处理工艺和不同配置）将需要更多的工作量。

(4) 出水限制：更严格的出水限制要求结果有更高的可信度。因此，需要更大的工作量，尤其是在确保数据质量和实施校准时。出水限制的考虑也影响到是需要用动态模拟还是稳态模拟。

(5) 预算约束：建模项目的需要和使用范围可能受到可用资金的限制。

(6) 时间限制：类似于预算约束。可能有实施项目的时间约束，比如，在快速设计项目中建模项目可能是第一个任务，或者对于一个可能达不到出水限制的污水处理厂，可能需要建模项目的结果以确定最佳行动。

(7) 人员：可以达到的详细程度和模型类型，可能受限于缺少有专业技能的人员去执行。可能会需要进一步培训从而增大项目所要求的成本和时间。

(8) 客户的兴趣程度：如果客户对建模工作的效益感兴趣，他们很容易证明所要求的预算、时间和人员是合理的。

6.6　基于应用矩阵的指南

下面的小节用应用矩阵的例子为统一协议的某些方面提供一些补充指导和表格信息。

6.6.1　校准的停止准则

与应用矩阵的例子相关的停止准则见表6-5。表中的数值代表了GMP核心团队的专家集体建议。IWA/WEF设计和操作不确定性（DOUT，2011）工作组专门研究污水处理模型的不确定性，计划针对停止准则开发一个详细、严格和定量的方法，这应该会使数值进一步精确。

应用矩阵的目标变量和误差范围　　表6-5

	样　例	进水	模拟	平均周期	目标变量	允许误差范围（±）
1	计算污泥产量	稳态	稳态	月平均	MLSS MLVSS/MLSS WAS质量负荷 出水TSS SRT	10% 5% 5% 5mg/L 1d或15%对于SRT<5d
2	设计曝气系统	动态	动态	日平均 时峰值	曝气量 DO（浓度分布） OUR	10% 0.3mg/L 10mg/(L·h)
3	构建脱氮工艺概化模型	稳态	稳态	月或年平均	NH_x-N NO_x-N N_{tot}	1.0mg/L
4	构建除磷工艺概化模型	稳态	稳态	月或年平均	PO_4-P P_{tot}	0.5mg/L
5	评估污水处理厂脱氮能力	动态	动态	月或年平均	NH_x-N NO_x-N N_{tot}	1.0mg/L

续表

	样 例	进水	模拟	平均周期	目标变量	允许误差范围（±）
6	设计满足峰值出水总氮限值的处理系统	动态	动态	瞬时值	NH_4-N NO_x-N N_{tot}	0.5mg/L
7	优化曝气控制	动态	动态	时平均	曝气量 DO浓度分布 出水 NH_x-N	10% 0.5mg/L 0.5mg/L
8	测试停用反应池的影响	动态	动态	月平均	NH_x-N NO_x-N N_{tot} PO_4-P P_{tot}	1.0mg/L 1.0mg/L 1.0mg/L 0.5mg/L 0.5mg/L
9	使用模型开发排泥策略	动态	动态	周或日平均	WAS负荷 SRT NH_x-N PO_4-P	10% 1d 1.0mg/L 0.5mg/L
10	开发控制暴雨径流的策略	动态	动态	h	MLSS 出水TSS NH_x-N NO_x-N PO_4-P	10% 10mg/L 1.0mg/L 1.0mg/L 0.5mg/L
11	开发有助于对处理工艺理解的通用模型	无校准			无	不可用
12	开发用于员工培训的案例模型	动态	动态	月	MLSS WAS负荷 出水TSS NH_x-N NO_x-N PO_4-P 曝气量 DO	10% 5% 5.0mg/L 1.0mg/L 1.0mg/L 1.0mg/L 10% 0.5mg/L
13	构建用于食品生产厂（酱油酿造）废液处理的脱氮工艺概化模型	动态	动态	min	MLSS WAS负荷 出水TSS NH_x-N NO_x-N 曝气量 DO	10% 5% 5.0mg/L 1.0mg/L 1.0mg/L 10% 0.5mg/L
14	评估新建石油化工厂进水的可接受性	稳态	稳态	月，季平均	MLSS WAS负荷 出水TSS NHx-N NOx-N 曝气量 DO 出水 COD_{sol}	10% 5% 5.0mg/L 1.0mg/L 1.0mg/L 10% 0.5mg/L 3.0mg/L

6.6.2　数据要求

一个模拟项目所需要的详细程度和数据类型取决于项目目标。一般来讲，模拟研究的结果要求越详细和精确，数据就要求越详细。对数据频率的一个重大影响是出水限制的时间尺度。例如日平均出水限值会比年平均出水限值要求更高的测量频率。一些典型例子如下：

（1）在污水处理厂不同位置的重要工艺变量（例如：DO、NH_x-N、NO_x-N、PO_4-P、MLSS、pH、温度、COD）的日变化，周变化或季度变化。

（2）进水特征和动力学参数的测量（例如：硝化细菌的生长率）。

（3）来自跟踪测试的结果（混合情况和水力停留时间的调查），例如当反应器具有不寻常的构造时，就很难确定模型需要的一系列反应池的数量。

（4）沉淀池的污泥层厚度和 TSS 浓度，当考虑沉淀池中的内源反硝化作用时，污泥含量对了解污水处理厂的性能就很重要。

（5）特定污水处理厂单元的能量消耗，例如：生物反应器的曝气和混合单元。

表 6-6 列举了应用矩阵的附加数据要求和数据频率的示例。

应用矩阵示例的具体数据要求　　表 6-6

	示　例	数据类型	采集频率
1	计算污泥产量	输入数据	经济分析：年平均值 设备选型：月平均值
2	设计曝气系统	曝气量 输入数据，性能数据	时平均，最大值，最小值 时平均，最大值，最小值
3	构建脱氮工艺概化模型	输入数据，性能数据	月或年平均
4	构建除磷工艺概化模型	输入数据，性能数据	月或年平均
5	评估污水处理厂脱氮能力	输入数据，性能数据	时平均
6	设计满足峰值出水总氮限值的处理系统	输入数据，性能数据	时平均
7	优化曝气控制	曝气量 DO 浓度分布	每 1～5min
8	测试停用反应池的影响	输入数据，性能数据	时平均
9	使用模型开发排泥策略	输入数据，性能数据	时平均，月平均
10	开发控制暴雨径流的策略	输入数据，性能数据	时平均，月平均
11	开发有助于对处理工艺理解的通用模型	输入数据	时平均，15min 平均（曝气）
12	开发用于员工培训的案例模型	输入数据，性能数据	时平均，5min 平均（曝气）
13	构建用于食品生产厂（酱油酿造）废液处理的脱氮工艺概化模型	输入数据，性能数据	1min 平均（适于间歇曝气模型）
14	评估新建石油化工厂进水的可接受性	输入数据	月平均

6.6.3　选择情景进行分析

方案将按照项目定义的要求来设计，因此因项目不同而异。

表 6-7 提供了一系列可能适用于上述不同应用矩阵样例的模拟类型和目标，同时给出了可行的适宜的灵敏度分析的建议。

应用矩阵中不同目标的建议模拟　　表 6-7

		模拟类型						
		稳态模拟		动态模拟				
序号	目的	类型	目标	分辨率	类型	目标	注释	灵敏度分析
设计								
1	计算污泥产量	每年	经济分析					
		每月	设备选型					
2	设计曝气系统	每年	经济分析，风机和扩散器的类型	每小时	典型日	给风机确定工作范围	饼状图分析或者一个全年的每小时数据模拟都可以用于这三种目的	
				每小时	最大日	确定最大空气需求		
				每小时	最小日	确定最小空气需求		
3	构建脱氮工艺概化模型	每月 每季度	性能					COD∶N
4	构建除磷工艺概化模型	每月 每季度	性能					COD∶P，rbCOD和挥发性脂肪酸组分
5	评估污水处理厂脱氮能力	每月 每季度	能力					COD∶N，SRT对比温度
6	设计满足峰值出水氮限值的处理系统	每月 每季度	初步选项					COD∶N
运行								
7	优化曝气控制			每分	周	控制选项的影响		
8	测试停用反应池的影响			每小时	周	操作改变的影响		
9	使用模型开发排泥策略			每小时	月	操作改变的影响		
10	开发控制暴雨径流的策略	每年或每月	确定初始条件	每小时	周	对暴雨径流的反应		
培训								
11	开发有助于理解处理工艺的通用模型			每小时	天或周	污泥产量		
				每分	天	曝气		
12	开发用于员工培训的案例模型			每小时	天或周	污泥产量		
				每分	天	曝气		
工业								
13	构建用于食品生产厂（酱油酿造）废液处理的脱氮工艺概化模型			每分	周	脱氮		
14	评估新建石油化工厂进水的可接受性	每月 每季度	能力					

表 6-8 列举了上述应用模型中不同目标的建议输入和输出数据，以及呈现输出数据的格式。

应用矩阵中不同目标的建议输入输出　　表6-8

		输入与输出		建议格式			
#	目　标	参数/操作变量	主要产出	一览表	时间序列图	线条图	累积分布
	设计						
1	计算污泥产量	Q_{WAS}	FWAS kg/d	× ×			
2	设计曝气系统		Q_{air}% 每个扩散器的平均气流量	×	× × ×		× × ×
3	构建脱氮工艺概化模型	V，$Q_{rec,conf}$	N_{tot}	×		×	
4	构建除磷工艺概化模型	V，$Q_{rec,conf}$	N_{tot}，P_{tot}	×		×	
5	评估污水处理厂脱氮能力	Q，Q_{air}	N_{tot}	×		×	
6	设计满足峰值出水总氮限值的处理系统	Q_{air}，V，配置	NH_x，NO_x		×		×
	运行						
7	优化曝气控制	Q_{air}，DO设定点	kWh，Q_{air}，NH_x，NO_3，NO_2，DO		×	×	
8	测试停用反应池的影响	反应池数目	NH_x，N_{tot}，P_{tot}		×		
9	使用模型开发排泥策略	FWAS kg/d	MLSS		×		
10	开发控制暴雨径流的策略	Q，Eq Basin V	NH_x，N_{tot}，P_{tot}，TSS		×		
	培训						
11	开发有助于对处理工艺理解的通用模型	典型控制变量	典型工艺指标	×	×	×	
12	开发用于员工培训的案例模型	典型控制变量	典型工艺指标	×	×	×	
	工业						
13	构建用于食品生产厂（酱油酿造）废液处理的脱氮工艺概化模型	Conf，曝气机时间控制	NH_x，NO_3，NO_2，DO	×	×	×	
14	评估新建石油化工厂进水的可接受性	Q	COD，Q_{WAS}，Q_{air}，DO	×		×	

6.6.4 应用GMP统一协议：益处和避免的风险

表6-9列举了GMP统一协议应用于上述应用矩阵样例的一些益处和可能避免的风险。

应用GMP统一协议的益处和避免的风险　　表6-9

序号	目　标	利用GMP建立优良工艺模型的好处	避免的风险（不用GMP的危险）
1	计算污泥产量	精确预测污泥产量。正确选择污泥处理设备大小	污泥处理设备过大（成本过高）或过小（运行问题）
2	设计曝气系统	正确选择曝气系统大小，解释系统动态	曝气系统过大，浪费能源；或者过小，不能满足最大需求
3	构建脱氮工艺概化模型	强健的脱氮设计	次佳的设计
4	构建除磷工艺概化模型	强健的除磷设计，对外部因素的工艺敏感性的充分理解	不稳定或不满足需求的设计

续表

序号	目　标	利用GMP建立优良工艺模型的好处	避免的风险（不用GMP的危险）
5	评估污水处理厂脱氮能力	对污水处理厂容量的正确评估	对处理效能的乐观或悲观想法导致糟糕的决定
6	设计满足峰值出水总氮限值的处理系统	强健的设计。对于不满足出水限值的风险和频率有良好的定量	较低可信度的设计
7	优化曝气控制	优化控制的良好建议	产生控制不足的想法
8	测试停用反应池的影响	停用处理池的信心	可能出现停用处理池的错误决定，以及可能不满足限值
9	使用模型开发排泥策略	好的排泥策略	对策略评估不足
10	开发控制暴雨径流的策略	应对雨天事件的强有力策略	不足的雨天策略
11	开发有助于对处理工艺理解的通用模型	清晰且可理解的培训工具	模糊和易混淆的例子
12	开发用于员工培训的案例模型	调查工艺动态和污水处理厂响应的有用工具	对工厂动态不清楚或理解不足
13	构建用于食品生产厂（酱油酿造）废液处理的脱氮工艺概化模型	工业处理的强有力设计	不充分的污水处理厂设计
14	评估新建石油化工厂进水的可接受性	对新的处理设施处理能力的信心	不充分的污水处理厂设计

第 7 章
GMP 统一协议的应用实例

内容提要

这一章把 GMP 统一协议中的各个步骤应用到复杂性逐渐提高的四个例子中。前三个实例分别取自于讨论污泥产量的应用矩阵、污水处理厂脱氮能力的评估和用于污水处理厂操作人员培训的一个特定模型的开发。在这三个假设的实例后，介绍了应用 GMP 统一协议的一个实际例子。

7.1 概述

这一章通过例子引领读者浏览 GMP 统一协议的各个步骤，向读者展示该协议的使用过程。并强调了基于 GMP 统一协议建立和使用模型时所要求的重要方面。

下面的前三个例子取自第 6 章所示的应用矩阵，括号中的数字显示了其在应用矩阵中的编号：

（1）计算污泥产量（#1）；

（2）评估污水处理厂脱氮能力（#5）；

（3）特定污水处理厂员工培训模型的开发（#12）。

在本章的结束部分介绍了在 Beenyup 污水处理厂应用 GMP 统一协议的一个真实例子。

在每个实例中都包括一个校正模型的推荐方法（统一协议步骤 4）。每一种方法都是 5.4 节所提到的生物脱氮工艺模型中所推荐的校准方法，但是针对特定的例子会进行修改。在实例 1 中描述的计算污泥产量的校正是所有校正例子的起点，因为对于所有模型校正来说准确确定污泥停留时间（SRT）是根本性的第一步。

7.2 计算污泥产量

1. 步骤 1：项目定义

项目定义步骤着重于形成定义目标的清晰的问题描述，并确定满足这些目标的要求。

本案例的目标是估计采用活性污泥工艺的污水处理厂产生的污泥量，并打算根据产泥量的估计值来确定污泥处理设备（泵、管道和浓缩池）的大小，剩余污泥量误差应在 ±5%内。

系统的边界是活性污泥工艺的进水、来自二沉池的出水和在这个例子中最重要的部分——剩余污泥。剩余污泥（WAS）是主要关心的输出，并且以下面两种方式之一表达：通常把剩余污泥（WAS）表达为假定用于计算固体浓度的固体质量负荷率（kg/d）；或者按照污泥体积（m^3/d）和污泥浓度（mg/L或者%固体）计量的模型输出。如果现在或将来的下游污泥处理过程包括消化、焚烧或者其他固体减量化技术，那么由模型预测的状态变量提供的详细的WAS组分特征（例如，生物降解部分、生物体部分）是有帮助的。但是，无论是否考虑下游的处理过程，都应该提供WAS中挥发固体含量。

污泥处理设备尺寸的选定通常是基于剩余污泥的周平均或者月平均产量，所以对这个目标来说使用最大月平均数据的稳态模型就足够了。如果模型用于其他目标的评价，使用全年平均水平的模型也许会更好，或者可以用多个季节中的几个月的数据来模拟以提供详细的季节性变化。

对于污泥处理设备的一个重要考虑是它的运行方案。用稳态模型预测污泥量时假设剩余污泥是连续流，但如果设备每天操作几个小时或者每星期操作几天，这种情况下应该用动态模型。

最后，对有污泥处理的任何系统进行模拟时，必须考虑污泥处理产生的液体回流的负荷。

2. 步骤2：数据收集和处理

数据收集和处理需要对污水处理厂进行全面的了解，需要准备足够质量与充分数量的数据，以便建立适合的模型。

对于污泥产量估计这个目标，应该特别注意要保证有恰当的数据来估计剩余污泥的负荷。正确估计剩余污泥质量流量对于所有工艺模型都是极其重要的（不仅是对于估计污泥产量），而且它会直接影响模型中的微生物浓度。剩余污泥流量通常测得很差，有时候由于间歇的剩余污泥（WAS）流量而导致总计结果的不正确，有时甚至根本就没有测。取样问题是一个原因，因为剩余污泥（WAS）样品经常为瞬时取样而非混合取样。通常认为剩余污泥（WAS）浓度与测量的RAS浓度是相同的；并且通常认为从一个沉淀池取得的样品，可有效的代表所有的沉淀池的输出。偶尔也用不同的方法来测量固体的浓度，所以建模人员也必须注意到上述问题。

5.2节包含了数据收集和处理的详细指导，其中两个方法尤其适用于此应用：①磷质量平衡；②交错质量平衡。因为磷在系统内是守恒的，所以磷质量平衡可用来检查剩余污泥（WAS）流量和浓度。如果进水磷负荷同出水磷负荷加上剩余污泥（WAS）磷负荷之和不平衡，表明可能存在问题，通常是WAS固体质量流量有问题。交错质量平衡对检查WAS负荷也是有用的，例如它可以对记录的WAS浓缩和污泥罐车流量记录的离线污泥存储数据（后者有经济意义，所以它常常被频繁的测量）进行质量衡算。

3. 步骤3：污水处理厂模型设置

统一协议第3步是确定污水处理厂模型的布局，选择子模型，准备输入数据文件和设置输出图表与表格。

ASM1这样简单的动力学模型对于估计污泥产量通常就足够了，除非污水处理厂有除磷需要添加化学药物或者多磷酸盐累积对总泥量有显著的影响。在这种情况下应该选择包括除磷的动力学模型。一般不要求采用曝气的子模型，除了要详细说明在反应器中的溶解氧浓度外。可以使用简单的沉淀池模型，但考虑到存储在沉淀池中的固体对估算整个固体停留的影响，包括含有容量的沉淀池模型就是非常重要的。

4. 步骤 4：校正和验证

校正和验证步骤在设定模拟计算停止标准的同时开始，并在反复运行模型和调整参数的过程中进行，直到选择的模型输出与污水厂数据的误差在可接受的范围内。然后进行测试以验证校正的模型。

用于污泥产量模型的校正，需要考虑反应器和沉淀池中的污泥质量分布。污泥产量和沉淀池性能因此必须都要考虑，如图 7-1 所示。

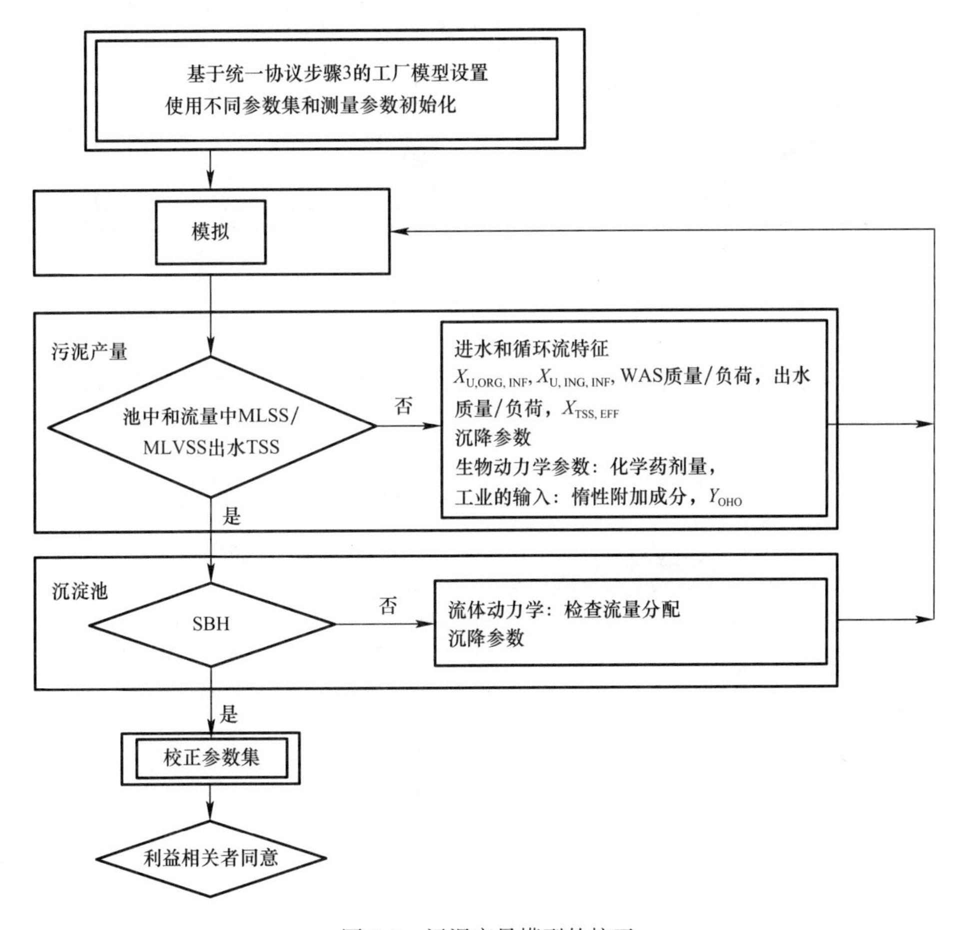

图 7-1　污泥产量模型的校正

（1）污泥产量

虽然总悬浮固体（TSS）是这个实例关心的变量，但在这个报告中讨论的所有生物动力学模型都是以 COD 为基础的。因为颗粒 COD 与挥发性悬浮固体（VSS）的预测有关系，所以建模人员在校正模型时必须同时拟合 VSS（反应池内和剩余污泥（WAS）中的）和 TSS。

用于拟合污泥产量的数据包括 WAS 浓度、流量和出水 TSS 浓度。因为这些工艺变量的精确取样比较困难，因此在这个阶段应该特别关注复核流量的精确性和 TSS/VSS 浓度比例。

模型的校正包括调整进水的颗粒性惰性 COD（$X_{U,INF}$），因为它会影响 VSS 产泥量。修改进水 $X_{U,INF}$会改变进水组分比例，因此在拟合固体后，应该检查进水 COD 组分比例以保证与已有的进水数据仍然一致。如果需要，可以通过修改进水中无机悬浮固体（ISS）以拟合 TSS 值。如果有化学除磷，应该考虑化学沉淀以拟合污泥产量。图 7-2 详述了校正污泥产量的方法，这个方法应该与 5.4 节所示的迭代方法配合使用。左边的决策框显示了应该要比较的变量，右边的框显示了应该检查和调整来细化模型的参数。

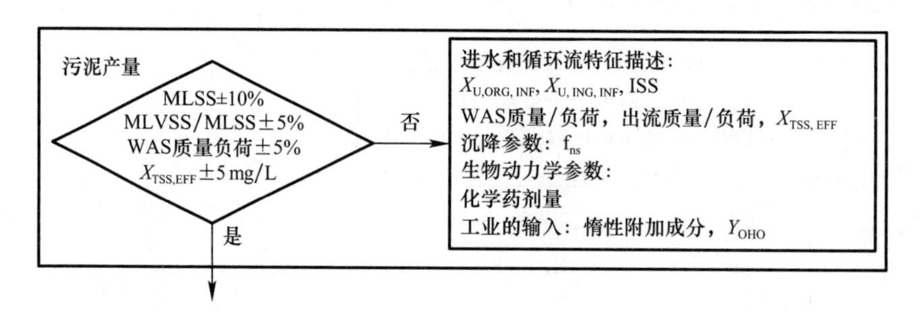

图 7-2 校正污泥产量

图 7-3 显示了测量和模拟的 MLSS 实例，实例使用了由 Choubert 等人（2009）推荐的用于低负荷污水处理厂的 ASM1 参数集。

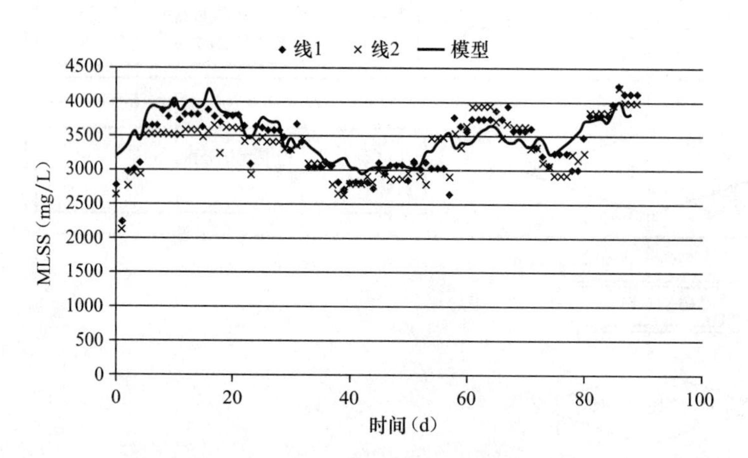

图 7-3 在低负荷活性污泥污水处理厂（250000 人口当量（PE））两条曝气线上观察和模拟的 MLSS 浓度的比较实例

在这个实例中，当模拟开始（几天）时的一些数据被排除在外时，在没有修改任何模型参数情况下，模拟的 MLSS 浓度在观测值（平均 7%）±15%范围内。模型开始几天的模拟值过高是由初始条件所造成的。

用于校正污泥产量的替代方法包含拟合观测和模拟的污泥停留时间（SRT），如图 7-4 所示。这个方法要求调整同样的参数，但把 SRT 作为目标变量。

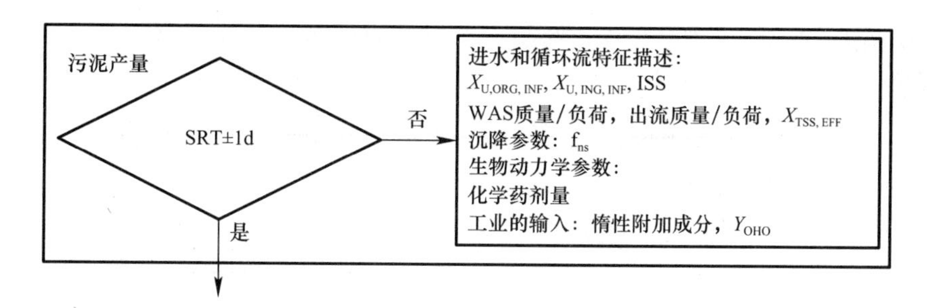

图 7-4 基于污泥停留时间（SRT）用于校正污泥产量的替代方法

在使用 TSS 作为状态变量（例如，原始的 ASM2d 和 ASM3）的活性污泥模型中，建议用 COD 作为目标变量来校正污泥产量，并且修改 COD/TSS 来使预测的 X_{TSS} 拟合测量的 TSS，如图 7-5 所示。直接使用 TSS 作为目标变量也许会导致 COD 值不正确，这是易犯的典型错误。

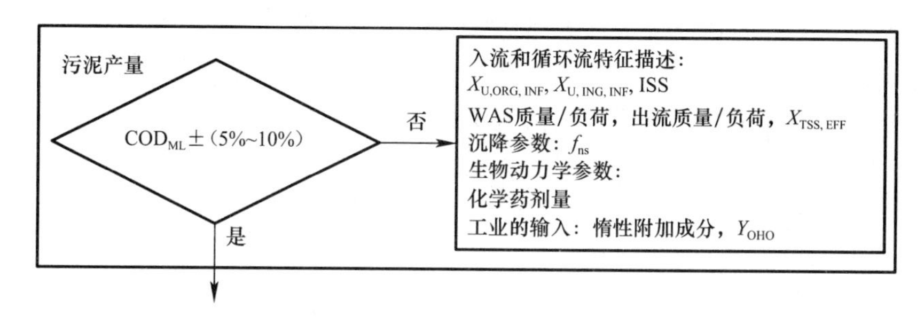

图 7-5 使用 X_{TSS} 作为状态变量的模型时，用于校正污泥产量的需要调整的参数

（2）沉淀池

在许多模拟项目中，使用简单或者理想沉淀池模型（相分离）就足以满足模拟项目的目标。在这些模型中，出水固体含量或者去除效率是直接的模型输入。分层的通量模型仅在动态条件下用来模拟沉淀以及更好地表达出水和沉淀池底流浓度的变化。当动态模型用于模拟污水处理厂工艺而设置正确的 SRT 时，动态模型也可预测污泥质量在工艺中发生的变化。如图 7-6 所示实例的饼图表明在整个模型系统中相对的污泥质量分布。

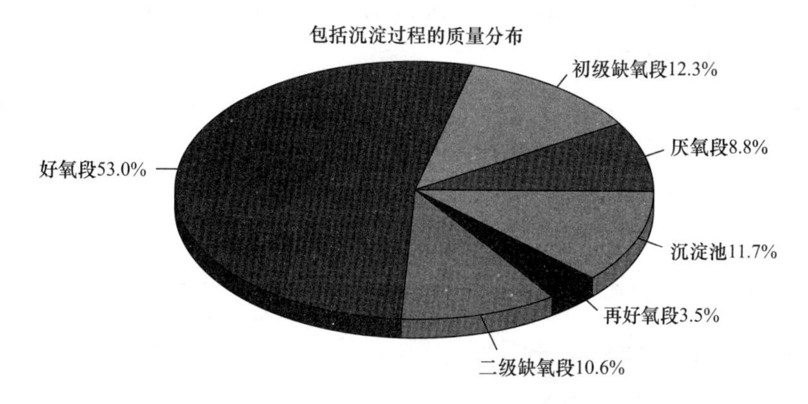

图 7-6 不同处理区域的质量分布饼图

对于一个动态模型，校正基于多层通量的沉淀池模型涉及拟合测量和模拟的出水固

体、污泥层高度（SBH），如图 7-7。例如，在双指数模型（Takács 等，1991）中可以使用以下步骤：

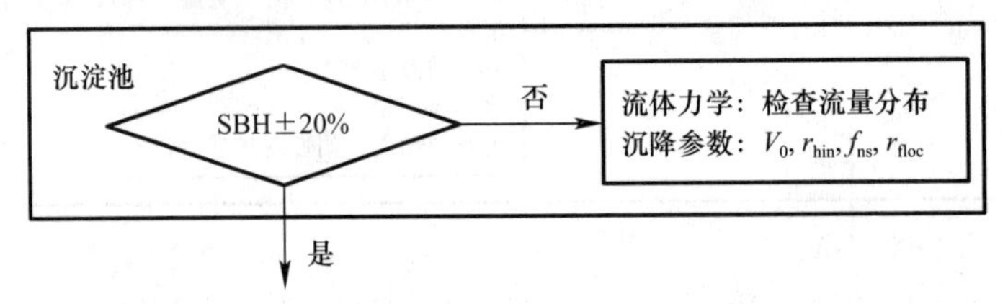

图 7-7　以污泥层高度（SBH）为目标变量的双指数模型（Takács 等，1991）中沉降参数的校正

1）如果沉淀池是临界负荷的，那么测量的（使用搅拌区沉降速度实验）或者估计的 Vesilind 受阻沉降参数（V_0 和 r_{hin}）可用于确定沉淀池底流（RAS）的浓度，并且这些参数对建立模型和污泥层运动是有帮助的。在低负荷沉淀池中，可从简单的质量平衡估计出 RAS 浓度。

2）为了拟合出水固体含量，可以调整絮状沉降参数（r_{floc}）和不可沉降组分比例（f_{ns}）或者浓度。

在图 7-8 中显示了测量的和模拟的污泥层高度。

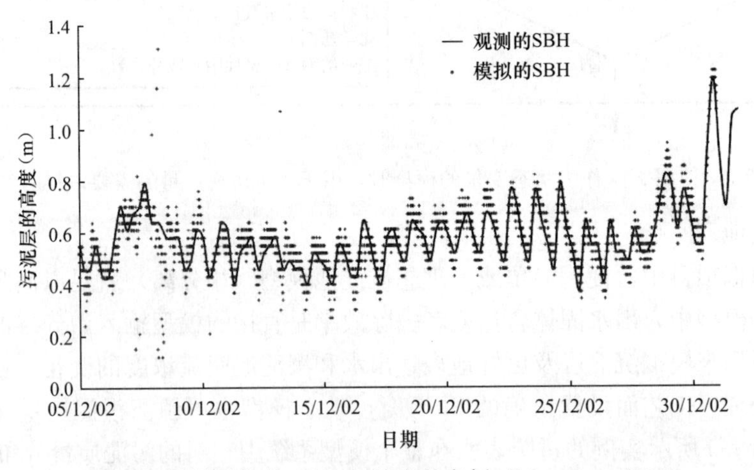

图 7-8　污泥层高度（SBH）演变的实例（Marquot，2006）

5. 步骤 5：模拟和结果解释

在统一协议的最后一步，定义模拟工况，根据这些工况调整模型并且运行模型。然后显示、解释模型运行的结果，并且和其他模拟步骤中得到的相关信息一起在报告中记录。

现在校正的模型可用于模拟其他条件并回答建立模型的目的，例如，在不同规划期限（例如，5 年、10 年和 20 年）内使用不同流量和负荷来估计污泥产量。与步骤 1 中所表示的一样，如果用于比较替代方案，那么可以用若干个设计条件来预计季节和全年污泥产量。

7.3　评估污水处理厂脱氮能力

1. 步骤 1：项目定义

在这个应用中，是为一个已有脱氮的污水处理厂（其设计的出水总氮浓度为 10mg/L）

开发一个模型。这个模型要求能够在逐级增加负载条件下确定污水处理厂的处理能力。进而，要求污水处理厂能满足月平均浓度达到 8mg/L 这一更严格的出水总氮目标。这个目标是确定“核定容量”，“核定容量”可以表达为污水处理厂满足将来流量和出水要求所能处理的最大流量。

在确定项目模型目标时必须要讨论的一个问题是使用稳态模型还是使用动态模型来确立核定容量。得出的结论可能是稳态模型就够了，并且只需要基于历史数据和补充的一些测量数据。可是，我们必须使用显著的工程判断以确定在使用模型的结果时必须应用的安全系数。动态模拟可提供附加的信息使工程师使用更严格的安全系数并提高在核定容量上的信心。在这个模型中不确定性和风险是需要重点考虑的，应该由所有利益相关者讨论。

2. 步骤 2：数据收集和处理

除了在 7.2 节讨论的建立适当的污泥产量估计的数据要求外，在这个案例中必须更加广泛的考虑数据的收集和一致性。

对于硝化要特别关注的是：①对包含旁流的进水的 TKN 进行精确的估计；②确定碱度是否充足；③注意是否有迹象表明进水中有物质可能导致硝化抑制（例如，工业废物或者从焚烧炉洗涤塔来的氰化物）；④确定适当的溶解氧的分布；⑤理解曝气系统。

对于反硝化，要求数据：①进水碳基质浓度的精确特征；②确定何时何地产生缺氧，特别是是否可能存在显著的“同步硝化反硝化”（SND）。后者的考虑要求综合的理解反应器的流体动力学和曝气系统。

3. 步骤 3：污水处理厂模型设置

许多生物动力学模型都可以用于这个实例。如果污水处理厂有定义清晰的缺氧与好氧区域，没有明显的 SND，没有亚硝酸盐积累并且没有生物除磷的迹象；那么对于描述硝化和反硝化，ASM1 或者 ASM3 就足够了。

注意：

如果可能有生物除磷（例如：延伸的缺氧区域也许变成厌氧，并且/或者进水含高浓度的有机酸或者其他快速可生物降解的 COD），那么应该选择带生物除磷的生物动力学模型以便充分的模拟基质竞争。

如果污水处理厂有相当的 SND 或者亚硝酸盐积累，应该考虑包括这些能力的修正的生物动力学模型（例如：两步硝化反硝化）。

如在数据的收集和一致性部分注意到的，在脱氮系统中反应器的流体动力学和曝气系统操作都是重要的因素。在模型中应该包括足够的细节以能够校正这些方面的内容。

4. 步骤 4：校正和验证

模型的校正和验证开始于确立污泥的产量和沉淀池的性能。一旦完成这些内容，校正将扩展到硝化、反硝化过程和最终的氧传输模型（见图 7-9）。

在文献中非常完整地记载了硝化的参数。其中一些需要测量，或者从污水处理厂性能数据中推导出来。校正硝化参数同样要求验证限制因素；既不是 pH 值（在大多数模型中通过模拟碱度）也不是抑制因素。

曝气对模拟硝化（和反硝化）影响很大。为了把生物动力学模型校正和氧传输模型校

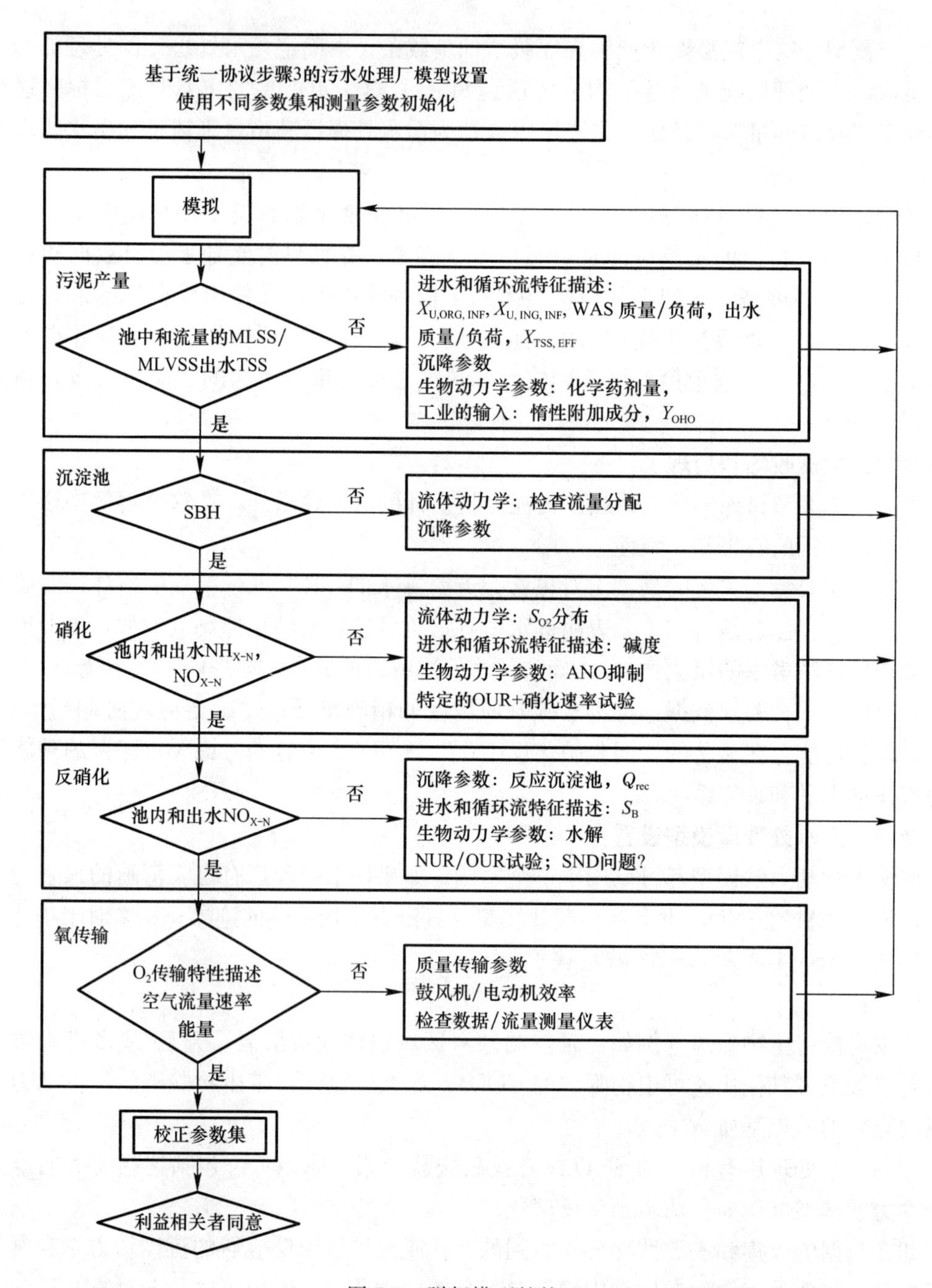

图 7-9 脱氮模型的校正

正区别开，建议在这个阶段设置溶解氧浓度为常量或者控制溶解氧在设定范围内。了解DO 在整个污水处理厂的分布是重要的，并且应该在模型中相应地设置浓度。

图 7-10 显示了使用出水氨氮浓度可以很好地校正硝化参数，虽然使用混合液中氮浓度分布图可能会给出更可靠的结果。这样的浓度分布图常常比出水数据能获得更多的动态信息。完全硝化的污水处理厂的出水氨氮的测量结果通常提供不了任何校正硝化动力学的信息，因为氨氮浓度通常接近零并且对参数变化不敏感。

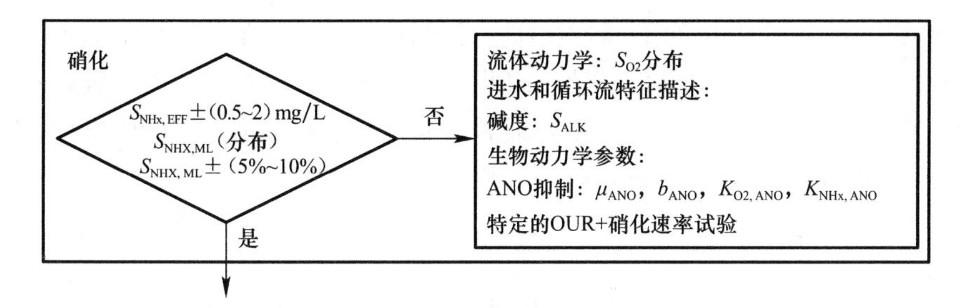

图 7-10　硝化的校正

图 7-11 显示了在一曝气池中通过实验获得氮的分布的案例。校正和未经校正模型的模拟结果都显示在图中。这个案例中校正包括修正自养菌最大比增长速率和衰减速率，在缺氧条件下异养菌的产率系数。

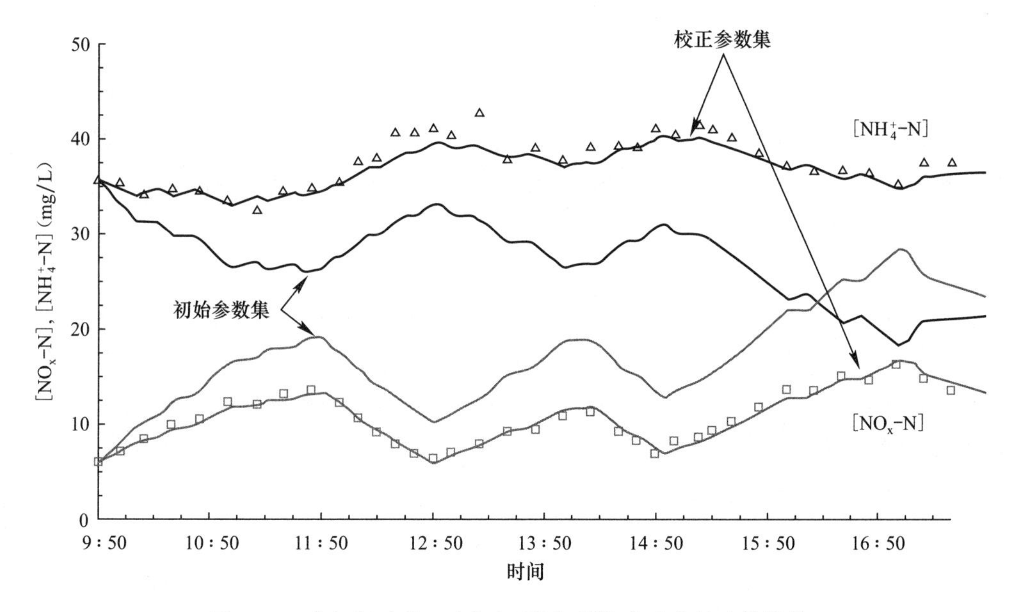

图 7-11　在好氧池的三个好氧/缺氧周期中观察的和模拟的氮浓度——基于 ASM1 初始和校正参数集（Choubert 等人，2005）

这个例子强调了 ASM1 模型两个方面的重要修正，以及在几个建模研究（Hauduc 等人，2011）中引用的缺省参数。

（1）需要通过引入在缺氧条件下异养菌产率系数（$Y_{OHO,Ax}$）改变 ASM1 模型结构以正确的模拟硝酸盐和 COD 消耗。

（2）当污泥停留时间变化时为了获得稳定的自养菌最大比生长速率（$\mu_{ANO,Max}$）需要提高自养菌衰减速率（b_{ANO}）。

1）反硝化

在调整生物动力学参数前，必须检查沉淀池是否由于大量污泥存在和缺氧条件而发生反硝化。在这个案例中，应该用适合的包括生物反应的模型来模拟在污泥层发生的反硝化。这要求返回到统一协议步骤 3 污水处理厂模型设置中。

校正反硝化可以使用出水硝酸盐浓度作为目标变量，但反应器内的测量（缺氧区或者缺氧段以及在 RAS 中的 N 分布剖面）往往对于描述系统中的动态变化更有用。

反硝化对于可利用的碳源高度敏感，因此反硝化过程的校正通常涉及碳处理过程。通过改变进水组成（S_B/（S_B+X_B）比率）或者调整池中碳的释放（由于水解和/或者发酵参数，半饱和参数和其他）来调整碳源的可利用量。这个方法如图 7-12 所示。

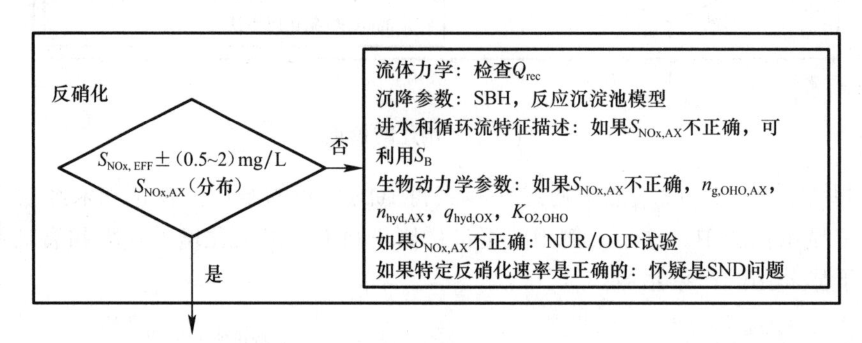

图 7-12　反硝化校正

当检查了所有的其他参数，同步硝化/反硝化（SND）也许是最后可解释模拟和观察数据之间不匹配的原因。模拟 SND 的要求通常是由水力学模型的过度简化忽略了缺氧区域或者阶段而产生的。

2）氧传输

氧传输模型不是生物动力学模型的一部分，而且模型类型取决于模拟器。然而，氧传输在生物废水处理中是一个基本的过程。为把校正生物动力学模型与氧传输模型区分开，建议开始时设置 DO 浓度为常量或者控制为测量值。了解在整个污水处理厂 DO 分布是非常重要的并且应该相应设置它的浓度。

建议按如下步骤校正氧传输模型：

① 测量的 DO 浓度应该与模型（例如，有简单模型控制器）一起进行检查。这允许校正污水处理厂模型（生物动力学、水力学、进水模型等）而不干扰氧传输模型。

② 当校正污水处理厂模型时，可以在这个模型上应用 DO 控制环路。

③ 最后，通过改变 α 值或者氧传输率（OTR）来校正氧传输模型以符合测量的 DO 浓度。应该固定一个参数如 αF（考虑包括潜在的扩散堵塞（F）、清水和活性污泥差异的氧传输修正因素（α））或者 OTR（氧传输率）为可靠值以简化校正。

如果可以得到独立的传输率（OTR）和 α 值（例如，通过逸气测量和清水试验），那么应该用这些值。如果结果与测量值不一致，这可能是由于浓度梯度，测量误差，进水成分改变（例如，表面活性剂，减小 α 值，Gillot & Héduit，2008）或者扩散器老化过程所致（Rosso 等人，2008）。

5. 步骤 5：模拟和结果解释

在本案例中校正的模型可以用来确定污水处理厂目前的处理能力，这可以通过模型在临界条件下的模拟获得，即增加进水流量直到出流达到允许的出流限制为止。这时候的流量即为污水处理厂目前的处理能力。对于硝化的典型临界条件是在低温下的最大月流量。但是，对于反硝化典型的临界条件是 COD∶N 值最低，反硝化和硝化的临界条件并不一定会同时出现。因此，应该运行几个季节条件下的模拟，使用最坏条件下的流量来确定处理能力（见表 7-1）。

三个不同的设计条件的模型出水质量（mg/L）　表 7-1

参　数	冬季最大月	夏季最大月	年平均
BOD_5	2.4	1.4	2.1
TSS	4.6	4.3	3.9
总氮	6.7	5.6	4.4
氨氮（以 N 计）	0.7	0.6	0.9
硝酸盐＋亚硝酸盐（以 N 计）	4.3	3.3	2.2

比起简单的重复运行模拟、调节流量和其他的控制参数以确定流量，用灵敏度分析来判断污水处理厂的处理能力可能更有指导意义。图 7-13 显示了一个实例。在这个特定案例中，分析显示 BOD/TKN 大于等于 6 时将使脱氮能力最大化。

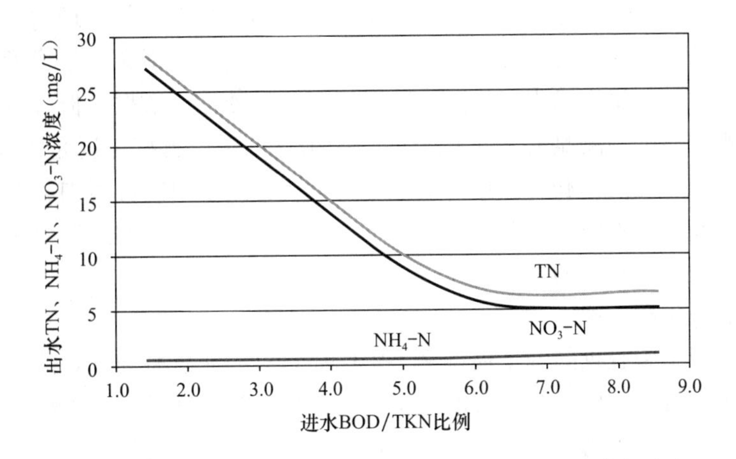

图 7-13　BOD/TKN 变化时由灵敏度分析所预测的出水氮浓度

另一个有用的方法是绘制不同设计条件下营养元素的分布。图 7-14 显示了一个实例。在这个案例中，推流反应器中氨氮的分布显示，反应器 4 中的氨氮浓度小于 1mg/L。因

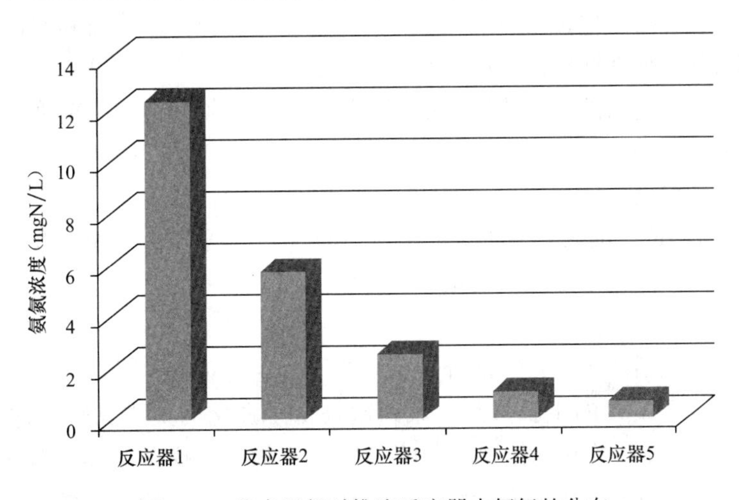

图 7-14　稳态运行时推流反应器中氨氮的分布

此，反应器 5 组成了模型预测所需要的额外体积。额外的体积提供了缓冲能力或者“安全系数”，并且考虑到了在模型预测中的不确定性。假设有更高的流量，使最后一个反应器中氨氮浓度正好在 1mg/L 以下；然而，这种没有缓冲能力的更激进的设计，必须要在模型预测中通过风险评估确定这样设计的合理性。

7.4 特定污水处理厂员工培训模型的开发

1. 步骤 1：项目定义

在这个案例中，假设了一个脱氮除磷的污水处理厂已经调试开始运行，其基于月平均的出水必须达到总氮 10mg/L、总磷 1mg/L 的限值。这个厂需要一个模型用来培训操作人员，工程师和/或者其他人员理解有关处理工艺的改变对污水处理厂产生的影响。模型和介绍的材料将包括一些交互的“亲手实践”的工作和模型示范操作。本实例要求非常重视和注意项目定义阶段，从而达到有关建模质量和覆盖的运行工况数合理的预期。模型的输出必须有合理的精确度匹配污水处理厂的数据，否则操作人员不会相信模型的有效性。同时，应该设置期望的结果。输出也许不会精确匹配污水处理厂数据，但应该随进水和操作参数改变对出水水质的预测具有指示性。同样必须仔细考虑哪些工况是需要模拟计算的，可以设置一个长的工况清单和可能运行的敏感度分析。这其中的许多内容对于设计者是有兴趣的，但对于操作者来说是没有兴趣的，反之亦然。模型模拟的工况对于运行和理解污水处理厂应当是现实和有用的。

2. 步骤 2：数据收集和处理

除了在污泥产量和脱氮的两个模型例子中已经讨论的注意事项外，这个例子对数据提出了更高的要求。首先，模型是动态的，所以有关校正和验证模型的模型输出都要求有时间序列的数据。第二，因为要模拟生物除磷，进水特征应该考虑把溶解性基质分为挥发性脂肪酸（VFA）和其他有机组分，因为这些组分在动力学模型中用作状态变量。

3. 步骤 3：污水处理厂模型设置

几个生物动力学模型可用于模拟氮磷的去除。表 5-10 描述了不同生物动力学模型的特征。

水动力学在进行动态模拟时特别重要，因为流量日变化中的峰值和谷值及其他变化对于推流反应器会加剧而在回流混合程度高时会减弱。

生物脱氮除磷工艺对溶解氧浓度很敏感，这意味着必须以合理的精确度建立曝气系统的模型来显示系统的动态。

4. 步骤 4：校正和验证

校正和验证 BNR 设施的总方法显示在图 5-21 中。污泥产量和除氮例子的细节已经在前面的例子中给出。下面给出除磷校正和氧传输的细节。

除磷

生物除磷过程包括两部分：一部分是系统中所有生物对磷的同化作用；另一部分是合适条件下聚磷菌（PAO）的生长过程。聚磷菌提供了强化的生物除磷（称为 EBPR 或者 bio-P）。对所有生物体磷的同化作用的预测是依靠生物量中磷的含量的模型参数进行的。这些参数不会显著的变化，因此对于磷的同化作用拟合污泥产量已足够了。从另一方面来说校正生物除磷过程是非常复杂的任务，需要对过程和模型结构都要理解。

模拟生物除磷有三种不同的方法：

（1）ASM2d 类型模型（例如，ASM2d 或者 ASM3+EAWAG Bio-P 模块）；

（2）UCT 类型模型（例如，Barker & Dold 模型或者 UCTPHO+）；

（3）新陈代谢模型（例如，TU Delft 模型）。

在 ASM2d 类型模型中，把聚羟基脂肪酸（PHA）、多磷酸盐和 PAOs 的生长分开建模但又有高度联系。使用者应该在改变缺省参数时特别小心（然而，应注意到对于 ASM2d 模型没有公布出广泛接受的缺省参数），因为多磷酸盐存储和生长之间的比率应该仍保持常数。实验结果显示储存的有机化合物的氧化，同时为 PAO 的生长和多磷酸盐的存储提供能量（Wentzel 等人，1989）。因此，PAO 的生长和聚磷酸盐的储存量是有联系的，并且依赖储存的有机组分的氧化。

建议不要改变生物动力学参数，相反地应该通过调整挥发性脂肪酸（VFA）的量来改变模型的预测。有很多方法可以达到这个目的，包括进水组分比例、水解/发酵比率，或者是有重要影响且应该首先校正的通过 RAS 流入厌氧区的硝酸盐的量。图 7-15 显示生物除磷过程的校正。

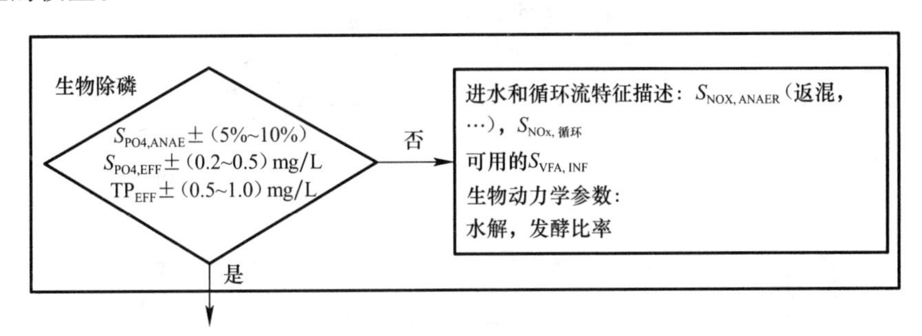

图 7-15　生物除磷的校正

在 UCT 类型模型中，多磷酸盐的存储和生物量增长用一个模型过程描述。这样简化了校正程序。注意校正时在调整动力学参数前应该首先考虑调整 VFAs 和进入厌氧区硝酸盐的量。

在新陈代谢模型中，生长与存储产率都与能量产量相联系。同样，应该首先校准 VFAs 和进入厌氧区硝酸盐的量。化学沉淀不是这个 STR 的重点，仅在这篇报告（附录 A）中以简化的经验方程描述。这些沉淀模型的主要目的是预测化学污泥产量，因而化学药剂量在第一个校正过程（污泥产量）中考虑。建议通过改变沉淀和再溶解效率来匹配化学除磷效率（见图 7-16）从而校正 ASM2d 中的沉淀过程。模型中所讨论的共沉淀过程在

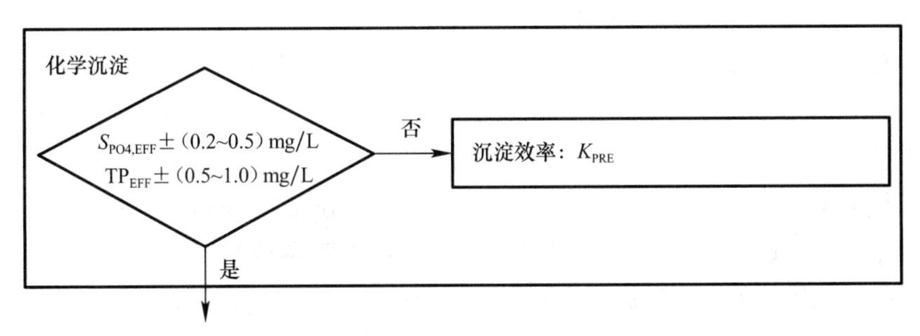

图 7-16　化学除磷的校正

这篇报告中没有阐明，但它对结果也许有重要的影响。

5. 步骤 5：模拟和结果解释

这个模型用于培训。因此，最有效的是使用具有动态输出的动态模拟，因为受训者能"看"到调节操作参数或者输入数据对输出产生的影响。图 7-17～图 7-20 显示了用于这个目的的输出的例子。

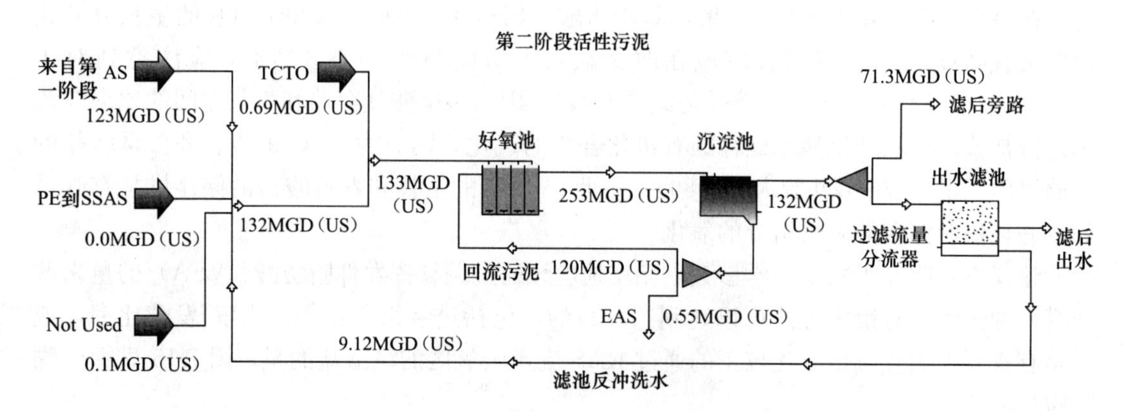

图 7-17 流量流经全部过程的流程图

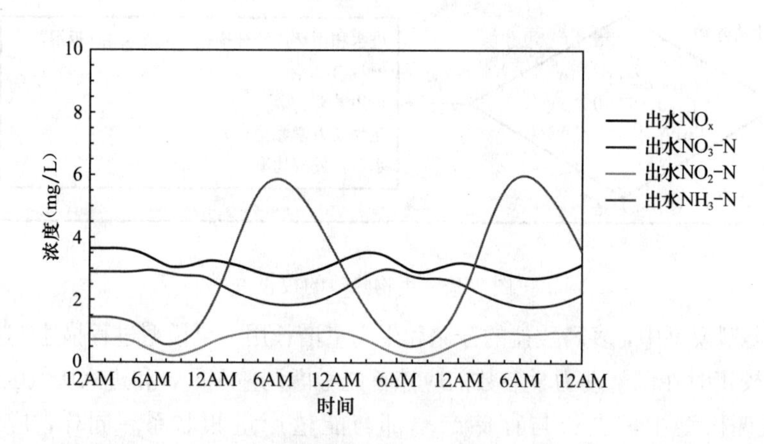

图 7-18 2d 内出水氮种类浓度变化图

不确定性和敏感性

附录 H 列出了模型中不确定性的来源。有几个方法可以帮助建模人员判断模型对于那些可量化不确定性的参数的敏感性。方法包括：

（1）运行在预期从最小到最大负荷范围内的不同负荷条件下的模拟。

（2）运行在极端条件下的模拟，例如非常高和非常低 N/COD 或者 P/COD 比率。

（3）进行单一关键参数的敏感度分析（图 7-21）

（4）使用输入与参数的频率分布产生输出的频率分布，进而可以用累积分布图（见图 7-22）、盒状和须状图或者其他图形格式显示蒙特卡罗模拟。

在 IWA 关于设计和运行不确定性任务组的科学和技术报告中可找到处理模型中的不确定性的更多细节（Belia 等人正在准备）。

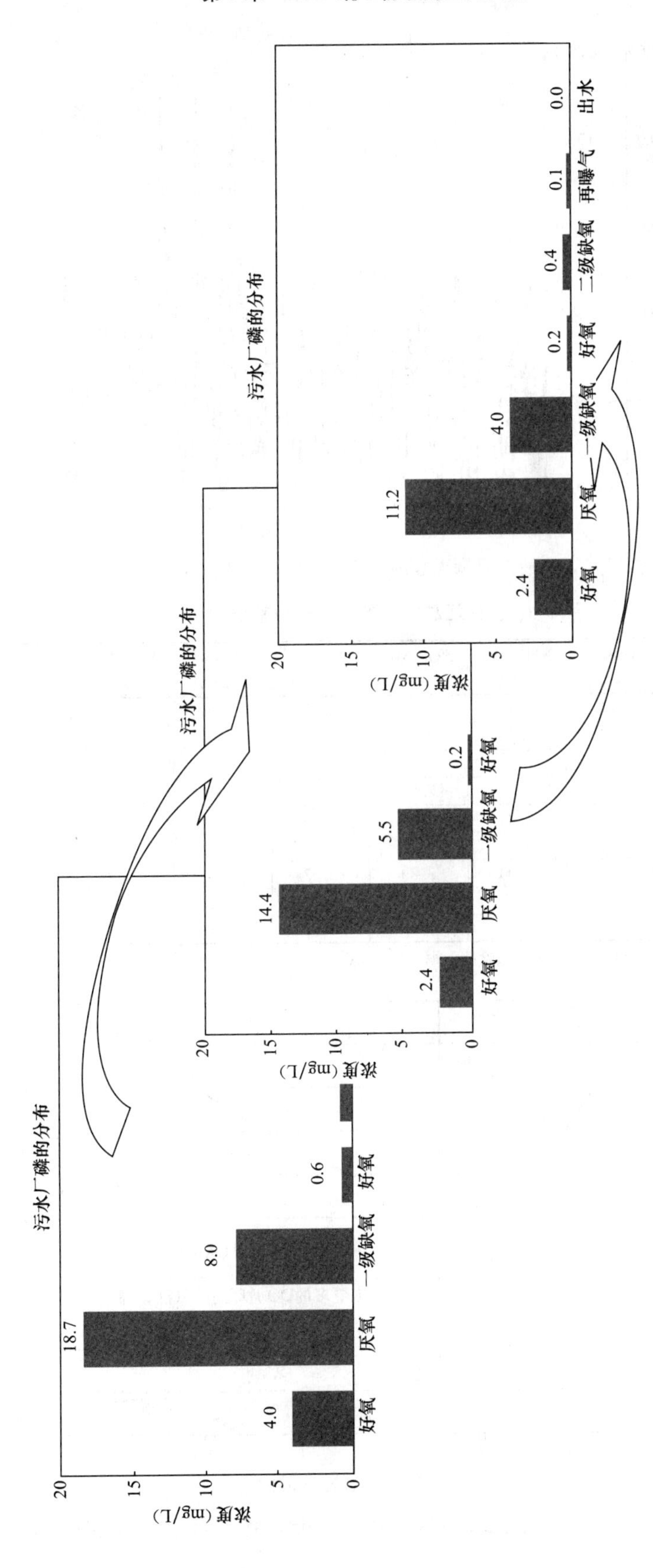

图7-19　磷分布随时间变化的柱状图

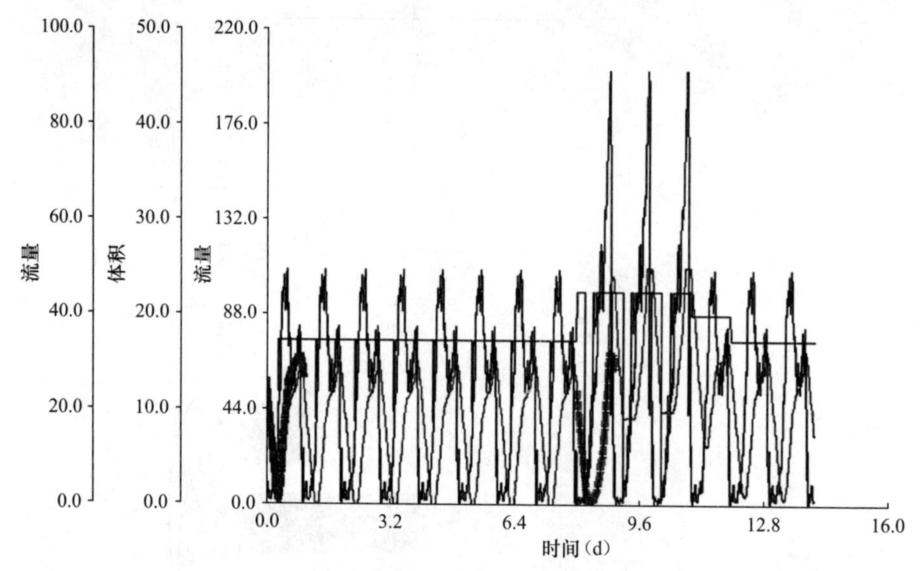

图 7-20 用于模拟研究 3 个最大流量天数内的输入数据，接着是 7 个典型日流量数据的实例

包括汇总统计的动态模拟输出 表 7-2

时间(d)	$BOD_{5,EFF}$ (mg/L)	TSS_{EFF} (mg/L)	NH_X-N_{EFF} (mg/L)	NO_X-N_{EFF} (mg/L)	$N_{tot,EFF}$ (mg/L)	$P_{tot,EFF}$ (mg/L)	PO_4-P_{EFF} (mg/L)	MLSS (mg/L)	Q_{EFF} (m^3/d)
0.00	2.20	8.46	0.26	2.93	4.75	0.41	0.17	2192	9930
0.05	1.99	7.31	0.25	2.92	4.67	0.37	0.17	2192	8336
…	…	…	…	…	…	…	…	…	…
0.95	2.18	7.82	0.30	2.80	4.63	0.32	0.10	2210	9085
1.00	2.24	8.21	0.26	2.68	4.49	0.33	0.10	2207	9628
平均值	2.21	8.49	0.41	3.22	5.19	0.44	0.20	2189	9957
最大值	2.69	11.21	1.00	3.89	6.57	0.61	0.32	2213	13454
最小值	1.77	6.25	0.20	2.68	4.49	0.32	0.10	2155	7099
标准偏差	0.30	1.70	0.26	0.38	0.68	0.10	0.07	16	2199

注："…"表示为了出版并使表格缩短而移除的数据。

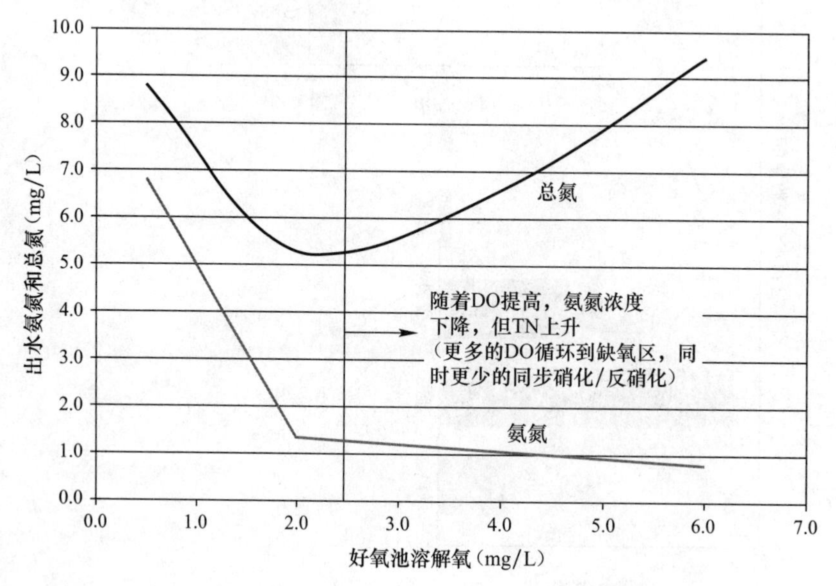

图 7-21 改变一个关键参数（这个例子中为溶解氧）的例子的敏感性曲线

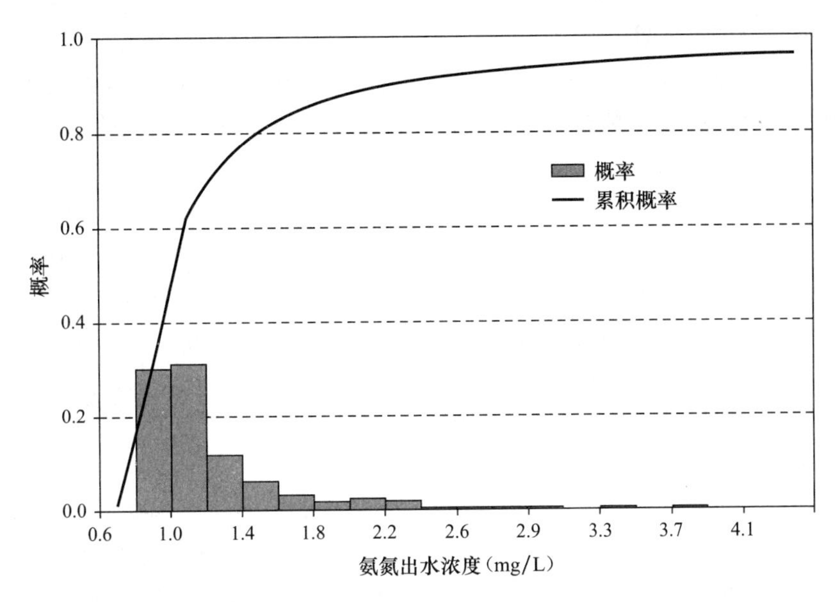

图 7-22 蒙特卡罗分析例子的输出（Martin 等人，2010）

7.5 用于 BEENYUP 污水处理厂升级设计的全流程模型

这部分内容摘自 Third 等人（2007）。

1. 步骤 1：项目定义

（1）背景

Beenyup 污水处理厂（WWTP）包括格栅、沉砂池，使用矩形初沉池（PST′s）的初级处理、硝化/反硝化的活性污泥和圆形二沉池（SST′s）的二级处理。初沉污泥在初沉池中浓缩，剩余污泥（WAS）使用气浮（DAF）单元浓缩。用常温消化稳定混合污泥，然后用离心机脱水。应用这个模型来升级处理能力从最初的 135000m^3/d，到最终的 150000m^3/d 污水处理厂。

（2）建模目标

建模项目的主要目标是评价在不同运行条件下的工艺单元的处理能力，并判定哪个工艺单元是关键瓶颈。使用这个模型以整个污水处理厂的质量平衡来说明液体处理和固体处理单元之间的相互作用也是合理的。

（3）要求

污泥处理过程的升级是主要的问题，所以建模工作的焦点是精确地预测当前和将来的污泥量。期望模型估计的初沉污泥和剩余污泥负荷值在年或月平均值的±10%范围内，单一工艺单元的处理能力和污水处理厂整体处理能力的评价采用传统工程负荷标准进行。一个全污水处理厂模型用来评估每一个工艺单元的负荷，但不用来预测在超过工艺单元设计值时的性能，这个模型也用来评估二级处理的曝气能力以及活性污泥污水处理厂满足目标出水总氮负荷时的处理能力。为了评估曝气能力，使用了最大时空气需求、周末对工作日的负荷和季节性变化的动态模拟。

2. 步骤 2：数据收集和处理

正如这个科学技术报告（STR）中可以注意到的，在模型中使用合适的数据是关键。对用于开发 Beenyup 模型的数据进行评估与分析是个挑战，各种问题总结如下。

（1）进水流量的验证

按照已有的污水处理厂数据，由进水槽流量计得到的 Beenyup 污水处理厂（WWTP）平均日流量是 $95\times10^3m^3/d$。与总计流量对应的瞬时流量的对比显示 PLC 计算的总计流量含有误差，这个误差导致污水处理厂总流量被低估了 25%。这是通过评估整个污水处理厂在不同测量地点得到的不同瞬时流量测量值得到证明。分析得出，2006 年实际的污水处理厂平均进水流量在工作日时间段是 $122\times10^3m^3/d$，而在周末时间段是 $135\times10^3m^3/d$。对于动态模拟，应使用具有代表性的一周的日变化数据。

（2）进水负荷率

为了建立污水处理厂进水负荷，对 1999 年 5 月—2007 年 1 月期间的污水处理厂历史原始进水数据进行了分析。在图 7-23 中总结了多年以来 BOD 和总悬浮固体（TSS）在测量值上的变化。在 2006 年 6 月改善了 BOD 的取样方法以更快速的分析试样，这导致报告的 BOD 增高 20%。2006 年 8 月，对于污泥脱水应用有机多聚物提高了离心机的固体分离率并降低了离心液中的 TSS 浓度。最终，在 2005 年 12 月把进水取样点移到更有代表性的取样位置。

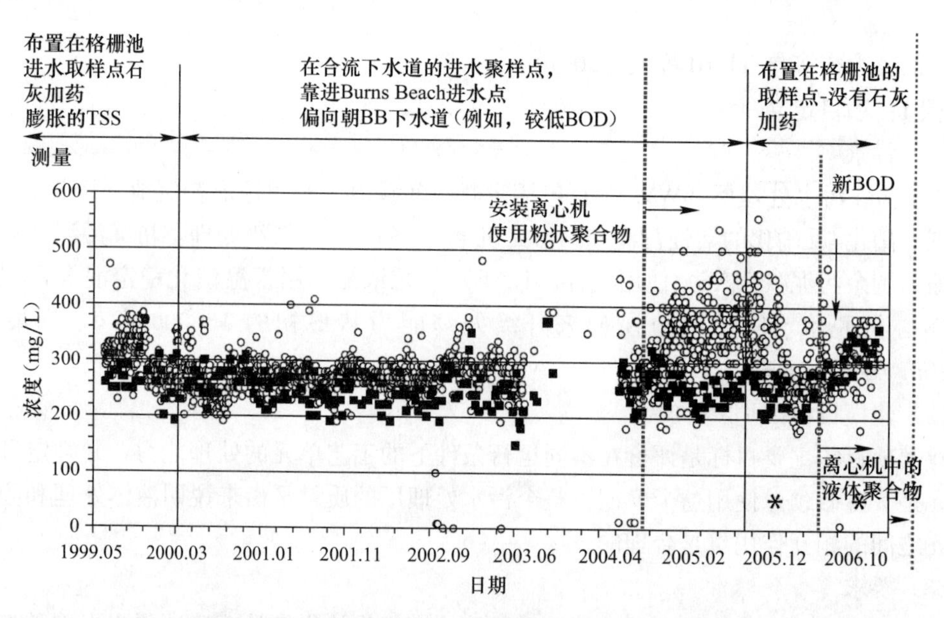

图 7-23 在 1999 年 5 月～2007 年 1 月期间运行的变化以及它们对原始进水中 BOD 和 TSS 浓度影响的总结。*X* 轴上的星标指出了特定的取样时期

以上信息显示，工艺建模和设计应该基于 2006 年 12 月～2007 年 1 月期间的数据，之前的数据被认为是不可靠的或者说对目前的运行不具代表性。平均浓度用于稳态模型。原始进水测量中包括了浓缩液，因此工艺模型用来预计浓缩液负荷。通过从测量的原始进水值减去估计的浓缩液负荷来估计原始污水值。用取得的污水特征值来推测将来的负荷。

（3）进水特征描述

合适的污水特征描述是得到模型预测行为的最重要因素之一。为了产生 Beenyup WWTP 可信赖的污水特征数据，在 2006 年进行了两个系列的“特定取样”工作。与流量和时间同步的复合取样试验在几天内进行。第一个数据集包括同步的原始进水和初沉出水的测量，因而作为污水组分特征的第一步。

第二个数据集只包含初沉出水数据，并且和更近期的进水数据一起用来完善组分分析。为了对原始污水进行合适的组分特征分析，应该特别注意调节易生物降解的 COD 组分，可生物降解颗粒 COD 和不可生物降解颗粒 COD 组分以匹配原水和初沉出水的 BOD/VSS 和 VSS/TSS 比率。氮和磷的组分可以进行类似的调整。

3. 步骤 3：污水处理厂模型设置

在定义模型结构时，应该特别注意几点：模型的复杂程度，需要模拟的工艺，模型的稳定性及模拟的速度。Beenyup 的二级处理由四个“模块”组成，模块 1 和 2 与模块 3 和 4 间的流量分配是 40%和 60%。模块 1 和 2 由四个分段进水的生物反应器组成，而模块 3 和 4 由单一系列的传统的缺氧-好氧的 5 个生物反应器组成（从好氧区到缺氧区有一个混合液循环）。

构建概化模型的一个重要步骤是确定合适数量的串联反应器以正确的表示主反应器的水力学特征。可以应用 Fujie 等人（1983）建议的原则来估计串联反应池的数量。图 7-24 显示了模型的设置。

将物理特性、运行条件（例如，流量分配、循环等）和污水组分特征输入到模型中。

开发了一个用于结果显示的电子表格。实际污水处理厂数据和模拟输出同步输入表格，以对模拟数据和污水处理厂性能之间进行直接的比较。每一个工艺单元的初始设计能力都输入到表格以便和模型的输出以及最大运行能力之间进行对比。进行稳态模拟并把产生的模拟结果输入到表格中。模型结构和初始输出显示对于建模的目的来说是适合的，下一个步骤是基于污水处理厂数据来校正和验证模型。

4. 步骤 4：校正和验证

在 2006 年 9 月～2007 年 1 月可靠的取样期间获得的污水处理厂数据来校正模型。采取以下四个步骤：

（1）固体平衡：第一步使模型产生的固体平衡和整个污水处理厂测量的固体负荷之间取得精确的匹配。最初的模拟数字与污水处理厂数据之间有显著的不同（>10%）。这引发了对污水处理厂数据的进一步分析以确定误差的来源。在这个分析中，发现了大量污水处理厂测量数据的不精确性的来源。例如，来自 DAF 的浓缩 WAS 流中流量累加器对于进水槽存在类似于 PLC 的计算误差，导致在 WAS 和总污泥质量之间不匹配。

（2）曝气系统：因为曝气系统是特定的，与深度、扩散器密度和系统类型有关，所以曝气模型参数必须从每一个特定的污水处理厂中获得。可以使用 Johnson（1993）开发的方法来合理地估计这些参数。一旦校正了，污水处理厂模型显示所需空气量比在污水处理厂流量传输机记录的空气流量要高得多（>20%）。进一步的调研显示空气流量器有问题，接下来实施一个项目来替换或者改善污水处理厂的流量测量。这个体现了对于未知的污水

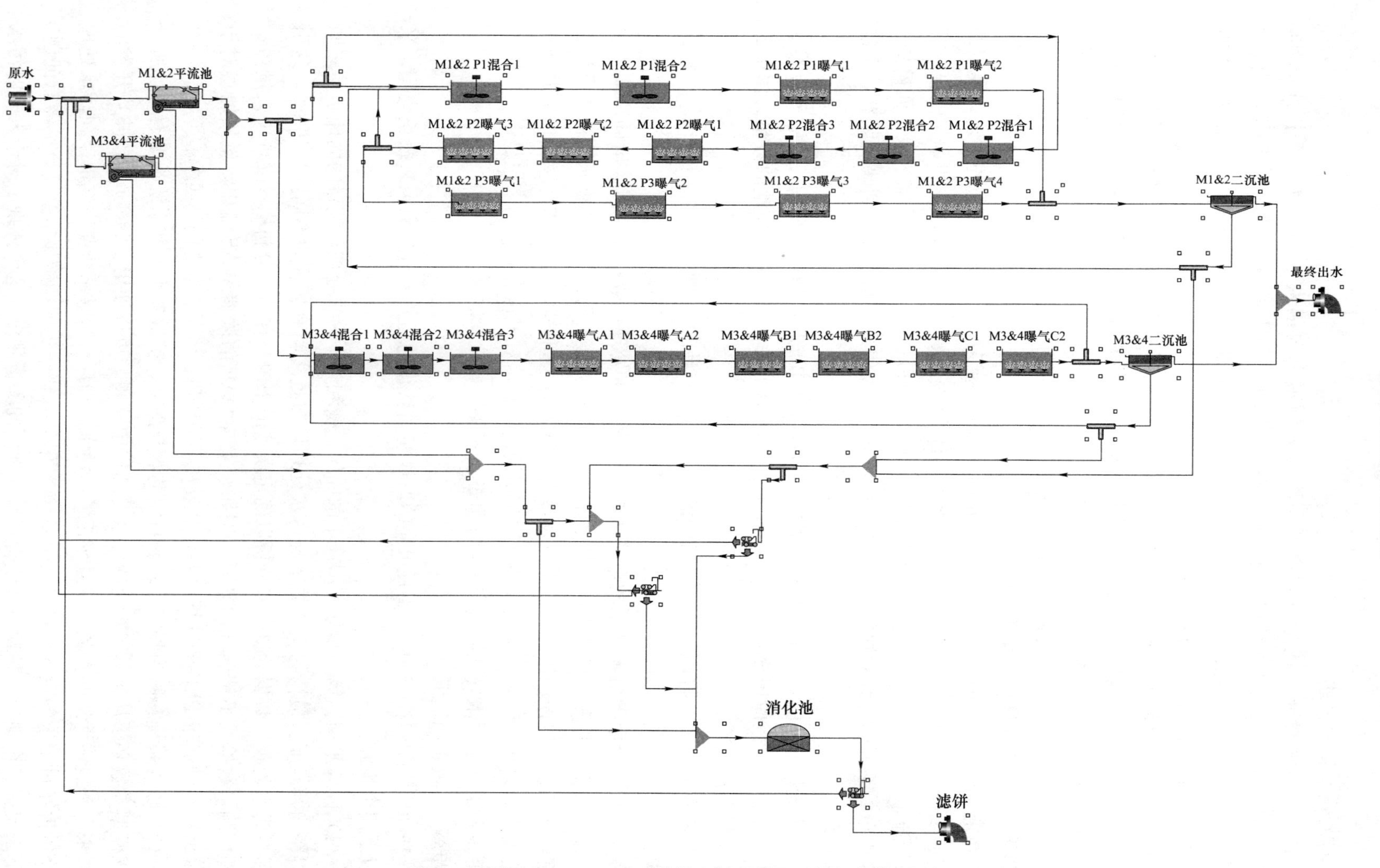

图7-24 用于Beenyup WWTP的整个污水处理厂的概化模型图解

处理厂的不足，建立模型的价值。

（3）硝化：一旦校正了固体平衡和曝气系统后，应开始校正硝化过程。不应该改变硝化动力学参数，因为没有理由相信它会发生任何形式的抑止，而且碱度也不应该是个问题。稳态模拟显示应该获得完全的硝化；然而，实际污水处理厂数据表明 NH_x-N 平均出水浓度为 2.3mg N/L。这个差异在随后的动态模拟中也注意到了。

（4）反硝化：在测量与预测的反硝化中发现了重大差异。模型预测硝酸盐浓度高达 20mgN/L，然而测量的硝酸盐浓度低至 11mgN/L。这表明污水处理厂发生了显著的同步硝化和反硝化。

在模型校正中碰到的一个重要问题是污水处理厂数据的高度易变性。对于稳态模型这个易变性使得它在建立“平均”运行条件时较困难。污水处理厂在 5 个月时期数据均是瞬时数据，这使得校正稳态模型进一步复杂化。

尽管有这些问题，大多数参数模型输出与测量数据在±10%的范围内是可能匹配的。

5. 步骤 5：模拟和结果解释

校正模型用来达到主要的建模目标，这个目标是识别当前工艺瓶颈，决定所需要的设计升级步骤的关键。稳态模型用来确定主要的工艺瓶颈。动态模拟用来检查污水处理厂最大负荷能力。稳态模型的结果总结在图 7-25 中，图 7-25 清晰地反映了工艺单元最大设计容量和要求的升级。

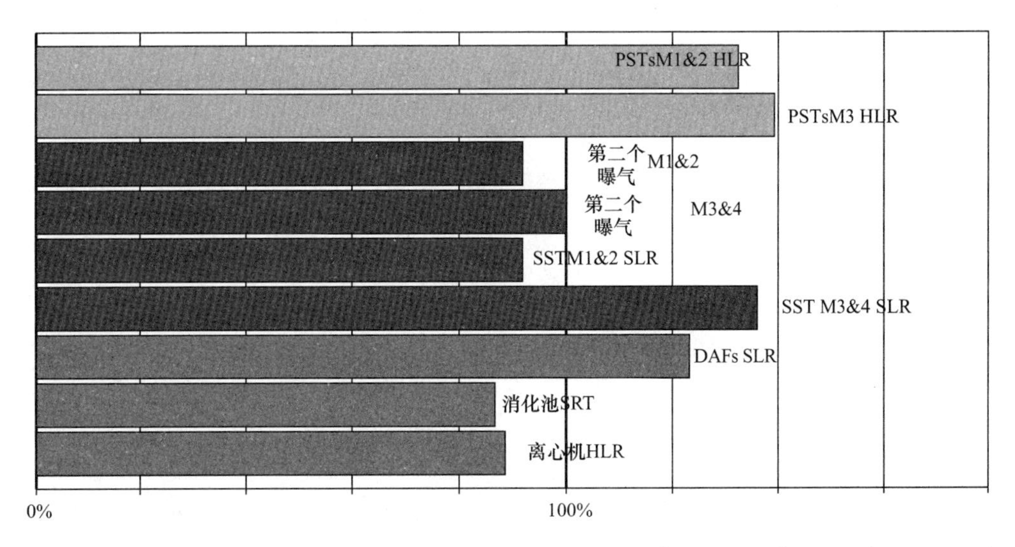

图 7-25　Beenyup 污水处理厂（WWTP）工艺单元容量概览（M1&2=模块 1&2；M3&4=模块 3&4；PST=初沉池；HLR=水力负荷率；SLR=固体负荷率；SST=二沉池；SRT=污泥停留时间）。

动态模拟的主要目标是评估曝气系统、鼓风机和扩散器对于输送最大空气需求量的能力。在稳态模拟中，很显然地在假设没有氧气限制的条件下污水处理厂应该能完全硝化（例如，出水 NH_X-N<0.1mg N/L）。然而，污水处理厂数据显示平均出水 NH_X-N 浓度为 2.3mg/L。一个可能的解释是在运行条件下有氧气限制，进一步空气扩散器检查说明由于空气扩散系统的不平均和控制要素等问题导致空气不能有效地传输到每一个曝气区域，导致不能进行完全的硝化。前端好氧区域需求的空气比目前系统传输的大约要高 15%。

结论

经过 Beenyup WWTP 污水处理厂全过程模型的校正，证明模型在评估单元容量、识别瓶颈以及使设计工程师组织污水处理厂的分阶段升级和扩大上是一个有用的工具。通过提供开发过程模型的逻辑方法，GMP 统一协议提供了建立模型的系统框架。不出意料，在校正和数据验证步骤之间有着明显的联系。

第 8 章
活性污泥模型在工业废水处理中的应用

内容提要

为促进活性污泥模型在工业废水处理中的应用，本章单独介绍工业废水处理的模拟。对于模型的应用步骤工业废水处理和市政污水处理二者相同。第 5 章详细介绍的统一协议的大部分内容可以在工业废水处理模拟中直接使用。二者之间的一个关键差别是获取污水来源的详细信息不同。实现有效的信息收集、模型建立和有效的方案分析的关键是了解工业废水上游的生产工艺和特征。另一个明显的不同点是由于工业废水的成分和工业废水处理厂运行条件的独特性，必须要对工业废水处理模型进行扩展和修正。这些模型的修正都要求对工艺模拟有基本的了解。本章介绍了现有模型在工业废水处理领域模拟应用的局限性、可能的模型修正、典型的缺陷和一些建议。

8.1 引言

虽然这个科学技术报告着眼于活性污泥模型在城镇污水处理厂的应用，但由于活性污泥法也广泛用于工业废水的处理，因此这个科学技术报告包含了本章的内容。在工业废水的处理厂中，工程师们在设计与运行时面对的问题与城镇污水处理厂相似。本章也想提高大家对于进水有大量工业废水的城镇污水处理厂的典型缺陷的认识。GMP 任务组相信将城镇污水处理模拟的经验转移到工业废水处理模拟上对所有工作者都很有益，反之亦然。

城镇污水处理厂和工业废水处理厂具有很多共同的模拟目标。模型成功应用于工业污水处理厂的实例可以在文献中找到（如 Bury 等人，2002；Eremektar 等人，2002；Ky 等人，2001；Orhon 等人，2009）。统一协议中的一般步骤只需少量的更改就可以应用于工业废水。尽管如此，本章将关注于模拟工业废水处理的一些特殊方面。

工业废水处理模拟的关键是理解模型的局限性。工业废水处理中不当地使用模型产生的风险比城镇污水处理模拟中要高，这是因为在工业废水处理厂的模拟方面缺少标准化的活性污泥模型（Henze 等人，2000）。应该注意许多工业废水处理的模拟要求对模型进行专门的修正。本章关注于模拟纯工业废水处理，但也考虑应用到进水中有大量工业废水的城镇污水处理厂的模拟。

本章将讨论一些工业废水的特殊性质，工业废水高变化性和运行条件对微生物种群动力学的影响。本章列出了一些可能的缺陷和建议。

8.2 与统一协议步骤的联系

工业废水模拟的研究应该遵循统一协议中的一般步骤。这一节强调一些额外的关注和建议。

第 1 步　项目定义：由于工业废水的特点，需要确定更为详细的进水模型范围。比如，如果可以对废水的来源进行控制，将会对项目目标有很大的影响。

第 2 步　数据收集和处理：数据的质量具有同样的重要性，评价数据质量和数据处理可以采用类似的方法。还需讨论额外的数据需求和活性污泥呼吸速率测试。

第 3 步　污水处理厂模型设置：通常采用类似的工艺单元。当有多个污水流时，进水模型通常需要扩展以便描述不同进水的水质特征。当需要修改模型时，这一步的难点是模型的修改和扩展。目标的生产系统的信息以及额外的数据可以用来判定哪种过程和组分是模型中需要修改和扩展的。

第 4 步　校正和验证：尽管参数的经验值比较少，校正过程还是要遵循通用的原则。因此，参数识别就需要花更多的精力，特别是对于修改和扩展的工艺模型。

第 5 步　模拟和结果解释：需要特别关注的部分是方案选择，其中包括了进水控制。

表 8-1 总结了相对于统一协议步骤而言，工业废水模拟中特别需要注意的方面。

统一协议的步骤及用于工业废水特别需要注意的方面　　表 8-1

协议步骤	用于工业废水特别需要注意的方面
项目定义	1. 工厂生产的信息 (1) 产品，原材料，化学药剂使用，用水情况 (2) 场地信息 (3) 工厂运行模式（连续或序批式） (4) 水回收方案（主要水流） (5) 典型的干扰、事故 (6) 未来扩建计划 2. pH 值和温度变化范围 3. 出水水质变化（不可生物降解和慢性生物降解组分） 4. 驯化涉及的问题（工厂关闭与启动） 5. 抑制相关事故 6. 高颗粒物含量（可水解的或不可生物降解的） 7. 物理化学方面（沉降、VOC、ORP）
数据收集和处理	1. 工厂信息 2. 有效资料收集 (1) 原始材料分析 (2) 原始材料回收率 (3) 水资源使用情况 (4) 简便测试方法替代（EC、UV/vis） 3. 实验室测定 (1) 连续处理试验 (2) 可溶性不可生物降解性检测 (3) 即时溶解性 COD 变化测试生物呼吸 (4) COD、N 和 P 测定 (5) 产率评价 (6) 反硝化试验 (7) 抑制作用和毒性剂量反馈测试 (8) VOC 净化测试

续表

协议步骤	用于工业废水特别需要注意的方面
污水处理厂模型设置	1. 多进流进水组成 2. 模型的修改 (1) 其他特性（溶解性、颗粒度）和过程 (2) 呼吸产物数量 (3) 抑制性和毒性 (4) pH 值和温度影响 (5) 大量和微量营养物需求 (6) 物理化学模型 (7) 沉降性 (8) 化学氧化还原反应 (9) VOC 稳定值
校正和验证	1. 匹配呼吸测量模型与呼吸作用数据 (1) 水解率和饱和常数 (2) 抑制作用和毒性参数 2. 管道内生物呼吸作用估计与验证 3. 出水溶解性不可生物降解性估计与验证
模拟和结果解释	1. 特定水流出水 变化性、未来的扩展、将来的关闭 2. 产品生产暂停的可能性

8.3　污水来源

应用于工业废水时，了解产生废水的生产工艺是至关重要的。详细的废水产生的信息有可能获得，尽管并非总是如此。但以下几个问题可以引导读者了解工业废水水质。

(1) 工厂生产什么?

了解工厂的信息有助于工艺建模。比如，了解工厂生产什么产品，有多少主要的生产工艺，什么地方用水，如何用水及水是如何处置的。生产中采用了何种原材料，添加了何种化学物质，了解这些会帮助模型制作者了解进水水质。有了这些信息可以深入了解进水水质，包括流量分布、污染物负荷分布、可生化性以及进行源头控制的可能性。

(2) 工厂如何运行?

工厂运行模式（比如连续还是间歇式）对于污水处理厂的负荷变化有很大的影响，此类信息是计划信息搜集的基础。

有些生产厂数月或数年连续不间断运行。大部分生产化学产品的工厂也是如此，一般来说这样的污水处理厂的进水负荷变化最小。

另一方面，有些工厂在相对较短的时间里经常采用间歇运行。大部分的食品工厂在白天运行，晚上进行清洗。清洗周期通常意味着污水处理厂的负荷会增加。这样的周期可以是小时、日、周，有时候是季节性的。化工企业中典型的情况是，产品是分批生产的，导致进水水质有很大的波动。数据收集的计划需要考虑到这些周期的变化，以获得更具代表性的数据，并且可以在模型中重现污水水质。

由于工厂事故导致的非预期污水也是水质变化的一个源头。生产工厂通常会排出不合格的中间产物或产品，这也是较大负荷高峰的主要来源。鉴于此，典型事故信息也要收集。

（3）污水是如何收集的？

除了管道和下水道系统，在收集系统中可能还有蓄水池、末端调节池、水流控制系统等。这些信息很重要，因为它可以影响哪股废水需要模拟。模拟体积和物料负荷的控制能力是很重要的。如果调节池可以调节所有的负荷变化，那么就可以集中关注均质后的污水水质。如果均质池无法满足要求，模型开发者需要谨慎考虑收集系统方案中有多少股污水需要包括进来。

8.3.1 含有某些特定污染物的污水

许多加工厂生产的产品种类有限，特别是对于生产大量化学药品的工厂。这类工厂在生产过程中，废水水量和有机负荷是很稳定的，活性污泥系统的驯化可以很完全。然而，具有简单化学组分的污水可能对污水处理厂的设计和运行有显著的影响。许多高浓度的工业废水需要引起特别注意。

比如，乙酸通常用作化学工业的原材料和溶剂，那么在这样的工厂中，废水中大部分是高浓度的乙酸是非常正常的。乙酸可以在活性污泥系统中很容易地处理，即使负荷很高。进水的 pH 值可能非常低，但是如果反应器的 pH 值保持在中性，那么处理还是可以达到的。如果这样的污水处理厂超负荷运行（比如，供氧能力不足），残余的有机酸可能降低反应器的 pH 值。一旦 pH 值降低到生物适宜生长的 pH 值以下，生物活性降低，导致未处理的有机酸累积，又会进一步降低反应系统的 pH 值。这是典型的有机酸处理过程中的正反馈效应，会导致处理效果严重下降。所以对于此类进水，负荷控制或者 pH 值控制是必要的，尤其在启动阶段。

为了模拟此类情况下 pH 值对于生物活性的影响，pH 值变化本身以及潜在的 pH 值控制都需要在模型中考虑。乙酸常常被微生物贮存，并不立即代谢，这就对反应器内动态需氧量和溶解性 COD 有很大的影响。在这样的情形下，在模型中就需要采用类似于 ASM3 的贮存过程。

8.3.2 具有不同特征的多个污水源

对于化工工业，排水系统末端的来水水质特征可能随着生产线的运行而大幅变化。这种情况会对微生物的适应能力造成困难，因此如果这个条件存在就需要模拟。

模拟混在一起的污水水质非常困难，因为污水在生产过程中会有很多混合方式，每种混合方式得到的水质特征可能不同，然而，单独模拟每个源头污水水质可以解决这个问题。模拟混合后的污水水质，可以采用对各源头来水进行混合来估算，而不是在末端取水样进行模拟。估算出的末端水质需要用实际的测量进行验证。图 8-1 表明了这种情况。一旦多源头污水模型建立后，可以相对容易得在不同的运行条件下对变化的污水水质进行方案分析。

污水处理厂的模型包含多股进水，每种进水可能有不同的水质特征。标准的活性污泥模型假定对于某些关键变量，只有一个值。比如，N 和 P 含量参数（正如 ASM2d 和 ASM3 中引入的概念）假定相对碳化合物的营养物比例是固定的，这可能会使模拟多股污水的系统变得困难。采用集中溶解态和颗粒态的氮元素的状态变量相结合（比如 ASM1 中）的方法会更可取。

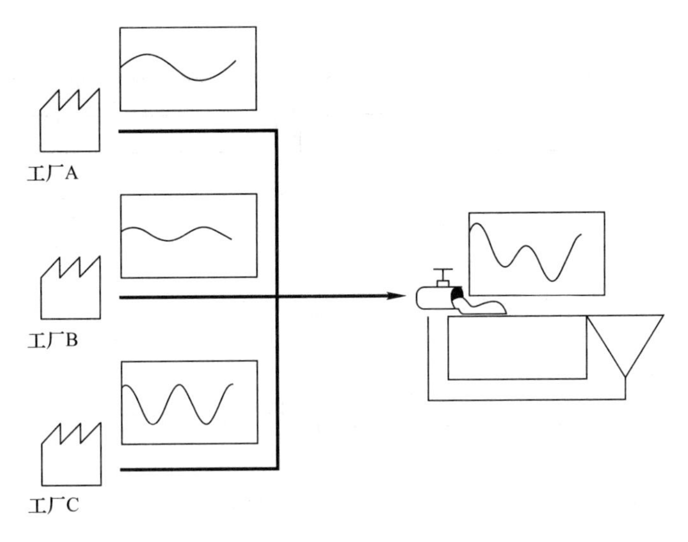

图 8-1　基于多个稳定源头的末端污水水质的变化

8.3.3　源头控制

另一个能够将工业废水模型进行区分的特点是可以对污水来源进行一定程度的控制。污水处理厂管理者可能辨别出对出水水质具有关键影响的污水来源。在紧急情况下，操作者应能够限制或暂停生产过程，来确保污水处理厂出水水质达标。对于模拟来说，理解主要的进水水源的特征和控制的可能性是很重要的。

8.4　进水组分

市政污水和工业废水的主要差别是后者可能出现更大的变化，而且组分中可能有某些特殊的物质，会对可生化性、污泥产量和出水浓度有很大的影响。在这一节，主要讨论某些在测定和模拟过程中需要特别注意的组分。

8.4.1　不可生物降解组分

工业废水中不可生物降解部分的易变性是污水处理和模拟过程中的重要方面。

8.4.1.1　溶解性不可生物降解组分

工业废水中可能含有大量的溶解性不可生物降解（惰性）有机物（Germirli 等人，1991）。当末端污水水质较稳定，溶解性不可生物降解部分可以通过测定出水过滤后的 COD 来估算。遗憾的是工业废水中稳定的水质并不常见，这就导致了出水中 COD 变化很大。为了合理的预测溶解性出水浓度，溶解性不可生物降解部分应该通过实验来确定。图 8-2 给出的例子说明了制糖厂废水中不可生物降解部分的含量。某些工艺的废水中不可生物降解有机物的含量很低，而有些却很高。

溶解性不可生物降解组分的模拟

即使有文献（Boero 等人，1990）很好地报道了在进水有机物分解和衰减过程中会产生溶解性不可生物降解组分，标准的活性污泥（AS）模型中并没有包括这一过程。工业废水处理厂通常以较长的 SRT 运行，这会增加这些通常在标准 AS 模型中被忽略的过程的重要性。

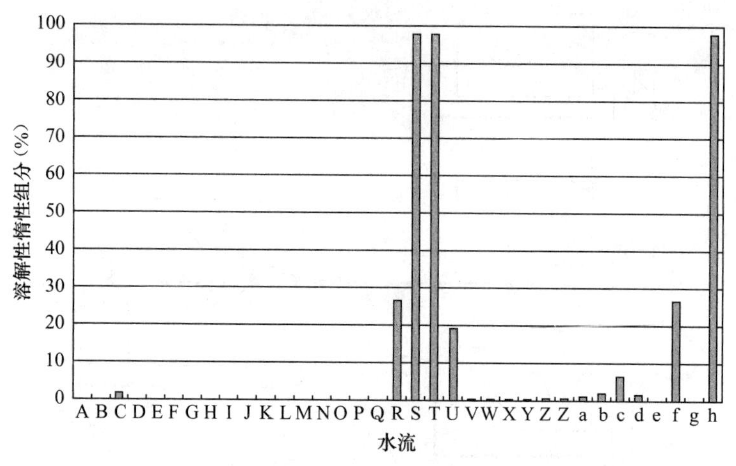

图 8-2 某座制糖厂污水中溶解性不可生物降解组分（总 COD_{Mn} 中的%）的实例

8.4.1.2 颗粒性不可生物降解组分

工业废水处理厂经常遇到较高有机和无机颗粒性不可生物降解负荷。这对污泥产量有很大影响。有时候，无机组分比如钙离子，可能在反应器内形成沉淀物。为了考虑这类沉降，需要了解进水中不可生物降解组分的信息，以及化学药剂的种类和沉降的背景信息。

颗粒性不可生物降解组分的模拟

大部分情况下，标准 AS 模型中有的不可生物降解组分的模型可以用来模拟颗粒性不可生物降解组分。如果有大量沉降发生，相关的过程也需要识别并模拟。

8.4.2 可生化降解有机组分

工业废水中，可生化降解有机成分可能变化较大，随时间变化的氧气吸收速率曲线经常被用来描述可生化降解组分的特征（如呼吸速率图）（Eremektar 等人，2002；Orhon 等人，1999；Insel 等人，2003）。图 8-3 中的呼吸速率图实例表明不同工业废水可生化降解

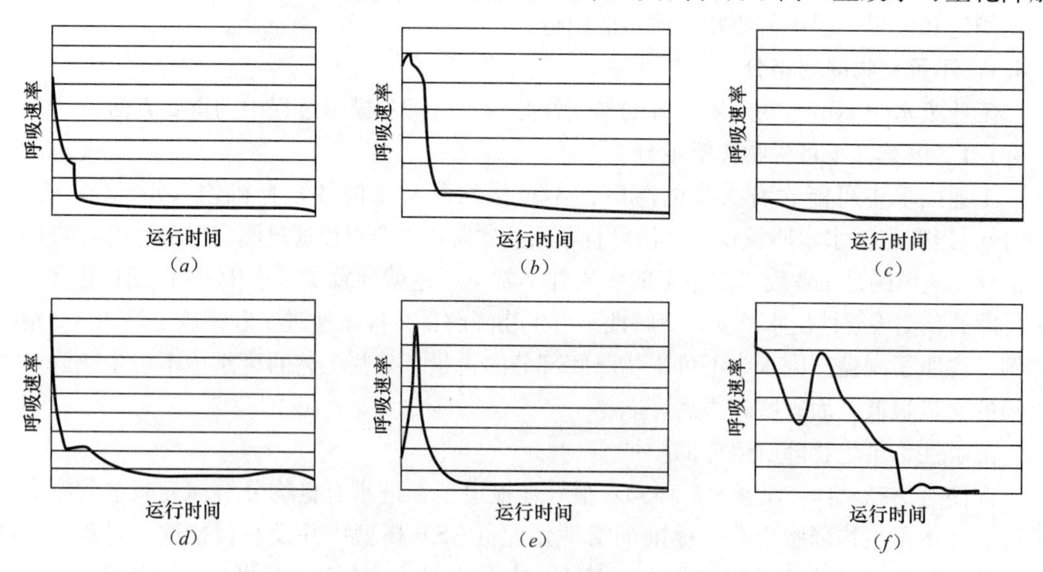

图 8-3 不同废水的呼吸速率图实例

(*a*) 饮料废水；(*b*) 调味品废水；(*c*) 染料废水；(*d*) 化学药品废水；(*e*) 淀粉废水 (*f*) 化学药品废水

曲线间的巨大差异。随时间变化的氧利用速率提供了主要的可生化降解组分信息。氧利用速率图上最初的一个陡峰表明推流式活性污泥反应器进口端需氧量很高。从工业污水测试中得到的呼吸速率图表明在同一进水中存在不同降解速率的多样性组分，因此，必须考虑基质储存的可能性。

由于工业废水的化学特征，其溶解性组分产生的呼吸速率图类似于市政污水中缓慢降解组分的呼吸速率图（市政污水中颗粒或胶体）并不是不可能（Bury 等，2002）。如果一种溶解性缓慢降解的组分不能吸附在污泥絮体上或由微生物储存，那么就可能从反应器中流出并引起出水水质波动。

（1）可生化降解有机组分的模拟

在工业废水处理的应用中，动力学参数截然不同的多种可生化降解组分可能同时存在，因此，模型应用时必须特别注意确定具有不同可降解性的组分。模型必须能反映这些组分，这也意味着增加模型的状态变量和过程。

在模拟多种进水时，需要增加多种溶解性和颗粒性水解的模型组分。由于污染物分子大小在处理技术中具有重要作用（如膜反应器工艺），基于有机物的可降解特点和组分的分子大小，需要定义诸如溶解性快速可水解、缓慢可水解、可吸附、颗粒缓慢降解的 COD 等模型组成部分。图 8-4 展示了一个概念性的模型实例，图 8-5 则展示了一个多种进水模拟模型。在图 8-5 中，假定可发酵的基质和发酵产物在所有的进水中都存在。

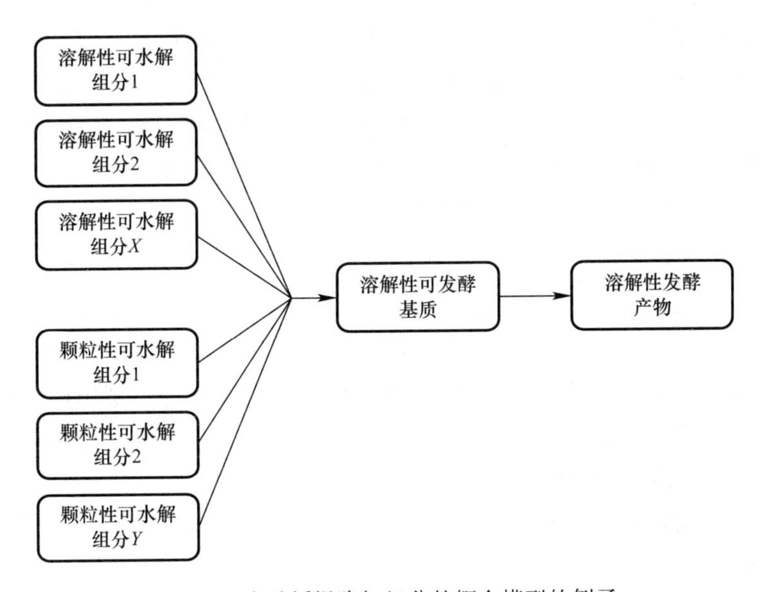

图 8-4　多种缓慢降解组分的概念模型的例子

必须慎重选择用于这些组分转化的动力学模型。方程组（8-1）显示了最常用的动力学表达式；其他表达式可能包含方程组（8-2）所显示的一些公式。包括呼吸速率测试等不同种类的批次试验可以被用来选择最适合的方程。通常试验的设置包括不同基质的浓度和不同污泥的浓度，因为这些将给出反应过程的信息并且能帮助模型的选择。

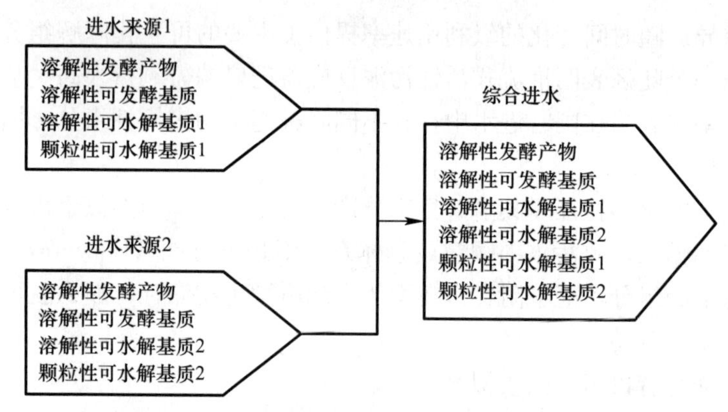

图 8-5 多来源废水的概念模型的例子

模型选择的例子可以参考如 Goel 等人（1998）和 Orhon 等人（1999）的文献。

$$\left.\begin{aligned}&\text{零级动力学}:K_{\mathrm{h}}\\&\text{一级动力学}:K_{\mathrm{h}}\cdot X\\&\text{Monod 模型}:K_{h}\frac{X\mathrm{s}}{K\mathrm{x}+X\mathrm{s}}\cdot X\\&\text{表面限制模型}:K_{\mathrm{h}}\frac{X\mathrm{s}/X}{K\mathrm{x}+X\mathrm{s}/X}\cdot X\end{aligned}\right\}\quad(8\text{-}1)$$

如果评估反应器和出水中溶解性 COD 非常重要，那么就需要在模拟中考虑基质的降解、吸附和储存过程。Baker 在模拟碳氢化合物组分的模型中包含了一个吸附的步骤。在那个概念模型中，碳氢化合物快速地吸附在活性污泥絮体上，因此，混合液中的有机物从液相转移到固相上（见图 8-6）。那些吸附的颗粒性碳水化合物被异养菌所利用并以表面限制模型的动力学方式生长。这种模拟的方式结合了储存过程模型，已经被成功地应用以减少实测的和模型模拟估计的溶解性 COD 浓度的偏差。

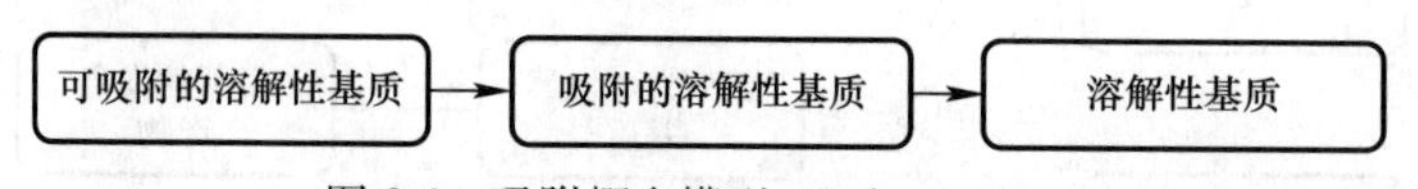

图 8-6 吸附概念模型（Baker，1994）

图 8-7 显示了颗粒性可水解组分的一个概念模型例子。这种模型修正的动力学和计量学组分需要通过试验数据来选择。水解是很难被描述的，但是溶解性氮的释放可以很容易被检测出来，这些可以为模型校正提供额外的信息。模型模拟可以选择一个类似于颗粒性基质降解动力学的表面限制性表达式，或者与活性异养微生物成比例关系的一级反应动力学。在某些情况下，基于营养物质组分比例的模型难以校正，因此，代表氮磷组分（ASM1 的方法）的独立状态变量可能为模型提供必要的灵活性。

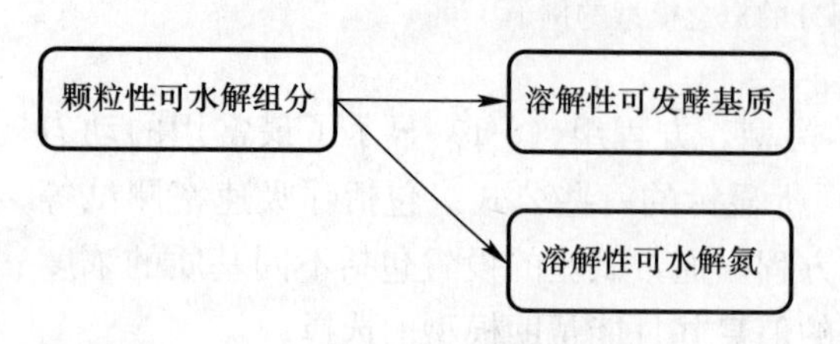

图 8-7 一个可水解组分中的氮组分比例的概念模型例子

（2）溶解性可降解组分的模拟

工业废水中可能含有几种溶解性可降解组分，但是在大多数标准的活性污泥模型中，溶解性可降解物质被作为一个状态变量来模拟。ASM2d 模型提供了挥发性脂肪酸（S_{VFA}）和易降解基质（可发酵的）（S_F），但是即使这样仍可能不足以为模拟工业废水中的多溶解性组分提供足够的灵活性。如果用活性污泥模型中缓慢可降解颗粒状态变量来模拟溶解性缓慢降解组分，在模拟估计的溶解性COD和测试结果间仍可能出现明显的不一致。

（3）颗粒可水解组分的模拟

在ASM1和ASM2d模型中，来源于进水的可降解颗粒组分和衰减过程中产生的缓慢可降解基质之间并没有相互区分，它们都模拟为相同的状态变量 X_B。在工业污水的应用中，污水中的颗粒组分的特征、水解速率和含氮量在不同的进水之间都不同，并且和衰减过程中产生的缓慢可降解基质有显著的差异。在ASM3中，内源呼吸解决了这个问题，因为 X_B 仅仅用于进水颗粒缓慢降解物质。尽管如此，当需要模拟含有不同水解速率、不同组分的多种进水时，ASM3模型仍旧面临同样的局限性。

（4）非常缓慢降解组分的模拟

非常缓慢降解的颗粒性有机物是污水处理模拟中争论的来源之一，这在某些工业废水的模拟中尤为明显。这些组分在很多传统的市政污水处理厂中被认为是不可降解的，例如在食品工艺中，许多生产工厂使用未加工的蔬菜和谷物。在工业污水处理厂中处理的方法通常是采用长的SRT和更高的MLSS浓度来使这类缓慢降解物质的降解最大化。

模拟这种颗粒性成分的水解是准确预测污泥产量、氮的去除、磷的去除和需氧量的关键。这些成分的含氮量、有机物/无机物的值和其他基质相比有显著的差异。在包含一种特殊颗粒性可降解成分的模拟项目中，对于这些组分的细致描述是非常重要的。通过实验来确定水解速率是不太可能的，因此，污水处理厂污泥产量的记录可以作为一种替代的方法，并且，详细的氮检测可以提供更多的信息。

如果不包含这些非常缓慢降解成分，开发的模型很可能不能准确地预测颗粒污水成分的长期水解，并很有可能对工艺动力学和污泥产量产生错误的报告。因此，再一次强调，模拟者需要完全理解工业废水的特征以利于将所有必要的过程包含在模型中。

8.4.3　氮的成分

在工业废水中，溶解性有机氮不总是和特定的有机组分间有联系，不同进水流中的营养物的含量也不相同，这使得标准活性污泥模型的应用非常困难。

多数标准活性污泥模型仅仅包括简化的一步硝化过程。在一些情形下，需要包括多步硝化和反硝化反应的更为详细的过程描述（比如预测亚硝酸盐累积或一氧化二氮的产生）。这些需要增加特定的模型状态变量和过程。

8.4.4　抑制性和毒性组分

在工业废水处理模拟的应用中，抑制性化学物质（包括盐分）可能会显著破坏污水处理厂的运行。对于工业废水抑制性作用和特定的化学物质（金属或洗涤剂）对硝化细菌的抑制的报道有很多（Wood等人，1981）。这个问题已在水环境研究基金会（WERF）的污水特征化指南（Melcer等人，2003）中认识到，并建议在有大量工业废水的污水处理厂的硝化池容积计算前，对硝化细菌的生长速率进行评估。同样，也必须认识到一些物质会在污泥中积累并产生长期的毒性。如果怀疑有抑制作用，那么在必要时就须调查和模拟。

苯酚可作为一个例子。苯酚是一种常见的塑料生产的原材料，并且很多酚产生于焦炭生产工艺中。很多文献中已经详细描述了苯酚对活性污泥工艺的抑制作用（Jones等人，

1973；Rozich 和 Gaudy，1985）。苯酚抑制的一个重要方面是它显示出典型的基质抑制特征。即它在高浓度时抑制而在低浓度时则是可降解基质。如果一个污水处理厂进水一直含有苯酚，并且苯酚的负荷在可降解的范围内，那么苯酚在反应器内的浓度会保持在它的抑制浓度之下。另一方面，如果苯酚的负荷超过了可降解负荷的限制，那么苯酚浓度在反应器内会增加，并且对微生物的活性会有抑制作用，这最终会引起反应器中苯酚的进一步累积。这是另一个典型的正反馈循环的实例。

一种抑制性的化学物质可能不会杀死微生物，但可能会降低这些微生物的活性。就一种抑制性化学物质来说，稀释是一种较为有效的修复方法。剂量-反应关系为产生抑制效应的关键性浓度提供了基本的信息，因为普遍认为产生抑制作用会有一个阈值浓度，这和不可逆地降低微生物的活性的、有毒性的化学物质不同。在毒性事件发生以后，可能要清除反应器内的化学物质并重新启动工艺。需要提供有关预处理或稀释的可处理性的信息以进行有效的修复。

抑制性和毒性的模拟

我们非常有趣的注意到当模拟抑制性化学物质时，可能需要考虑反应器的结构。在推流式反应器中，在反应器进口端抑制性化学物质的浓度较高，可能产生严重的抑制。考虑这种情形对评估综合污染物的去除是极为关键的。这些情形为生物降解作用抑制效应的定量模拟提供了强大的逻辑依据。表 8-2 列举了重点研究抑制作用时需要考虑的项目。

模拟时需要考虑的抑制方面内容　　表 8-2

抑制类型	抑制（可逆）或毒性（不可逆）辨别决定着可建议的修复方法
浓度水平的作用	剂量反应关系确定稀释效果
抑制性化学物质的可降解性	生化可降解性和特定微生物群落影响潜在的修复方式
预处理工艺的可处理性	对于修复建议，需要确定通过混凝、活性炭或物理氧化等预处理方法降低抑制作用

标准的活性污泥模型不包括抑制性或毒性项，但是以下的章节罗列了一些可以用来扩展或改良现有出版的模型的选择办法。

一个可逆的抑制作用通常通过减少微生物的整体生长速率来模拟（Nowak 等人，1995）。下面的抑制模型被频繁使用，并可用公式组（8-2）来描述。

（1）在抑制剂浓度高时，竞争型抑制表现出一个增加的半饱和基质常数；

（2）Haldane 抑制模型经常用于高基质浓度抑制；

（3）在抑制剂浓度高时，非竞争性抑制表现出降低的生长速率。

$$\left.\begin{array}{ll} \mu\cdot\dfrac{S}{K_s\cdot\left(1+\dfrac{I}{K_I}\right)+S} & (1) \\ \mu\cdot\dfrac{S}{K_s+S+\dfrac{S^2}{K_I}} & (2) \\ \mu\cdot\dfrac{Ki}{Ki+Si}\,\dfrac{S}{K_s+S} & (3) \end{array}\right\} \quad (8\text{-}2)$$

可以在模型中用增加的衰减速率来描述一种毒性效应（不可逆的）。通过呼吸速率测试生长速率和半饱和系数指导合适的模型选择和参数识别。应该经常观察剂量-反应关系。增加一种可疑的抑制剂的投加量应该总是产生更多的抑制效应。

Nowak 等人（1995）讨论了以烯丙基硫脲为例的抑制剂的生化可降解性，并通过一个被吸收的可生物降解的抑制剂来模拟非竞争性抑制。苯酚的抑制作用通常是通过霍尔丹方程模拟为一个竞争性可降解抑制剂。

8.4.5　特殊化学物质的物理化学特性

无机组分的沉淀会影响污泥产量，这在工业废水处理领域更为明显。不能在生物上氧化的无机组分可能在化学上是可氧化的，并且可能对需氧量有显著的影响，Baker（1994）在模拟氧化偏锑酸钠时显示出这一点。如果进水中含有挥发性有机物（VOCs），曝气挥发可能与生物氧化同时减少这些组分。

本节提供了一些例子来说明标准的活性污泥模型是怎样被扩展成包含物理化学处理特征的模型。

化学和物理化学过程的模拟

简化的磷的金属沉淀已经包含在 ASM2d 中了，但是其他的物理化学过程在所有标准的活性污泥模型中被忽略了。挥发和氧化还原过程也被忽略了；可是，这些过程可能对模型在工业废水处理中的应用有显著的影响。

依据应用的情况，模拟者可能需要说明沉降过程。ASM2d 模型中包含着一个经验性的磷沉淀模型，并且如有需要，它还可以扩展。例如，基于 Maurer 等人（1999）的研究，Ky 等人（2001）在较高的钙浓度和 pH 值条件下附加了钙磷沉淀以取得更好的沉淀效果估计。de Haas 等人（2001）通过比较金属盐投加的方案来区别铝盐和铁盐沉降的计量学。为了更普遍地应用模型，可以利用已有的基于化学组分的沉降平衡和溶解模型（Allison 等人，1991）。这些模型为可能产生的沉降过程提供了信息，并且可以与活性污泥模型进行连接。模拟者需要决定模型改良是否基于化学平衡或其他方法。为确保开发的是合适的动态模型，经常需要将化学知识和工业污水处理厂运行的工程经验、观察资料和实验室实验数据综合起来。

目前已有很多有关模拟 VOCs 的模型（例如：Melcer 等，1994），并且这些模型可以与标准的活性污泥模型综合在一起。这些模型通常是基于进水中存在的化学物质的信息和挥发性与生物可降解性的文献信息，但是，并不是所有化学物质都能够取得这些需要的信息。另一个可采用的方法是通过实验或者实际污水处理厂的信息来评估大量挥发性组分的浓度和传质常数。Baker（1994）提出了一种通过总体挥发性常数的基于 COD 的评估方法。

在曝气反应器中，吹脱被认为是 VOC 由液相转移到气相的一种主要过程（Melcer 等人，1993）。在敞口反应器内，吹脱可以用以下的一级方程来模拟：

$$r_V = K_V \cdot C \tag{8-3}$$

式中　r_V——吹脱速率，M/L^3T；

K_V——挥发速率常数；$1/T$；

C——挥发性有机化合物浓度，M/L^3。

挥发速率常数实际上是温度和曝气方法的函数。从生产人员获得的信息可能是相关信息的主要来源。一种替代方法是，如果怀疑有挥发过程，可以对不含污泥或固体颗粒的进水水样进行曝气，这可能会导致溶解性COD的下降，并且可能会为VOC的模拟提供证据。

对于化学氧化过程，基本的化学氧化还原反应是需要的。例如，亚硫酸在很多食品和化学工业中都使用。它可以通过以下的方程来描述其在好氧池内的化学氧化过程：

$$2Na_2SO_3 + O_2 \longrightarrow 2Na_2SO_4 \tag{8-4}$$

任何氧化反应的速率将决定所使用的模型方程，不加污泥的氧利用速率测试（或者使用灭菌剂使污泥失活）可以为这些存在的化学物质和它们的反应速率提供深入剖析。

8.4.6 附加的营养物质和基本金属离子的限制

工业废水中通常缺乏营养物质和生物所需的基本的金属离子。微生物能够适应这些物质缺乏的环境，但生长可能不平衡。其典型的后果是污泥膨胀和COD去除效率下降。直接测定进水中这些营养物质和基本金属离子或者是污泥中较低营养物质浓度可以作为这一情形的指示。通常通过投加缺乏的营养物质和金属离子来稳定处理。相反地，如果过多地投加营养物质和金属离子可能会对出水产生负面影响，并可能导致出水不达标。当模拟工业污水处理时，通常缺乏的是不足的分析控制策略的开发。

营养物质和金属需求的模拟

在某些情形下，模型需要被扩展到包含营养物质和基本金属离子需求的范围，通常典型的简化转换函数就可以描述这些营养物质和金属离子对于模拟的生长速率的影响。公式(8-5)是这方面的例子。

$$生长速率 = \mu \cdot \frac{S}{K_s + S} \cdot \frac{Nut}{K_{Nut} + Nut} \cdot \frac{Met}{K_{Met} + Met} \tag{8-5}$$

这里 S、Nut 和 Met，分别表示基质、营养物质和金属离子，而 K 表示这些组分中每一个的半饱和系数。

实际例子可以在文献资料中找到：Nowak 等人（1996）为了评估一个工厂产生的缺乏磷的废水而将磷的需求加入到ASM1模型中。众所周知，镁离子是除磷过程中的重要金属离子，因此Ky等人（2001）将镁限制引入到除磷工艺中以模拟奶酪厂的废水处理。这两个例子都是工业废水处理模拟的具体应用。需要注意的是在实际中，由于微生物能够适应这种生长的条件，缺乏这些营养物质可能不会破坏微生物的生长。但是，依靠模型的结构，这种适应性是很难在数学上重现的。

8.5 微生物组分的影响

微生物种群主要是废水特征产生的结果，在工业废水处理厂中，由于进水高度变化，这往往导致生物种群的变化。工业废水中的某种特定组分往往会有利于某种生物的生长。

8.5.1 微生物产量的变化

在工业废水处理厂中，异养菌的产量可能与市政污水差别很大，这可能有两个原因：

（1）特定微生物的生长：例如，众所周知的降解甲醇的甲基异养菌的生物产量远低于普通的异养菌（Wilkinson & Hamer，1979；Dold 等人 2007）。

（2）细菌依靠特定组分生长：微生物（或者微生物的功能组）利用在不同基质生长会有不同的产量。

与生物产量相关的另一个必须考虑的重要方面是基质的储存过程，这个过程已包括在 ASM3 模型中（Gujer 等人，2000）。在工业应用中，短链脂肪酸或者糖类作为进水的有机负荷也是常见的。Karahan-Gül 等人（2002）发现如果涉及基质的储存，微生物基于短链脂肪酸或糖类的生物产量会不同，这和聚合物（即聚-β-羟基烷酯（PHAs）或糖原）及能源利用效率差异有关。

有关进水特性的先验的信息可能是有利的，采访生产和污水处理厂操作人员是可以采纳的一种策略，另一个方法是使用呼吸速率测量溶解性 COD 的浓度与时间的变化。如果 COD 快速耗尽而相应的呼吸速率不足以维持 COD 平衡，那么可能的解释是基质储存。

如果发现微生物的产量计算值非常高，这可能是因为挥发性有机物存在的缘故。呼吸量测试中由于吹脱引起挥发性有机物（VOC）的减少可能会引起没有氧需求产生的 COD 降低。呼吸速率曲线中同样的条件下氧气浓度较低会导致微生物产量计算值偏高。检测挥发性有机物的存在可采用曝气吹脱法（Baker，1994）。

不同微生物产量的模拟

模拟的微生物产量对预测的需氧量和污泥产量有直接影响。例如，由于基于甲醇的产量低，在用活性污泥法处理甲醇时，产生的污泥量会减少，而降解 COD 需要的电子受体会高于典型的市政污水处理工艺。在大多数工业应用中，建议对单位产率系数进行评价，因为它对上述两个重要的处理参数影响很大。

8.5.2　驯化与活性损失（衰减）

驯化可能是模拟工业废水时的一个主要考虑。据推测特定化学物的分解是由微生物来调节的（Wilkinson & Hamer，1979；Hamer，1997；Dold 等人，2007），而且这些微生物的生长可能必须把它们作为单独的微生物类型进行模拟。例如，甲醇的降解是由甲醇异养菌产生的，进水中如果没有持续的甲醇存在，甲醇异养菌就需要一个适应的阶段。硫细菌是另外一个例子。还原的硫可以被特定的硫氧化自养菌迅速氧化（Buisman 等人，1990）。如果系统中存在特定的种群，也需要把它们加入到模型中。

另一方面，废水水流中持续供应的某种化学物质的缺少会引起某个特定种群的损失。工业废水处理厂往往在生产物循环之间会有停产间隙，这可能会对处理能力产生不利的影响。根据废水的性质，系统的处理能力可能会反映负荷变化引起的种群动态变化。如果模型的目标集中在对特定化学物质的适应上，那么就需要基于设计良好的实验数据建立的特定种群的模型。

驯化过程的模拟

在标准的 AS 模型中，只有少数特定的生物种群例如硝化菌和聚磷菌的驯化过程可以模拟。它们不能描述特定的微生物生长过程，如生物酚的降解或硫的氧化。

要建立对特定化学物质的适应模型，需要引入针对特定化学物质和相关微生物的额外的状态变量。介绍特定化学物质的生物降解的文献是建立模型的基础。图 8-8 是两种异养菌的概念模型，模型中两种异养菌的衰减产物不加以区分。

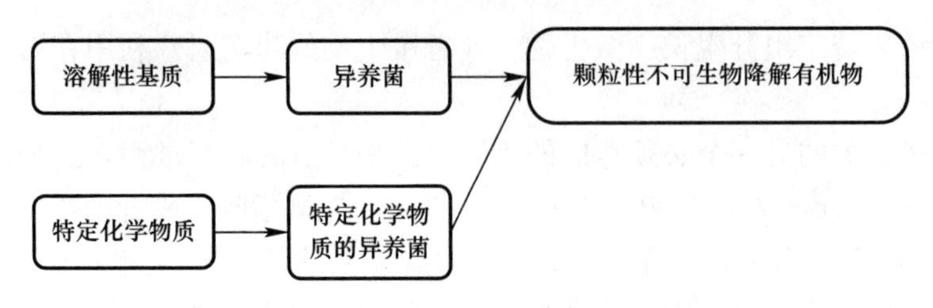

图 8-8 异养菌的双重驯化模型

8.6 运行条件的变化

由于生产过程的高温常常导致工业废水处理厂在高温下运行。这可能要求在建模时使用不同的动力学参数。生产过程中 pH 值也可能发生变化，有些生产过程涉及高浓度的无机盐。活性污泥法可以在高无机盐浓度下运行，但是无机盐类浓度变化较快会产生问题。一些生产工厂利用离子交换树脂来脱色（例如糖的生产），离子交换树脂需要用高浓度的酸和碱类来再生。而在相同的工厂中一些废水流可能含有低浓度的盐类（如洗脱后的废液和水），在这样的工厂里，要掌握废水处理厂的行为就需要建立盐浓度模型。

8.6.1 温度影响的模拟

一些早期的活性污泥模型（如 ASM1）不包含温度对动力学参数的影响，因而这些模型不能精确地反映由温度引起的变化过程。但是，大多数商业模拟软件具有带温度模拟的模型。工业废水处理厂的温度极值可能超过这些模型的范围，因此使用这些模型在超出它们的温度范围时必须小心。

阿仑尼乌斯温度函数被广泛使用，但是它仅在限制的温度范围内有效。如果运行温度超过有效使用范围（这在工业应用中常常发生），阿仑尼乌斯温度函数的外推法并不适用，这就需要寻找新的合适的方法。例如，众所周知的硝化细菌的上限温度是 40℃（Hellinga 等人，1998）。温度达到最大时，温度和生长率的经验关系必须包含在模型中，这方面的例子有类似于 pH 值影响的公式模型，如图 8-9 所示。

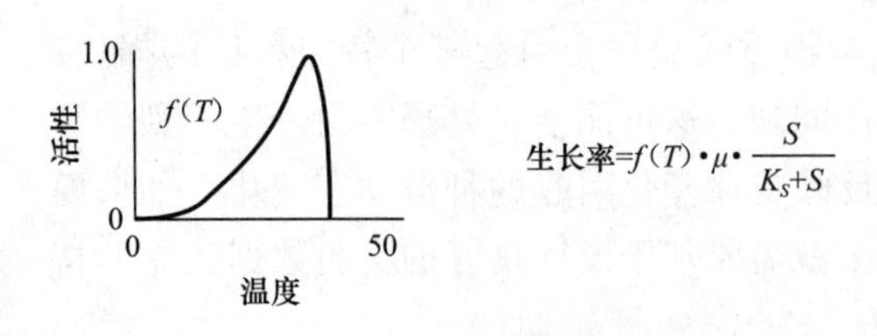

图 8-9 高温范围的温度影响模型

实验测定的最大氧利用速率（OUR）可以证明温度的影响，因为长期（温度适应）和短期（温度冲击）的温度与生长量关系有很大不同，因此任何的补充实验都须仔细设计。如果高温引起不可逆的活性损失，净生长速率可能通过增加生物量衰减速率进行调整。需要注意，温度的影响并没有被完全理解，仍然存在其他未知的影响，例如，在温度较高时，生物形成絮体的能力就会减弱，所以污泥沉降性就会变差。

8.6.2 pH 值影响的模拟

ASM2d 和后来的一些模型把碱度与生物活性联系起来，但在实际中，微生物的活性在某种程度上依赖于 pH 值而不是碱度。pH 值的影响必须与自养基质（CO_2）的限制产生的影响明确区分开。已出版的 AS 模型中都没有计算 pH 值，当 pH 值变化较大时，就很难重新观察到相同的现象。

pH 值会对生物行为产生影响，因此需要把 pH 值加入到工业废水处理模型中。pH 值的模型不是简单的，任何综合的 pH 值模型不但包含影响 pH 值的组分，还包含一个合适的求解器和气体转移模型。

图 8-10 描述了 pH 值对生物生长速率影响的经验模型的扩展（Batstone 等人，2002）。pH 值的影响可通过实验室测量最大氧气吸收速率来验证，因此一旦对 pH 值有疑问，就需要补充实验。需要注意，有许多未知的对不同的过程产生影响次优 pH 值环境的因素，这些因素在实验中可能观察不到。

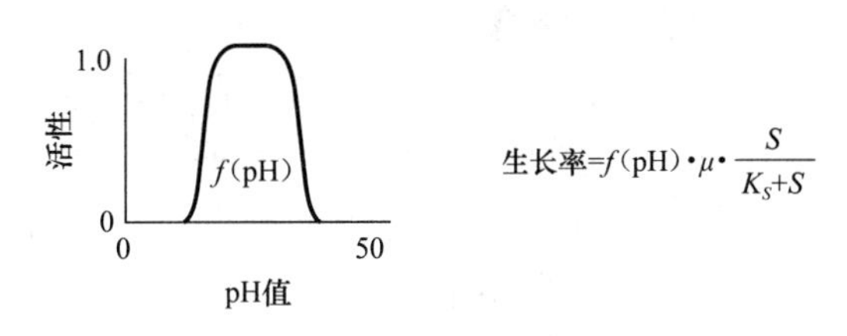

图 8-10　基于实验的 pH 值对生长速率的影响

8.7　工业应用中的实验方法

表 8-3 列出了工业应用中的一些有效的实验步骤。

用于工业模型的实验　　表 8-3

实　验	目　标
连续的可处理性实验	可达到的出水水质 环境影响 絮体的形成 出水悬浮性固体 污泥产量
溶解不可生物降解性评价	出水水质估计 上游进水水质变化影响
呼吸曲线评价	需氧量 污泥产量 组分变化 水解速度 抑制性效应筛选 抑制模型选择 储存和吸附影响
硝化速率	硝化池尺寸 抑制影响
抑制性实验（最大氧利用速率的剂量相应）	最大可接受浓度
反硝化速率	进水有机物与各种电子供体的综合影响
pH 值影响	不同 pH 值环境下的效果估计
温度影响	不同温度条件下的效果估计
VOC 评价	VOC 的变化
	吹脱速率

8.8　工业应用的误区和建议

本节介绍了标准 AS 模型在工业应用中潜在的问题和误区。

1. 大多数工业应用时优选上游水质特征

在工业废水模拟时，末端型的水流特性。许多工业应用依赖于特定水流的影响，各个水流的单个特性应该提供它们各自影响的信息。上游水流的特性有时可以通过来自于混合水流的数据进行验证。

2. 进水资料的收集

工业应用中，往往生产现场是主要的信息源，额外资料收集的成本限制了大多数项目的范围，因此，在厂方提供的资料的基础上缩减资料收集成本很重要。下面列举了几个例子：

（1）产品分析、回收率信息和工厂清洁计划可替代重复的末端分析。

（2）如果进水组分较稳定，初次校准之后，以下几种测量方法可以代替或缓解繁重的分析工作和成本：

1）电导率；

2）光谱；

3）折射计（糖类）。

3. pH 值可以作为许多应用中的输入参数

pH 值模型较复杂且对于建立一个可靠稳定的模型来说常常信息不够，在工业废水处理中，当进水 pH 值变化时常会安装 pH 值控制器，这种情形下 pH 值就作为模型输入参数，这种方法与 pH 值影响的经验模型相结合可减少整体工作量。

4. 除磷模型的应用

与生物除碳和脱氮相比，在工业中生物除磷模型没有很好地建立，在把生物过量吸磷的模型应用于工业之前必须确认进水水质与市政废水相似，且进水中没有抑制组分。好的方法是通过大量实验数据收集证明过量吸磷的存在，然后应用模型验证其动力学过程。

5. 组分比例模型的考虑

组分比例模型 ASM2d 和 ASM3 都假设与 COD 组分相关的各种 N、P 含量的进水水质特征变化稳定。当进水水质变化时（即生产过程发生变化时），废水水质特性就需要作出改变，这在工业应用中常发生，因此使用 ASM1 模型中基于水质组分的模型方法是更好的选择。

延伸阅读

这节介绍的文献提供了各种工业应用的例子和可能的模型扩展。

Orhonet 等人（2009）提出了工业模型开发和校正的方法，这个报告中提出的统一协议结合他们的工艺模型的开发方法可以为工业废水处理模拟的指南奠定基础。

Baker（1994）开发了石油化工和炼油废水处理模型，作者加入了详细的进水水质描述和以可溶性组分水解、硫氧化、酚抑制和吹脱过程为特点的模型。

Bury 等人（2002）综合讨论了工业模型应用的要求。

Melcer 等人（2003）包括了一章工业应用的内容，讨论了工业废水的特点及相关的模型扩展。这个文献提供了四个工业应用的例子。

第 9 章 常见问题

（1）如何将模型与传统的设计方法作比较？

世界上不同国家和地区对污水处理厂有不同的设计方法，特定的设计方法与不同参数设置的模型会有一些内在的差异。但这种差异不应很大或者是不合理的。例如，3d 在 12℃，SRT 为 3d 的运行状态下，没有任何一种设计方法和模型（参数值设定合理）可以预测硝化过程，但是如果系统 SRT 设置为 7d，在相同的条件下，任何一种模型或设计方法都可预测该过程。

（2）为什么模型使用 COD 作参数？

目前所用的模型（结构化的模型）遵从的一个基本原则是质量守恒。这点对于磷不重要，对于氮相对容易，但是对于有机质来说，如果以 VSS、TSS 或 BOD 的形式来衡量是不可能实现的。COD 是以氧单位来表示有机质的一种方法，并能与进水负荷、污泥产量和需氧量很方便地在质量守恒的基础上相联系。

（3）模型适用于工业废水处理吗？

在 ASM 类模型中使用的方法和模型结构在某种程度上适用于工业废水处理，但是设定的默认参数值通常不适用。建模者应仔细考虑模型参数的设定是否合理。对于特定的工业废水在设定模型的组分、动力学和化学计量参数之前需要进行实验测量。

（4）相比于通量模型（一维）或 CFD 模型，什么时候应该使用简化的沉淀模型（理想或点沉降）？

当平均出流和回流固体浓度满足模型的目标时，可选择简化的模型。如果出流固体、污泥层高度或回流污泥浓度的动态特性很重要，那么基于通量的模型可提供更准确的预测。这两种模型都不能很好地描述沉淀池的几何学，并不适用于沉淀池细节的设计，如挡板的布置或类似的设计，对于这些细节设计，应使用 CFD 模型。

（5）模型是否能预测发泡、膨胀、长丝状菌或污泥解体过程？

不能，这些过程在标准活性污泥模型中没有描述。但是，有人尝试描述这些过程以扩展模型。

（6）针对项目我应该选择哪个模型？

这个问题没有简单的答案——问题涉及很多方面，包括模型的特性与功能，使用者对模型或软件的熟悉程度，项目范围和目标，预算和可用的时间，所有这些问题都须考虑。将问题缩小到技术方面，重要的是确保模型描述了项目需要覆盖的范围（如生物除磷项目要求生物除磷模型）。同时，建模者对模型的熟悉程度，包括模型的性能和默认参数值都是重要方面。

(7) 什么时候需要动态模型，什么时候稳态模型就已经足够（或者是首选）?

如果项目满足两个条件，稳态模拟是个好方法：即仅仅调查污水处理厂的长期运行性能，且污水处理厂的动态变化不显著（SBR系统和间歇曝气反应器是动态的，稳态模型不能很好地代表这些工艺）。很明显，稳态模型在污水处理厂的动态因素中起重要作用时，如评估峰值曝气需氧量（鼓风机大小的选择）、日动态变化行为或处理暴雨流量，并不适用。更多详细的实例可参考本书5.5节。

(8) 建模和取样需要多少费用?

对于目标明确且有限的小项目，如果不需要附加的数据收集工作，几天之内就可完成。而对于大型污水处理厂的一个完整的工艺评估可能需要大量人力和数月的时间，需要大量附加的实验室检测和试验。不同的应用实例和需要的努力在应用矩阵那一节给出（第6章）。

(9) 模型可以给我或我的项目带来什么好处? 可以为我省钱吗?

模拟确实需要成本（一般的努力和附加实验室测试费用），但是它可以为工艺设计提供更准确的信息，降低工艺失败的风险，以及产生最优的运行模式。如果这些优势通过工程和运行实践成功转化为节省成本，模型就可为污水处理厂节约成本（因为这是必须的）。

(10) 我如何判断模型已经校正了?

污水处理厂数据方面存在着很大的变化，部分是由于取样、样品处理和分析的原因。因此，模型的预测不会比污水处理厂的数据更加精确。通常，与污水处理厂的数据存在±(5%～15%）的差异（或出水组分浓度很低时，可达10%～100%，相差1mg/L）是可接受的。

(11) 我应该不断改变生物动力学参数或进水特征参数吗?

确定进水特征参数是必须的，因为它们影响工艺，而且事实上不同国家和地区的进水在成分上有着显著的不同。城市污水的动力学参数我们已经很清楚，而且只有当污水处理厂运行不稳定、临界状态（超负荷）或进水中可能含有有毒或抑制成分时，才需要重新进行评估。在建立模型时，应在确定动力学参数之前改变进水特征参数。

(12) 模型是否已经得到证实和验证? 模型预测的精度如何?

ASM类模型已经得到了校准和验证——有时比其他模型准确度高得多。好的模型预测值误差应在高质量数据的5%～15%之内，当出水浓度很低时，可接受的误差范围可适当放宽。

(13) 模型软件包之间的区别是什么?

所有的软件包都基于相同的基本功能（求解微分方程），但对使用者来说，差别很大。可用模型、用户界面、用户化和技术支持的能力是选择合适软件包时需要考虑的一些关键问题。

(14) 学会使用模型需要多长时间?

学会使用模型来快速计算固体产量可能只需几天的努力。另一方面，学会建立和校正一个复杂的污水处理厂的模型一般需要相当的经验。获得这些经验可能需要几个月甚至几年的时间。

（15）为什么在模型中需要的反应器比污水处理厂中多？

污水处理厂中的一个推流反应器可以在模型中用4或6个一系列反应器（完全混合反应器，CSTRs）来代表。这对描述真实反应器的浓度分布（DO、NH_x、PO_4 等）是必要的。

（16）是否可以将24个澄清池或好氧池模拟为一个大池子？如果必须这样做，是否应该把池子的表面积和体积加在一起？

如果24个系列的流量和负荷分布是相对一致的（或流量分配是未知的），用一个大的系列代表总的24个系列是一个好的模拟方法。在这种情况下，必须使用总反应池体积和沉淀池的总表面积。

（17）进水中哪些是最重要的特征参数？

问题依赖于模拟的目标：

1）COD及其各种组分比例。这些应该直接测量（见5.2节）或根据BOD、VSS或TSS测量值推算。

2）TKN和氨氮。

3）总磷和正磷酸盐。

4）对于特定的模拟项目，可能有必要测量其他参数。

（18）特定取样的数据与常规取样的数据不同，为什么会这样？我如何处理？

这种情况一般是不同的取样方法导致的。常规取样可能是人工完成的，而特定取样可能由自动采样器完成的（或其他方式）。取样点、取样时间、样品保存、流量或时间的加权值都会影响结果。因此在流量加权基础上采集代表性样品，尽快处理样品，以免样品腐蚀恶化是非常重要的。

（19）进水取样的数量、污水特征所要求的持续时间是多少？

原则上是越多越好，如果可能的话，可以考虑采用（维护良好的）在线监测器。但是考虑到实际的局限性，最少是连续两周的每日混合样、连续两天的两小时取样（共14＋24＝38个样品），才可以得到合理的初始数据集。必须注意周末的负荷和日变化可能与工作日有显著不同。

（20）不同的模拟方案其COD组分比例不同吗？年平均或峰值等是否变化？

是的，不同环境的污水组分比例不同。

（21）自从我校准了模型以后，进水负荷发生了变化，我的模型在校准范围之外是否有效？

模型在它的有效范围内可以进行某种程度的外推，但新的运行环境离校准范围越远，结果的可信度越低。

词汇表

吸收：分子在固体或液体的结构表面聚集，不伴随化学反应。

精度：计算、估计或测量与准确值或真实值的接近程度。精度又可以进一步分为正确度与精密度。

活性污泥：在污水处理厂反应器中以浓缩和悬浮形式保持的有生物活性的固体。

吸附：分子附着在固体表面的过程，无化学反应。

污水深度处理：去除传统的二级处理工艺不能充分去除的污染物的污水处理工艺。

曝气的污泥停留时间：在活性污泥曝气池那部分的污泥停留时间。见固体停留时间。

好氧微生物：需要分子氧进行呼吸的一种微生物。

好氧条件：好氧条件可表征为有分子氧存在的状况。

运算法则：一个求解问题的精确的规则（或规则集）。

碱度：中和酸的能力。碱度的单位通常是 meq/L（每升毫克当量）。有时碱度的单位也用 $mgCaCO_3/L$ 表示。

明矾：硫酸铝的俗名（在美国拼写为硫酸铝），常作为水或污水处理的絮凝剂，化学式：$Al_2(SO_4)_3 \cdot 14H_2O$。

硫酸铝：见明矾。

厌氧条件：厌氧条件可描述为不存在氧分子、亚硝酸盐和硝酸盐的状态。

厌氧消化：在无氧的特定条件下运行的污泥稳定化工艺，在该过程中，有机质转化为甲烷和二氧化碳。

分析模型：可在数学上以封闭形式求解的模型。例如，一些基于相对简单微分方程的模型算法可以以分析方法求解以得到一个解。

缺氧条件：缺氧条件是不存在分子氧而存在硝酸盐的状态。

应用矩阵：由本报告建议的模型应用的一组有代表性的实例。

灰分：焚烧后剩余的非挥发的无机固体。

自养生物：可以利用无机营养通过光合作用合成有机质的植物或细菌。

平均日流量：一段时间内流经某点的总流量与相应的天数之比。

平均日，最大月：在组分出现最大值的那个月的平均日流量或组分质量。

平均流量：已知点测量到的算术平均流量。

平均周期：测量后取平均值的时间单位。

批次反应器：反应器中物质完全混合，在一段时间内反应器中无流量的进出。

偏差： 测量（即观察）或计算所得的数值与真实值之间的系统误差。偏差与仪器校准偏差、数据采集过程的测量误差、系统误差及采样误差有关，如在采样程序设计中的不完全空间随机化。

生化需氧量（BOD_5）： 在 20℃，规定的时间内（通常为下角标表示的 5d）污水浓度量化为消耗氧气的量。也写作 BOD 或 cBOD。

生物可降解性： 用来描述生物上可以分解的有机质的术语。

生物过程： 细菌或其他微生物通过代谢活动转化有机质的过程。

生物量： 系统中活生物体的质量。

生物除磷： 见生物强化除磷（EBPR）。

生物反应器： 一个包含能使污水中污染物进行生物转化的活性污泥的容器。

生物固体： 城市污水处理中回收的可有效利用的颗粒有机物，特别是作为肥料。生物固体是经过处理后的稳定化的固体，而污泥则不是。

黑箱模型： 见统计模型。

边界条件： 用于数学运算上的微分方程：状态变量可以假定的限值（也就是负浓度在边界之外）。一组状态变量值及其比率的设定应在问题边界限值内。

校正： 在合理的范围内调整模型参数直到预测给出的结果最大程度的符合观察数据的过程。在某些学科中，校正也被称为参数估计。

动态校正： 对具有特定的流入量和/或环境条件随时间不断变化的模型进行的校正。

稳态校正： 对具有稳定的流入量、运行状态和环境条件的模型进行的校正。

碳质生化需氧量： 消耗氧气的生物需氧量中碳氧化部分的需氧量；样品一般在培养 5d 后测量（$cBOD_5$）。通常，$cBOD_X$ 与 BOD_X 的测量方法相同，但样品的硝化过程被抑制。

化学平衡： 系统组分没有质量和能量的净转移的状态。在化学可逆反应中正反应与逆反应的速率相等。

化学需氧量（COD）： 利用化学氧化剂表示水或废水氧化潜力的测量。针对模型的目标，该参数用来描述废水或污泥样品中有机质的浓度（mg/L），是模仿生物处理系统的模型程序中经常使用的参数。

代码： 用编程语言写成的指令，为计算机提供一个逻辑过程。代码也可看做一个计算机程序。代码用不同的词汇和语法描述计算机语言，而不是用标准语言写出的算法。

代码验证： 在指定的应用界限或范围和相应的准确度范围之内，证实模型代码在某种程度上是该概念模型的真实表示。

系数： 公式中表示两个或多个变量的关系的量，表示特定条件的影响，或对实验和实际应用的修正。

组合变量： 见复合变量。

完全混合连续搅动式反应器： 浓度完全一致，流出物浓度与反应器内浓度相等的理想反应器。

复杂性： 与简单性相反。复杂系统常常包含很多变量、多重组分和高阶数学方程式，因此更难求解。涉及计算机模型，复杂性通常是指问题的级别，涉及测量时间和步骤、算术运算，或所需的存储空间，分别称为时间复杂性、计算复杂性和空间复杂性。

混合样品：在确定的时间间隔内取得的样品混合为一个样品来分析的多重抽样（时间、体积或重量加权）法。

复合变量：多个状态变量组合成一个变量，该变量在污水处理厂中可测量（如 BOD_5、总COD、TKN、总磷、TSS、VSS）。通常也称为组合变量。

概念模型：用语言描述、方程、控制关系或自然法则对一个真实系统的描述。是使用者对研究领域的理解及相应的简化和为达到模型目标允许接受的数值准确度界限的理解。

常量：有恒定数值的量，表示已知的物理、生物或生态反应。

连续性方程：描述质量、能量、电荷等守恒的等式。

设计准则：（1）说明施工细节和材料的工程指南。（2）设备、结构或过程的预期功能必须达到的目标、结果或遵守的界限。

设计标准：为装置或结构的设计建立的标准。可能是强制的，也可能不是。

停留时间：在给定的排放量下，排空池子或单元理论上所需的时间。

确定性模型：为状态变量提供单一解的模型。模型计算结果的改变只与模型的组分改变有关。

溶解性固体：溶液中通过过滤无法去除的固体。

日变化：流量或组分一天内的变化。

日变化模式：流量或组分一天中变化的规律。

域边界（时间与空间）：与模型建立和评价的时间和空间有关的范围和分辨率界限。

生活污水：来源于住宅、办公室、建筑物内的卫生设施的污水。通常也称为卫生或城市污水（与工业废水不同）。

旱季流量：旱季中下水道的污水流量，为排出污水和旱季渗水量之和。

动态模型：时间是自变量的模型。

动态模拟：常微分方程系统的时变求解，通常模拟中模型的输入和输出都随时间变化。

经验模型：模型的结构不是从物理、生物或生态过程的知识得到，而是从观察所得数据之间关系的数学分析的结果得到的模型。

内源呼吸：细菌利用自身的原生质进行新陈代谢的过程。

生物增强除磷（EBPR）：通过在工艺系统中培养能够在体内保存超过其生长需要磷的细菌，并排出系统的除磷过程。通常也称为生物除磷。

均衡化：抑制水力或有机质变化来实现在一定流量内保持几乎恒定的条件的过程。

外推法：是一个基于观察现象内在原因的假定来预测现有数据范围之外的情况的方法。通常，外推法不是一个可靠的预测方法。

最终出水：污水处理厂处理流程中的最后单元的出水。

流量：在规定的时间内流经一点的气体、液体或固体物料的体积或质量。

通量：单位面积的流量。

对于膜来说，是给定的膜面积上的体积过滤速度。典型通量的单位是 $L/(m^2 \cdot d)$。

推动/驱动变量：影响模型中计算的状态变量的外部或外源性（在模型结构之外）的因素。

函数：变量间的数学关系。

抓样：在某一时间和某一地点获取的单一的水或废水样品。

Gujer 矩阵：模型中状态变量及其相互关系的表格表示法。之前被称为 Petersen 矩阵。
半饱和系数：半饱和系数是莫诺德术语中的定义曲线形状的参数，对应于这样一个基质（或其他成分）的浓度值，在这个浓度值时，莫诺德饱和/抑制函数值为 0.5。
半饱和浓度：在该浓度的处理率是其最大速率的一半。
亨利定律：定义溶液和空气中某一种组分的平衡浓度。
异养菌：一类由有机碳合成自身细胞碳的细菌；大多数致病细菌是异养细菌。
水力负荷：单位时间施加到特定的水池或处理单元的液体总体积。
水力停留时间：容器体积除以通过的液体的速率，通常表示为分钟，小时或天数。
惰性物质：假定在模型中没有反应的成分。惰性物质可以是可溶的或颗粒状，也可以是有机物或无机物。
进水特性：见进水组分。
进水组分：将进水组分配比为模型的状态变量。也称作“进水化学计量学”和“进水特征描述”。
进水化学计量学：见进水组分。
无机物：矿物来源物质，不含有机碳，没有衰减性物质。
输入变量：以模拟为目的，变量可分为状态变量（或内部变量）、输入变量和输出变量。
不溶物：不能被溶解在溶剂中的化合物。
集成模型：包括多个方面，如，收集系统、污水处理、受纳水体的模型。
接口模型：描述如何从一种类型的模型输出变量作为输入变量传递到另一个模型的模型。
烧瓶试验：实验室的一种测试方法，即在一系列的平行比较试验下评估混凝、絮凝、沉淀。
合成模型：将几个反应（或过程序列）作为一个单元，不考虑它们的空间特性的模型。参数对于一个整体的系统才有效。
细胞裂解：造成内部物质流失的细胞破裂。
质量平衡：遵循质量守恒定律的物质流的平衡，包括输入、输出、产生和损失。
传质：原子或分子通过扩散或对流从高浓度区域向低浓度区域的传输运动。
物料平衡：见质量平衡。
测量误差：由人员操作或仪器误差引起的观测数据中的误差。
机理模型：具有明确表达物理、化学或生物过程结构的模型。机理模型定量描述了现象和其本质起因的关系。因此，从理论上讲，这种模型从收集到的原始数据域以外推测解决方案和参数化机理，是十分健壮及有用的。
代谢模型：基于中间化合物转化的生物处理的代谢过程的模型。
混合液：在处理反应器中的废水和活性污泥的混合液体。
混合液悬浮固体（MLSS）：废水和活性污泥混合液体中的悬浮固体。
混合液挥发性悬浮固体（MLVSS）：混合液中悬浮的有机物成分，加热到 550℃时可挥发。
模型：一个物体或过程行为的代表，常用数学或统计表达式。模型同样可以是物理或是概念的。
模型校正：参见校正。
模型误差：观测值和模拟变量之间的差异；可以用累积法、绝对值及二次法等不同的方法确定。

模型预测准确性：模型和实际观测数据的吻合程度。

模型设置：创建污水处理厂模型时组合所有必需的子模型的过程。

模型测试：模型预测结果和独立数据之间的对比过程。

模型验证：参见验证。

建模人员：进行建模活动的专业人员。

模块化建模方法：不同的工艺单元模型的耦合。输出数据通常在不同成分或子模型间转换。通常模型接口为不同类型的模型之间的交互提供便利。参见模型接口。

莫诺德公式：一个常用于模型中描述生物生长动力学变化的数学函数（例如：基质、养分、pH 值等），和用于工业应用中的 Michaelis-Menten 方程相同。也称为转换函数。

Monte-Carlo 模拟：对于随机输入，涉及大量模拟估计特定的输出的一种模拟技术。

净产率：在一个生物过程中产生的净固体量除以被除去的基质的质量，通常以 BOD 或 COD 单位表示。它等于合成产量减去衰减。

噪声：模型不用描述的数据中的固有易变性（见易变性定义）。

数值求解器：包括在模拟器中用于解决模型中微分等式的数学求解程序。

营养物：一种物质，元素或者成分，有机或者无机，是组织成长和发展的必需物质。碳、氧、氮、钾和磷是生命体维持生命的养分的重要例证。

目标函数：一个量化模型输出和观测结果之间偏差的函数。

观测：实际水厂的测量结果。

ODE：常微分方程—变量的导数取决于变量本身。

有机负荷：进入处理系统的有机物总量。

耗氧速率（OUR）：生物氧化过程中消耗的氧气，在活性污泥法中常以 mg O_2/(L·h) 计。

参数：模型中的术语，在模型运行或模拟过程中为定值，但在不同运行过程中，可改变数值以进行敏感度分析或校准。

微粒：通常指粒径大于 0.45μm 或可被过滤去除的固体颗粒。

Petersen 矩阵：见 Gujer 矩阵。

污水处理厂模型：模拟整个或部分污水处理厂的子模型集合。典型的活性污泥污水处理厂模型至少包括输入、输送或水力模型，生物动力学模型，曝气模型和沉淀池模型。

全厂模型：欧洲常用术语，见整个工厂模型。

推流：一种水流条件。在这个水流条件下，水流在通过反应池过程中无纵向混合。流体单元按流入反应池顺序流出。与反应池浓度和出水浓度相等的完全混合流相反。理想推流并不存在，实际水力条件介于理想推流与完全混合之间。

精密度：用于测量过程：表示随机误差的术语。与准确度相对，不表示系统误差的术语。

用于模型预测：模拟结果的精密度表示几次模拟结果的接近程度。

工艺模型：描述某一特定运行单元（例如，活性污泥反应池）运行状况的模型。

质量保证：质量保证是用于进行相关研究的不同组织机构建立共识的程序和操作框架。质量保证确保研究过程中的所有任务在技术上和科学上充分可行，从而保证所有以模型为基础的分析是可靠，且可重复的。

质量控制：质量控制是所有质量保证程序的一部分。强调模型结果测试。

可靠性：（潜在）用户对模型及从模型中所获得信息有信心，并且想要使用。特别地，可靠性是一个模型运行性能可靠，证实科学的指标。

停留时间：某组分在一个反应池或系统中停留的时间段。

敏感度：特定参数变化对模型输出的影响程度。

敏感度分析：模型中参数变化对模型输出影响的客观测试。

旁流：污水处理厂内，由污泥处理或臭气处理设施产生，回流至主流污水处理设施的污水和污染物。

模拟：依据模型输入给出输出的模型。

模拟器：用于运行模型的软件—通常带有交互输入模式。

污泥：一级、二级或深度污水处理残余物，未经过任何稳定化或病原体去除处理。通常该术语仅在稳定化发生时，作为过程描述符，如初沉污泥、剩余污泥及二沉污泥。

泥龄：见污泥停留时间。

污泥停留时间（SRT）：固体在系统内的平均停留时间。也称为泥龄或污泥停留时间。

固体停留时间：见污泥停留时间。

溶解度：一种物质在特定条件下能溶解于溶剂的量。

利益相关者：在某一事件中，如生意或行业，拥有投资、股份或利益的个人或团体。

标准方法：由美国公共卫生协会、美国水工程协会和水环境协会联合出版，关于水和污水处理中普遍认可的分析技术和描述（也即水和污水监测标准方法）的合集。

状态变量：一个模型中的基本分量（例如，氨）。变量可分为静态变量（或内部变量）、输入变量和输出变量。

统计模型：通过分析观测对象之间的关系得到，而不是通过物理、生物或生态过程得到的模型。通常称作黑箱模型。

稳态模型：非动态模型，认为一切都达到最终稳定状态的模型。

随机模型：模型中参数和变量存在变化性的模型。因此，模型得到的结果是一个确定性输入和模型结构以及随机变化率的函数。

化学计量系数：用于不同状态变量间的质量单位转换的因子。通常由（质量守恒的）化学方程式或描述转换的经验观测得到。不要与进水化学计量学混淆。

子模型：污水处理厂模型中，用于描述污水处理厂操作单元一个特定方面的模型。

基质：用于生物生长的组分。

超级模型：用一系列通用状态变量描述整个污水处理厂的模型（与界面模型相反）。也称作污水处理厂综合模型。

悬浮生长工艺：微生物和基质在液体中保持悬浮状态的污水生物处理工艺。

悬浮固体：通过玻璃纤维过滤器或 $0.45\mu m$ 滤膜过滤截留的固体。

转换函数：转换函数用于依据环境条件转换过程速率方程。通常使用莫诺德动力学方程，其他转换函数也可行（例如，Haldane 模型，Andrews 模型）。

系统污泥龄：一个工艺系统的固体停留时间。对于活性污泥法，系统污泥龄包括曝气池内厌氧、缺氧和好氧部分以及二次沉淀池中固体总量。

时间序列：连续数据的时间序列。

（给定模型的）时间步长：时序模拟的离散模型所用的时间间隔单位（频繁变动）。

示踪试验：示踪试验是指向一个研究系统的进水中加入一个惰性示踪脉冲或提高特定时间的进水浓度。示踪物质既不易降解，也不应被污泥吸附。在系统的特定位置和出水处对示踪物质进行时序监测。

准确度：系统误差术语：测量值与公认参考值的一致性。准确度通常以偏离的形式表达。

最终生化需氧量（BOD_{∞}）：完全满足碳和氮的生化氧化所需的氧气总量。

不确定性：在本指导手册中用于描述对模型、参数、常数、数据和观念缺乏理解。不确定性有很多来源，包括：模型的科学基础、模型参数不确定，输入数据、测量误差及准则不确定。深入研究及获得更多信息使得不确定引起的误差最小化/减小（或消除）。但是，变化性无法降低，却可通过进一步的研究得到更好的总结和描述。

底流：从水槽或水池底部去除的浓缩固体。

统一协议：本指导手册推荐的进行一致性和可重复性建模研究、工作或试验的方法步骤。

验证：证实模型具有足够的预期的准确性。

变异度：变量或概率分布的变化程度。

变量：随时间变化的量。模型中的变量可分为状态变量（或内部变量）、输入变量和输出变量。

速度梯度：絮凝过程中水或污水中混合程度的测量（G值）。

校验（代码）：为确定算法和数值计算真实代表概念模型，且在求解过程中无内在数值问题，在计算机代码中，对算法和数值计算进行的检测。

挥发性固体：测定固体中在550℃下可燃组分（如百分比）作为挥发性物质。常用于描述污泥或其他固体中的有机部分。

挥发性悬浮固体：水或污水中悬浮固体的有机成分。通过测定过滤样品加热至550℃的重量损失得到。

剩余活性污泥：活性污泥处理工艺产生的过量活性污泥。

整个污水处理厂模型：用于描述所有运行单元及其内在联系的污水处理厂物料衡算模型。在欧洲通常称作全厂模型。

附录 A
子模型说明

A. 1　水力和传质模型

A. 1.1　反应器模型

计算的要求决定了绝大多数的模拟器（软件）只能提供完全混合式反应器（CSTR）模型或由多个 CSTR 组成的推流式反应器模型。应辨别清楚以下类型：

（1）固定体积：$Q_{OUT}=Q_{INF}$

（2）可变体积：

1）溢流：直到反应器充满才有流量，然后 $Q_{OUT}=Q_{INF}$。

2）可变流量：$Q_{OUT}=f(Q_{INF})$，例如，使用出水堰调节，出水流量由水位决定。

3）泵出流：出流量由泵控制，但受到反应器的最小和最大体积和进水流量限制。

更复杂的反应器模型包括使用计算流体力学（CFD）的 2 维（2D）和 3 维（3D）流量/传质特性。CFD 模型不在本书的讨论范围之内。下面的章节将会解释 CSTR 如何用于各种反应器类型的水力学特性模拟。

A. 1.2　流态类型

考虑到 2D 和 3D 模型模拟需要的时间，大部分的模拟程序都用 CSTR 来表征水力学特性。由于水力学特性依赖于流态、反应器尺寸和折流等因素，反应器的数量和组合需要根据经验、运行数据、经验公式（例如 Fujie 等人，1983）、示踪试验或 CFD 模型来校核。

（1）估算公式

如果没有示踪试验作为参考，可以用一些现有的公式来估计需要的反应器数量。GMP WaterWiki 网站提供了由不同估算公式组成的试算表。

（2）示踪试验

示踪试验中（见图 A-1），一种自身不发生反应且易监测的示踪剂（如溴化物、锂、氯化钾和若丹明）被加入到需要评估的单元（如整个污水处理厂、生物处理单元或沉淀池等）的进水中，在敏感区域监测示踪剂的浓度，直到其离开评估单元（包括回流）。除了模型所需的 CSTR 数量外，还能获得的信息包括可能的回流和短流，死区，以及不平均分配的平行支流。

A. 1.2.1　回流污泥（RAS）和内回流（IR）

回流污泥和内回流在模型中可以认为是泵出流（m^3/d）或总进水的一部分（如 $f_{IR}=0.1$）。

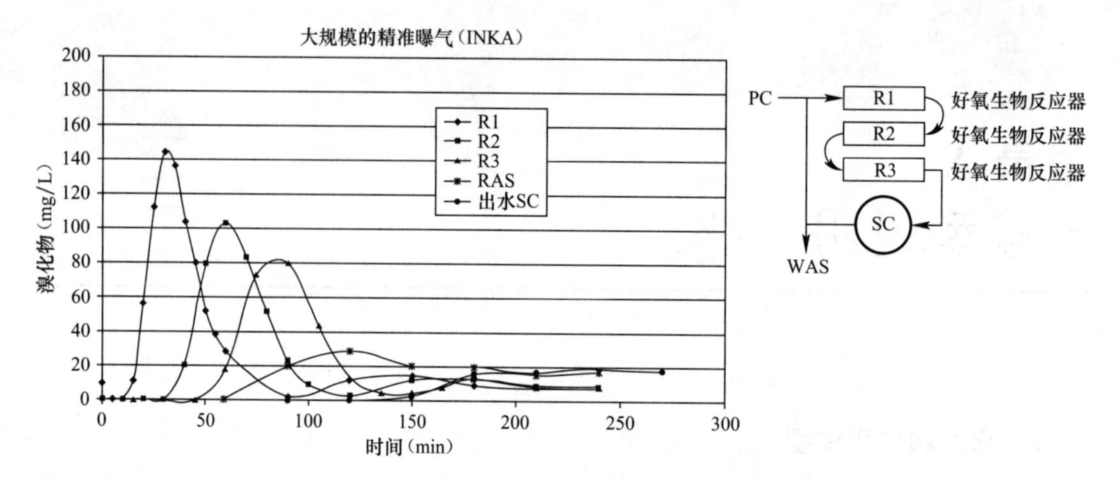

图 A-1 示踪试验显示 Glatt（CH）污水处理厂的推流特性（取样点位于每一个反应器末端）

A. 1. 2. 2 剩余污泥

对于活性污泥污水处理厂模型而言，剩余污泥排放率是最重要的参数之一，因为其决定了系统的污泥龄（SRT），所以在模拟时应特别重视。主要的选择如下：

（1）从回流污泥中设置一定的泵出流量（根据测量的流量或基于泵转速计算的流量）；

（2）首先计算污泥龄（如基于 TSS，最好基于磷或铁的质量平衡），然后从最后一个生物反应器或回流污泥中除去需要排出的污泥量；

（3）基于计算的污泥龄，剩余污泥根据稀释比例（1/SRT）从所有的生物反应器中连续排出。

最常用的是第一种方法，但其缺陷在于模型的输入量只是流量而非去除的质量。如果模拟的 MLSS 浓度和/或出水的颗粒物损失不准确，那么污泥龄的计算也会出错。

第二种方法使用的污泥龄，是通过详细分析污泥存量而得出的。一般来说，污泥从模型中最后一个反应器中排出，而非从回流污泥中，其好处在于避免了受二沉池效率的影响。作者建议基于磷的质量平衡计算污泥龄，或至少校核二沉池的 MLSS 质量平衡。

最后一种方法将稀释比例整合到不同的公式中。这一方法是精密的数学模型，但增加了将沉淀池性能带入模型的难度。

A. 1. 2. 3 流量分配

有许多模型可以模拟分流情况。

（1）比率：进流根据预设好的比例进行分流。

（2）比例：部分进流被排出。

（3）泵出流：过流中一定体积被泵出（m^3/d），模型中必须确保泵出的流量不会超过进流流量（如果流量分配器在模型中被定义为一个无体积的点）。

（4）侧流：当进流流量低于一定流量时没有流量，而当高于此流量时，多余的流量会被排出，而主流量保持最大值不变。

（5）水流路由器：模型中根据时间或其他信号在两个出口之间切换的流量分配器（例如，先向左分配流量 2h，再向右分配流量 2h 等）。

（6）步调器：流量根据其他流量监测数据进行分配（如回流污泥量由进水流量控制）。

A. 2 沉淀池模型

A. 2.1 概述

以下是常见的沉淀池模型。

（1）点沉淀池模型：最简单的模型，没有体积，将颗粒和溶解变量完全分开。不模拟沉淀特性，最简单的应用是所有颗粒物进入污泥回流。但是绝大多数商业模拟软件中的沉淀模型通过附加项将出水损失的颗粒物考虑在内。出水中的颗粒物被模拟为进水或污泥回流总悬浮物浓度的一部分，并允许监测到的总悬浮物浓度用于校准。

（2）有体积的理想沉淀池模型：利用完全混合反应器（无生物反应），该模型模拟了沉淀池简单的水力学特性和污泥存储能力。最常见的是仅仅模拟污泥层而没有单独的清水区。附加的清水区（或几个反应器）允许（简化）模拟出水的水力学延迟。

（3）分层沉淀池模型（也称之为一维或通量模型）：几个串联的CSTRs被引入用于模拟一维沉淀特性（沉淀、浓缩和存储）。使用不同数量的层和沉淀函数可以有不同的方法（例如，Takács 等人，1991；Otterpohl & Freund，1992；Wett，2002；Plósz 等人，2007；Burger 等人，2011）。

（4）CFD沉淀池模型：2维或3维计算流体力学（CFD）模型已被应用于了解沉淀的问题，它们对于颗粒物在不同方向的流动有很高的辨识度。由于模拟时间的要求，使用更多维的模型来分析系统，有助于在污水处理厂模拟器可预测的范围内得出一个简化的模型。

（5）反应沉淀池模型：沉淀池模型中加入了生物动力学模型，包括体积，即上述的模型（2），（3）和（4）。

A. 2.2 沉淀池模型的选择

沉淀池模型的选择取决于模拟研究的目的。非常简单的沉淀池模型（如理想沉淀池）适用于水力学条件和悬浮固体负荷基本不变的情况。如果暴雨或其他明显的动态扰动出现，将会导致活性污泥反应器和沉淀池之间相当的污泥波动，这样需要考虑适用沉淀特性更复杂的模型。

一般来说，理想沉淀池模型适用于大部分模拟项目。更复杂的分层沉淀池模型在出水固体浓度方面存在一定限制。即使对旱流的出水固体进行了校正，这些模型在高水力负荷情况下也不能准确预测出水固体，尽管对不断升高的污泥层的模拟表明可能造成污泥流失。在一些模型中，使用的水平层的数量对沉淀性能有决定性的影响。

还应注意的是，获取校正分层模型的详细数据并非易事，需通过附加的监测活动。目前在研究中主要使用CFD模型，但标准污水处理厂模拟器很少使用。

A. 2.3 有生物反应的沉淀池模型

除了沉淀池的水力学特性之外，污泥区还可能发生生物反应，如内源反硝化和磷二次释放。

污泥区的污泥量可以通过测量污泥液位来估计，但由于一般情况下污泥浓度梯度是未知的，这一估算非常粗糙。因此污泥区的容积被作为一个校正参数来修正测量的回流污泥中的硝酸盐浓度。将沉淀模型与生物动力学模型耦合起来会增加计算负荷，可以通过分别减少反应区域或层级来减少计算量。

为了与沉淀模型分开，可以在回流污泥管路上虚拟一个污泥反应区，模拟一个简化的反硝化过程。

A. 3 生物动力学模型

大量的模型或模型扩展已经出版或应用于模拟软件。限于篇幅，读者可以参考原始文献或软件说明书。

一些生物动力学参数是与温度相关的，一般用阿伦尼乌斯方程计算实际的参数值。

注意有两种不同的应用：

$$k_T = k_{20} \cdot \Theta_{pow}^{(T-20)} \quad \text{（例如：ASM2，Henze 等人，2000）} \tag{A-1}$$

$$k_T = k_{20} \cdot e^{\Theta_{exp} \cdot (T-20)} \quad \text{（例如：ASM3，Gujer 等人，2000）} \tag{A-2}$$

式中 k_T——给定温度 T 下的动力学参数 k；

k_{20}——20℃下的动力学参数 k；

Θ_{pow}——温度修正系数，幂次方表达；

Θ_{exp}——温度修正系数，指数函数表达；

T——温度，℃。

两个温度修正系数可以容易地通过以下表达式互换：

$$\Theta_{pow} = e^{\Theta_{exp}} \tag{A-3}$$

A. 4 输入模型

输入模型可以将测量值转化为污水处理厂模型需要输入的模型状态变量或其他变量（如能量消耗）或常数（如设定点）。

A. 4.1 进水模型

污水特性描述用于将测量值（代表性的 COD、N 和 P）转换为模型的状态变量。实际的做法是根据生物动力学模型的要求测量、计算或估计平均的组分比例，然后将这些比例用于测量化合物的总量。假设测量总量与组分之间的比例不随时间而改变（如快速易降解基质浓度与总 COD 是成比例的）。但需要记住的是这只是一种简化，实际上这些比例将会由于进水水质随时间的变化而变化。

A. 4.2 进水组分化的概念

A. 4.2.1 COD 组分

所有的 ASM 模型都采用 COD 来表征，因为它可以使有机物和电子受体（氧气）达到质量平衡。污水组分分析的两个基本步骤是：①将总量分为颗粒态和溶解态（一些模型还有胶体）；②定义可生物降解性能。一般而言，可生物降解性能分为三种情况：不可生物降解、慢速生物降解和快速生物降解。但是更复杂的模型有更多的基质组分。生物质定义为单独的可生物降解组分。图 A-2 例举了进水 COD 组分。

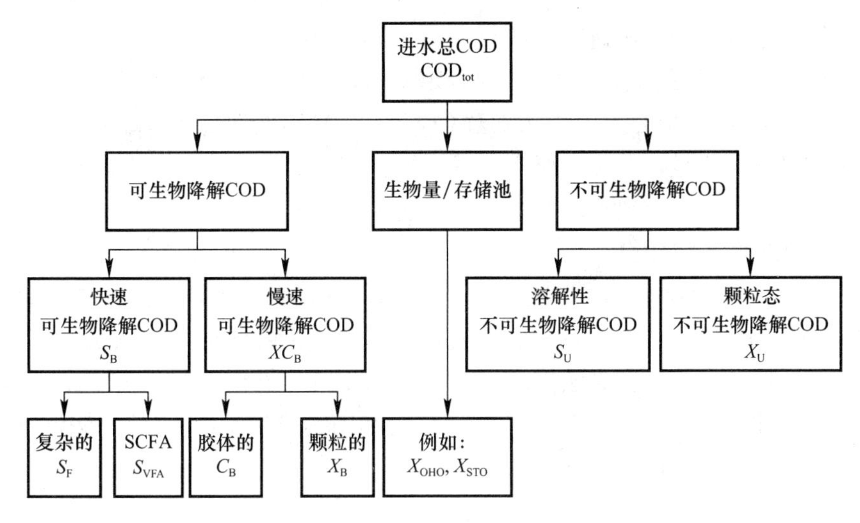

图 A-2　进水 COD 组分举例（摘自 Corominas 等人，2010；附录 D 重印）

1. 典型的进水 COD 组分

（1）溶解性不可生物降解（S_U）：S_U 不能通过生物工艺或跟随污泥去除，因此只能在系统出水之中。其值限制了最低的出水溶解性 COD 浓度；

（2）颗粒性不可生物降解（X_U）：X_U 累积在污泥中，因此对污泥产量有很大影响，进而影响 MLSS 浓度和沉淀性能；

（3）溶解性快速降解（S_B）：S_B 影响反硝化效果、需要的缺氧池体积和磷的去除效率；

（4）缓慢降解基质（颗粒态及胶体）（XC_B）：XC_B 在被异养微生物利用之前需要经过水解，但会影响系统的反硝化性能；

（5）活性生物质：在进水中经常会忽略 X_{Bio}，但研究发现（如 Sperandio & Paul，2000）生物质的浓度占到了总 COD 的 15%，甚至更多；

（6）S_B、XC_B 和 X_{Bio} 同样决定着进水的碳质需氧量。

2. 确定 COD 组分的方法

选择确定 COD 组分的方法取决于应用的模型和可使用的数据。选择不同的方法对模型结果有很大影响，但是，尚无标准的方法。一些已公布的 COD 组分确定方法列于第 5 章中的表 5-3 和表 5-4。

例如，ASM1 使用的方法。

（1）测量 COD_{tot}，COD_{fil} 和 COD_{sol}（5.2 节；经过絮凝步骤的 COD_{sol}，与 Melcer 等人 2003 比较）；

（2）COD_{sol} 分为两种溶解态的模型组分 S_B 和 S_U；

（3）S_U 可通过测量出水的 COD_{sol} 来估计，假设处理过程中所有可生物降解物质都被降解。一些方法（如 STOWA：Roeleveld & van Loosdrecht，2002）假设出水中仍有一些溶解性可生物降解组分，然后修正 S_U（STOWA：出水 COD_{sol} 的 90%）；

（4）假设 COD_{sol} 与 S_U 的差值就是快速可降解 S_B；

（5）假设胶体 COD（C_B=COD_{fil}-COD_{sol}）是慢速可生物降解 XC_B 的一部分；

（6）总的可生物降解组分（T_B，如来自于呼吸测量法或基于 BOD 测量的总 BOD 估算）用于计算剩余的颗粒态慢速降解组分（$X_B=T_B-S_B-C_B$）；

（7）ASM1 和 ASM2 两种慢速可生物降解 COD（XC_B）是 X_B 和 C_B 之和；

（8）剩余的 COD 组分是不可生物降解 COD（X_U）和生物量（X_{OHO}和 X_{ANO}）。一些方法假设进水中没有生物量，但是，很多文献表明进水中发现了高浓度的异养菌生物质。当没有测量值时，应选择一个典型的固定值，通过差值法计算最终的 COD 组分。

A. 4. 2. 2 确定氮和磷的组分

除了 COD 之外，绝大多数模型包含了氮，另一些还考虑了磷。氮和磷组分包含了无机（如 NO_x-N，NH_x-N，PO_4-P）和有机组分。有两种主要的模型方法是用有机氮和磷：基于成分和基于组分。第一种方法使用明确的静态变量（见图 A-3），第二种方法以 COD 静态变量的组分比例模拟有机氮和磷（见图 A-4 和图 A-5）。不管何种方法，测量的总氮和总磷都应正确地转换成模型的输入值。

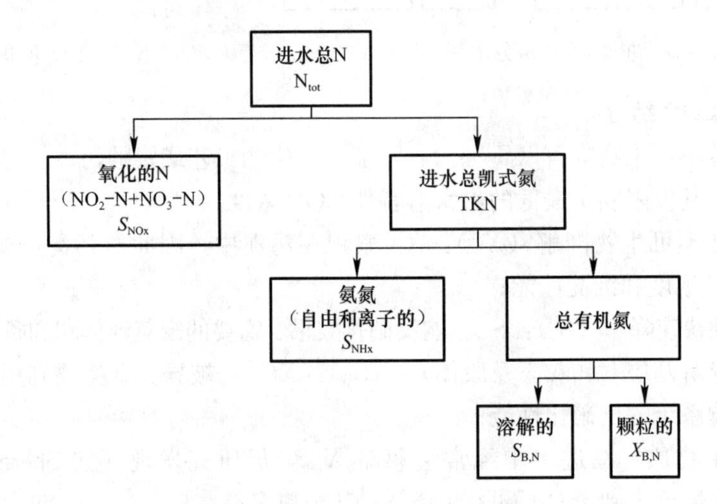

图 A-3 基于成分的氮的模拟方法

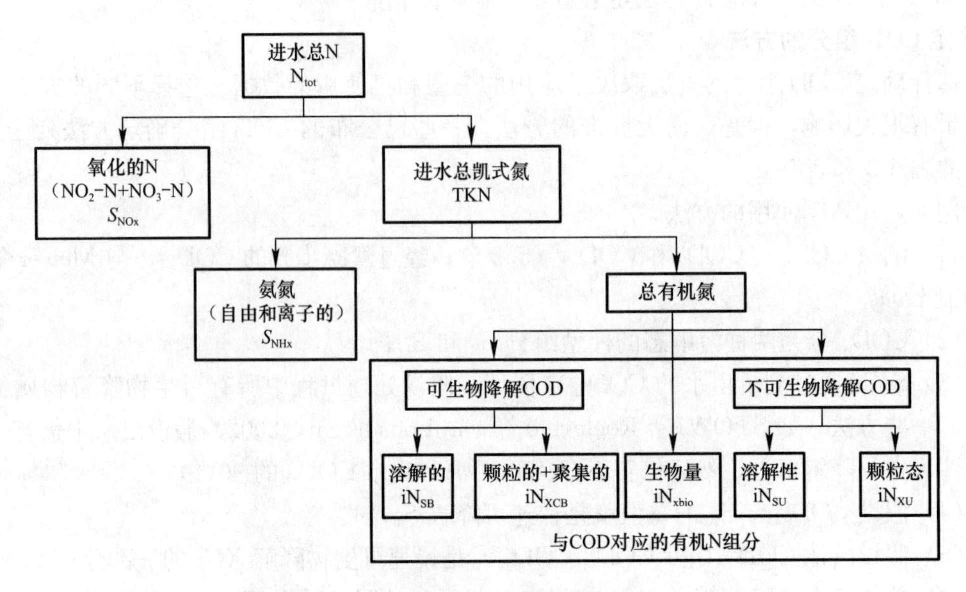

图 A-4 基于组分的氮的模拟方法

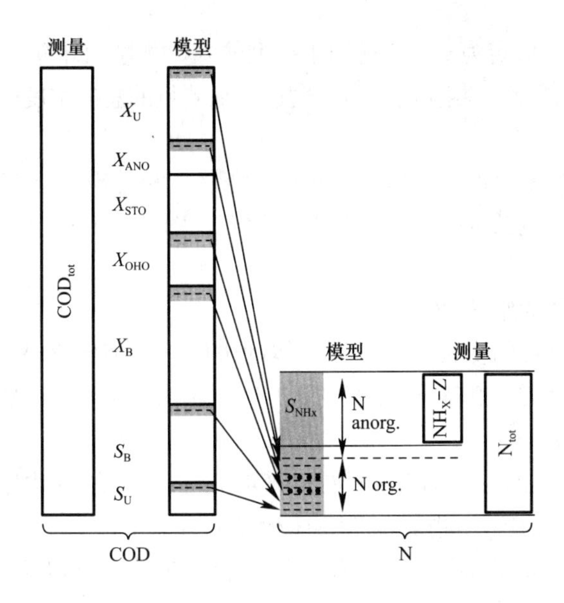

图 A-5　进水中测量和模拟的 COD 和氨的关系，基于组分的模型（ASM3）

基于成分的分析方法的模型是：ASM1，Barker & Dold 和 UCTPHO+。使用基于组分的方法的模型包括 ASM2d，ASM3，ASM3+Bio-P 和 TU Delft。

这两种模拟方法是基于对现实系统不同程度的简化，但均通过可接受的科学和工程的原则来调整。但是，从实践者的角度来看，使用一系列的进水测量值来计算不同模型使用的进水数据，两种方法的差别并不明显。

大多数的有机静态变量，如氮和磷组分，并不能从进水中直接测得，而是要从组成物的测量值中推算而来（包括总 COD、氮和磷浓度）。这个过程比较复杂，部分依靠经验所以容易出错。

N 和 P 的组分分析方法

在基于成分的模型中，有机氮一般分为溶解态和颗粒态。在氨氧化过程中，颗粒态部分要经过水解步骤转化成溶解态，才能转变为氨氮。对于有机磷而言，大多数的模型认为颗粒态有机部分水解直接变成磷酸盐。

进水中颗粒态和溶解态的区分可以基于测量，或是使用校正参数。

基于组分的模型（见图 A-5）需要注意的是，进水水质中的氮和磷组分采用和 MLSS 中相同比例时，需要校正。因此，所有的结果在校正过程中都需检查。两种方法可用于设置基于组分分析的进水。

（1）通过以上说明的系统校正组分参数（i_{N_XB}，i_{P_XU}等）；

（2）默认组分参数，使用进水中的氨氮和磷作为主要校正参数以维持模型中氮和磷的输入。

当参数变化超过合理范围时，第一种方法的使用有风险。在设置完进水模型后，检查曝气池污泥中的氮和磷含量非常重要。

第二种方法风险较小，但测量的氨氮和磷浓度不能直接用于模型的输入。对于氮而言，其方法是测量 TKN，然后通过模型计算扣除有机氮（如果测量了总氮，还包括硝酸盐和亚硝酸盐)。剩余的氮部分就假定为氨氮负荷用于模型输入。测量和计算得出的氨氮差别不大，关键在于维持总氮的质量平衡。相应的，磷浓度也应从测量的总磷浓度中得出。

注意：

基于组分分析的模型中，改变 COD 的组分，则总氮和总磷也会变化。然后整个进水水质分析需要重复进行，包括 MLSS、N 和 P 的比较。图 A-3 和图 A-4 表明不需要使用基于成分的模型。

A. 4. 2. 3 确定悬浮固体的组分

一个实际应用中很重要的变量是总悬浮固体的浓度（模型定义 X_{TSS}），它由可挥发部分（可挥发悬浮固体，VSS）和无机部分（无机悬浮物 ISS＝TSS－VSS）组成。以下是一些模型计算 TSS 的方法：

（1）基于 COD：TSS 的计算基于颗粒态 COD 状态变量的总浓度和测量所得 TSS/COD 的参数，例如该方法用于一些实施 ASM1 模型的方法中；

（2）X_{TSS}作为状态变量：X_{TSS}作为状态变量整合到所有的模拟步骤，该方法曾用于 ASM2d 和 ASM3；

（3）X_{ISS}作为状态变量：引入 X_{ISS}作为状态变量，通过测量的 COD、TSS、VSS 和进水其他浓度一起计算 TSS。ISS 在系统中的积累与泥龄有关，一些模型还包括由于生物体的衰亡增加的 ISS。

注意大多数的模拟软件引入基于进水 ISS 外推的 TSS 计算，最初公布的生物动力学模型就可能不再需要。

X_{TSS}作为状态变量引入的方法在模型发布中并没有得到完整的描述，需要在模型中仔细设置，特别是进水模型。每个 COD 静态变量都与一定量的有机物（VSS）和无机物（ISS）关联。图 A-6 表示了 ASM3 中的 TSS 分级，其中每一个颗粒态模型静态变量包含了一定比例的 VSS 和 ISS。

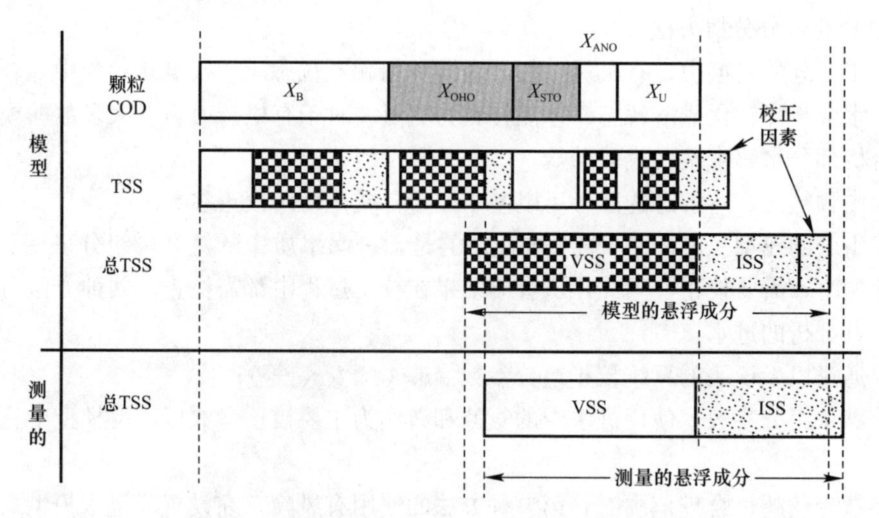

图 A-6 ASM3 中的 TSS 分级

作为例子，图 A-7 显示了 ASM3 中生物体中 TSS 的计算。在已知的生物动力学模型中，假设 COD/VSS 为 1.48，VSS/TSS 为 0.75。模型中仅给定了总体参数 $i_{TSS,XBio}$的默认值为 0.9。实际上，这一参数是与泥龄相关的，也许会给模型带来错误。

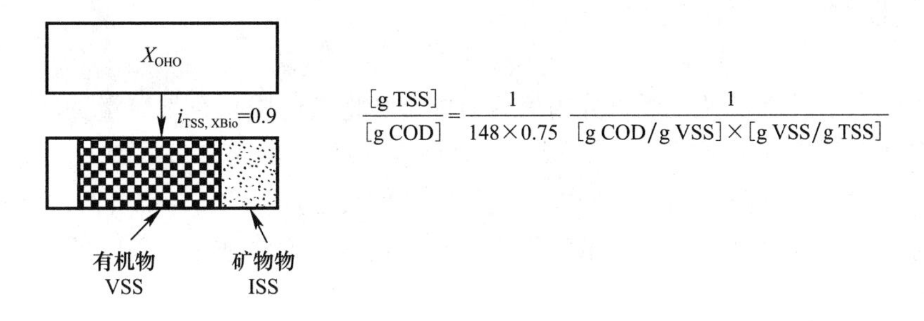

图 A-7 ASM3 中生物体中 TSS 浓度的计算

典型的误区：简化的方法可能导致严重的问题，如果：

进水测量的 TSS 直接用于模型输入：一般的工程实践中使用 0.45/0.7μm 的滤纸，而这将导致胶体的流失。进而导致对进水 TSS 持续的低估，因此相对于 COD 部分来说，活性污泥池中的 TSS 积累过低。为避免这一情况，胶体组分应测量或者模型中基于 COD 的 TSS 计算应被用作 X_{TSS}状态变量的输入。X_{TSS}作为目标变量修正污泥产量：模型是基于 COD 的，因此第一步应校正模型以符合总 COD，第二步使 COD/TSS 的比例匹配。

A. 5 pH 值和碱度

很少有模型包含了 pH 值计算，相反的，碱度被引入了一些模型，以预测可能的 pH 值变化，并确保生物过程中离子电荷的连续性。碱度经常以 HCO_3^- 的浓度当量或 $CaCO_3$ 的浓度（1meqHCO_3^-/L=50mg$CaCO_3$/L）来表示。碱度的浓度较低会导致 pH 值的不稳定，并可能达到抑制水平。活性污泥模型中推荐了三种方法处理碱度：

（1）模型中完全不考虑碱度（例如，Barker & Dold 和 UCTPHO+模型）；

（2）化学计量学中考虑碱度，但不限制动力学速率（例如 ASM1）；

（3）同时在化学计量学和动力学速率中考虑碱度（如 ASM2d、ASM3、ASM3+Bio-P 和 ASM2d+TUD）。

A. 6 输出模型

输出模型将模型的状态变量转化为组合（复合）变量，可以与测量值比较。典型的组合变量包括：

（1）总悬浮固体（TSS 或 MLSS）；

（2）总 COD 或溶解性 COD；

（3）总氮或 TKN；

（4）总磷；

（5）BOD。

一些状态变量可以直接与测量值比较（如氨氮、硝酸盐等）。

A.7 曝气模型

扩散曝气：扩散曝气模型可以分为氧传质模型和将氧传质与空气流量关联的模型。氧传质模型基于氧质量传质系数 K_{La}来计算生物反应器中形成的溶解氧（DO）浓度。第二种模型考虑了更具体的参数，如扩散密度和池体的几何尺寸，将 K_{La}与空气流量关联。

表面曝气：表面曝气模型将能量消耗直接与氧传质关联，或者计算一个与 K_{La}类似的氧传质系数。

根据模拟对象的不同，曝气模型有两种主要的应用方法（见图 A-8）。

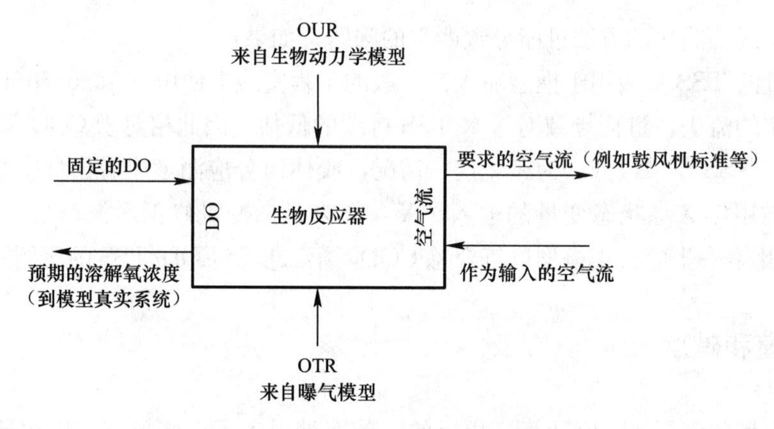

图 A-8 典型的曝气模型目标

（1）设定一个 DO 浓度，模型用于计算需要的空气流量（如风机和设备尺寸）；

（2）对于给定的空气流量，按时间和反应器长度方向预测 DO 分布（如设计空气扩散器布置或优化曝气控制系统）。

注意：当不关注详细的曝气系统时，一个简化的模型可以直接控制 K_{La}，而不用与空气流量关联。

A.7.1 氧传质模型

氧传质模型并非已经出版的生物动力学模型的一部分，而是单独的模型。但是，经常被作为生物动力学模型矩阵的一部分。氧传质模型基于以下基本公式：

$$r_{O_2,T} = k_{La}(S_{O_2,sat} - S_{O_2}) \tag{A-4}$$

式中 S_{O_2}——溶解氧浓度，mgDO/L；

$S_{O_2,sat}$——饱和溶解氧浓度，mgDO/L；

k_{La}——氧质量传质系数，l/h。

基于项目的目标，质量传质系数的值以及饱和 DO 的值非常重要，并与其他运行参数关联（如空气流量、电耗等）。

如果目标是为模型提供足够的氧气，则 DO 浓度应被设成一个固定值（如 2mg/L），而不需要曝气模型（氧气状态变量总是有同样浓度或从变量清单中移除）。另一个方法是模拟氧气传质，并使用控制器（如比例项或高比例因子的 PI 控制器）控制 k_{La}值，以获得一定的DO设定值（如2mg/L）。

对于校正目的，DO设定点可以被测量的DO浓度替代，以区分生物动力学模型和氧传质模型的校正。

模型准确性的最高要求是在一定的空气流量下可以预测DO浓度。更复杂的曝气模型要求，在利用典型的输入值，如能量（表面曝气）或空气流量（扩散曝气），计算k_{La}时，将氧传质效率考虑进去。

几个模拟软件使用了一些氧传质模型，读者可以参考相关软件说明书以了解模型使用的详细信息。

A.7.2 曝气控制模型

A.7.2.1 DO控制回路

如果研究的目的是调查曝气控制系统，应根据实际条件模拟控制回路。尽管实际的控制器通常使用离散方式，但整厂模型中由于计算速度的原因还是使用一个连续的控制回路。重点在于模拟同样的时间常量，就像实际厂内的测量。一些情况下，甚至要考虑传感器（Rieger等人，2003）和执行器（Rieger等人，2006）的反应时间。

A.7.2.2 反应器定义

活性污泥模型的一个关键部分在于依照测得的溶解氧在长度和深度方向的浓度梯度来模拟准确的溶解氧浓度。通常要在水力学特性的最理想表征（如示踪实验）和溶解氧曲线上做出合理的选择。

例如，对于纵向流的污水处理厂，模拟反应器的个数可以根据具有等量空气扩散器的区域选择（见图A-9）。对于使用表曝机的环流型的氧化沟，要使用更复杂的分区，以模拟水力学特性和氧气曲线，以及同步的硝化反硝化（SND）。

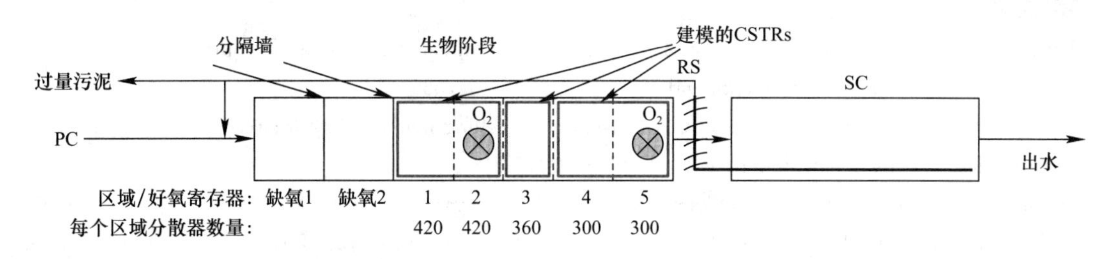

图A-9 Werdhoelzli污水处理厂的流程和曝气分布

A.7.2.3 DO传感器的位置

除了反应器定义和空气分布之外，DO传感器的位置对于模拟结果也有很大影响。如果实际污水处理厂内每个廊道只有一个DO传感器，那么只能获得这一个区域的信息，而不能洞悉已有的DO曲线。模型中要求获得近似的DO曲线，如果模型中DO传感器不能置于合理的位置（如由于CSTR的数量限制），那么就必须更改测量的DO时间序列。为了定义和校准一个适合的模型，需要提前测量氧气在长度和深度方向上的浓度梯度。

A.7.3 详细的曝气系统模型

在一些特殊的案例中，需要模拟曝气系统中更多的元素，包括鼓风机系统、管道、阀门和扩散器（Alex等人，2002）。详细的程度取决于研究的目标。CFD模型已用于预测流体特性，以及曝气池的清水中氧传质（Fayolle 等人，2007）。

A.8 磷的沉淀模型

描述化学除磷沉淀的模型不在本书讨论的范围内。但是，化学除磷沉淀对污泥的产量有很大贡献。即使沉淀本身没有被模拟，至少在比较污泥产量的模拟结果与实际测量值之前，应估算化学污泥产量。化学污泥产量主要取决于化学品的投加量（通常为铁盐或铝盐），但化学品的投加量也主要取决于磷的出水要求和使用的技术（如预沉淀、后沉淀或共沉降）。

例如：为达到磷 1mg/L 的出水标准，可以假定 1.4～1.8 的铁盐摩尔剂量（Fe/P 的比例，“*r*”），对铝盐而言会略低。对于更低的磷排放浓度（如 0.1mg/L 或更低），投加量要加倍。可以用以下简单的计算估算化学污泥：

（1）假设含羟基磷酸盐的沉淀物可以表示为 $Me_rH_2PO_4(OH)_{(3_{r-1})}$，分子量分别为 Fe=55.8，Al=27，H=1，P=31，O=16；

（2）为达到磷出水浓度 1mg/L 的要求（假设 $r_{Al}=1.2$，$r_{Fe}=1.6$），每去除 1kg 的磷，产生 5.6kg 的铝盐污泥或 8.1kg 的铁盐污泥；

（3）为达到磷出水浓度 0.1mg/L 的要求（假设 $r_{Al}=2.4$，$r_{Fe}=3.2$），每去除 1kg 的磷，产生 8.6kg 的铝盐污泥或 13.6kg 的铁盐污泥；

（4）污泥流（或进水，为了方便）中应加上该质量，作为不可生物降解的无机悬浮固体（ISS）。

参考文献

Alex J. ,To B. and Hartwig P. (2002). Improved design and optimization of aeration control for WWTPs by dynamic simulation. Water Science and Technology,45(4-5),365-372.

Burger R. ,Diehl S. and Nopens I. (2011). A consistent modelling methodology for secondary settling tanks in wastewater treatment. Water Research,45(6),2247-2260.

Corominas L. ,Rieger L. ,Takács I. ,Ekama G. ,Hauduc H. ,Vanrolleghem P. A. ,Oehmen A. ,Gernaey K. V. ,vanLoosdrecht M. C. M. and Comeau Y. (2010). New framework for standardized notation in wastewater treatment modelling. Water Science and Technology,61(4),841-857.

Fayolle Y. ,Cockx A. ,Gillot S. ,Roustan M. and Heduit A. (2007). Oxygen transfer prediction in aeration tanks using CFD. Chemical Engineering Science,62(24),7163-7171.

Fujie K. ,Sekizawa T. and Kubota H. (1983). Liquid mixing in activated sludge aeration tank. Journal of Fermentation Technology,61(3),295-304.

Gujer W. ,Henze M. ,Mino T. and van Loosdrecht M. C. M. (2000). Activated Sludge Model No. 3. In: Activated sludge models ASM1,ASM2,ASM2d and ASM3. M. Henze,W. Gujer,T. Mino and M. C. M. van Loosdrecht,(eds),Scientific and Technical Report No. 9,IWA Publishing,London,UK.

Henze M. ,Gujer W. ,Mino T. ,Matsuo T. ,Wentzel M. C. and Marais,G. V. R. (2000). Activated sludge model No. 2. In: Activated sludge models ASM1,ASM2,ASM2d and ASM3. M. Henze,W. Gujer,T. Mino and M. C. M. van Loosdrecht,(eds),Scientific and Technical Report No. 9,IWA Publishing,London,UK.

Melcer H. ,Dold P. L. ,Jones R. M. ,Bye C. M. ,Takacs I. ,Stensel H. D. ,Wilson A. W. ,Sun P. and Bury S. (2003). Methods for wastewater characterisation in activated sludge modelling. Water Environment Research Foundation(WERF),Alexandria,VA,USA.

Otterpohl R. and Freund M. (1992). Dynamic models for clarifiers of activated sludge plants with dry and wet weather flows. Water Science and Technology,26(5-6),1391-1400.

Plósz B. G. ,Weiss M. ,Printemps C. ,Essemiani K. and Meinhold J. (2007). One-dimensional modelling of the secondary clarifier-factors affecting simulation in the clarification zone and the assessment of the thickening flow dependence. Water Research,41(15),3359-3371.

Rieger L. ,Alex J. ,Winkler S. ,Böhler M. ,Thomann M. and Siegrist H. (2003). Progress in sensor technology-progress in process control? Part I: Sensor property investigation and classification. Water Science and Technology,47(2),103-112.

Rieger L. ,Alex J. ,Gujer W. and Siegrist H. (2006). Modelling of Aeration Systems at Wastewater Treatment Plants. Water Science and Technology,53(4-5),439-447.

Roeleveld P. J. and van Loosdrecht M. C. M. (2002). Experience with guidelines for wastewater characterisation in The Netherlands. Water Science and Technology,45(6),77-87.

Sperandio M. and Paul E. (2000). Estimation of wastewater biodegradable COD fractions by combining respirometric experiments in various SO/XO ratios. Water Research,34(4),1233-1246.

Takács I. ,Patry G. G. and Nolasco D. (1991). A dynamic model of the thickening/clarification process. Water Research,25(10),1263-1271.

Wett B. (2002). A straight interpretation of the solids flux theory for a 3 layer sedimentation model. Water Research,36(12),2949-2958.

附录 B
生物动力学模型表达—Gujer 矩阵

B.1 介绍

生物动力学模型描述了活性污泥中微生物产生的依赖时间（动力学）的物质转化。ASM 类模型是结构模型，它们区分了微生物组、基质和其他有关化合物而不是依赖于集合性的组分如 TSS 或者 BOD。结构模型基于更基本的原理，较集合性的组分模型有更为广泛的适用性。然而，许多状态变量和参数不能直接测量甚至不能间接测量。而且，结构模型需要通过现场废水特性描述获得废水组分的更多信息。不同的生物动力学模型将测量值转换为模型的状态变量时需要特定的污水特性化步骤。

生物动力学模型由以下部分构成：

（1）状态变量代表的是模型环境中的相关组分。

（2）动力速率定义了每个作用于状态变量的过程转换速率。

（3）化学计量系数描述了每个过程中状态变量的转换。

（4）组分矩阵中每个状态变量的元素组分（比如 N 或 P 的含量）、COD 含量或者电荷允许质量平衡的连续性。对于单纯用一个单位表达的模型（比如 COD），这个矩阵也许会消失，但是矩阵始终包含在状态变量单位定义中。

本附录描述了表达生物动力学矩阵的标准方法，称为 Gujer 矩阵。在本书中将讨论描述 AS（活性污泥）系统的七个已出版的生物动力学模型。附录 E 包括了 Hauduc 等人（2010）所研究的有关模型验证的详细文章。这些模型已经经过了仔细的一致性和连续性的检验。原始出版物中的打印错误已经被改正。可在 GMP Water Wiki 网站上获得这七个模型的已被校正的 Gujer 矩阵。

B.2 矩阵格式

促使活性污泥模型得到广泛应用的一个主要步骤是由 IAWPRC（现在的 IWA）的污水生物处理设计与运行数学模型工作组引入了标准的模型矩阵符号系统。自从 ASM1 模型（Henze 等人 1987）建立以来，生物动力学模型都以此模型矩阵（Gujer 矩阵）表达，这使得庞大的方程式系统以一种简单、直观的形式表示成为可能。

有关完整矩阵格式的描述，请读者参阅 Henze 等人（1987）以及 Gujer 和 Larsen

(1995) 的原始出版物。下面给出关键特征的简要介绍。

B. 2. 1　Gujer 矩阵的结构

Gujer 矩阵将状态变量、速率方程、化学计量关系和状态变量组成信息组织在一个特定的矩阵模式中，包括三个主要的部分（见图 B-1）：

（1）所有动态速率和状态变量的化学计量矩阵。

（2）所有状态变量和成分的组分矩阵。

（3）所有过程的动态速率的表达式。

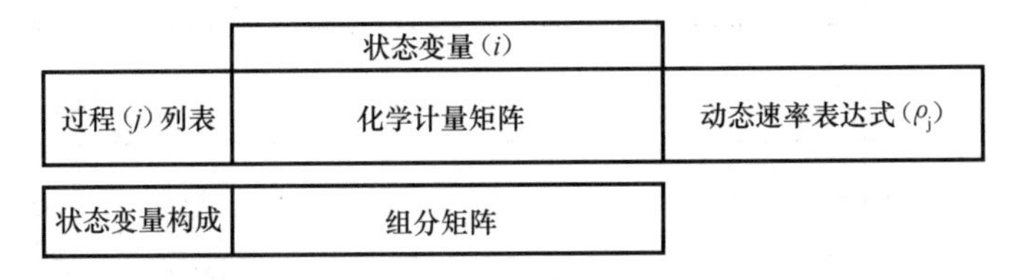

图 B-1　Gujer 矩阵的主要部分

矩阵的列项（i）包括状态变量（如异养菌、氧气），除了最后一栏是速率的表达式（ρ_j）。行项（j）包括作用于状态变量的过程，与它们相关的化学计量系数被列在化学计量矩阵中，状态变量组分列在组分矩阵中。

另外，在化学计量矩阵和组分矩阵中的化学计量参数表、动态速率表达式中的动力学参数表以及它们的默认值是 ASM 模型的重要组成部分。Gujer 矩阵所描述的模型矩阵、化学计量数和动力学参数的结合及在模拟器中的实施，使得运行模型成为可能。

（1）化学计量学和组成

作为例子，我们考虑基于一个单位基质（用 COD 表示）的好氧异养微生物的生长过程。一个单位的基质生成 Y 单位的生物量（COD）和 $1-Y$ 单位的电子受体，在这个例子中使用氧气（见图 B-2）。

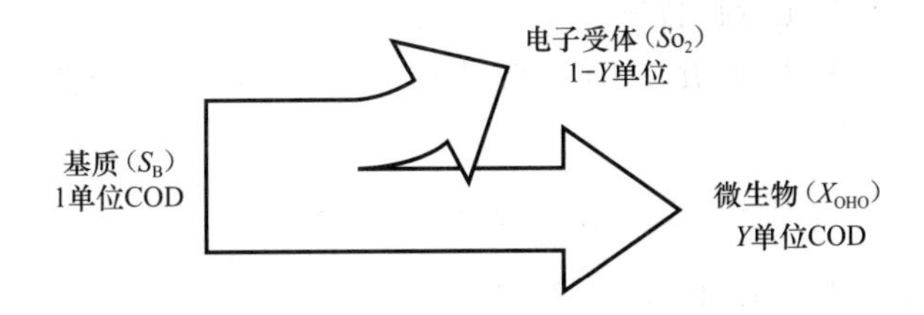

图 B-2　基质、生物量和电子受体平衡

这个化学计量系数以表格的形式出现在 Gujer 矩阵（见表 B-1）的化学计量部分。通常来说，统一为 1 个单位的生物量（每一项除以 Y）。

普通异养菌（X_{OHO}）好氧生长的化学计量系数　　**表 B-1**

	X_{OHO} (gCOD/m³)	S_B (gCOD/m³)	S_{O2} (gCOD/m³)
好氧生长	1	$-\frac{1}{y}$	$-\frac{1-y}{y}$

这个过程的电子受体的平衡与图 B-2 所示一致，因为：

$$1-\left(\frac{1}{y}\right)+\left(\frac{1-y}{y}\right)=0 \tag{B-1}$$

X_{OHO}项和 S_B 项乘以 1（COD 单位），氧气项乘以−1，也就是负的 COD。

包括氨氮在内的异养微生物生物量的合成作用演示了此组分矩阵的使用（见表 B-2）。

X_{OHO}好氧生长的化学计量系数和组分矩阵 **表 B-2**

化学计量系数	X_{OHO}（gCOD/m³）	S_B（gCOD/m³）	S_{O_2}（gCOD/m³）	S_{NH_x}（gN/m³）
好氧生长［gCOD/（m³·d)］	1	$-\frac{1}{y}$	$-\frac{1-y}{y}$	$-i_N$
组分				
COD	1	1	−1	1
N	i_N			

空的单元格表示参数为 0，在此模型中异养菌每单位 COD 包括了 i_N 量的氮（通常为 COD 的 7.0%～8.0%），它们是在生长过程中从氨氮中获取的。在此模型中基质不含氮，氨氮的量是通过测量含氮成分获得的，因此氮的系数为 1，COD 的系数为 0。

为了保持 COD 的连续性，每个生长过程中的化学计量系数，必须乘以组分矩阵中的相应系数。符合等式（B-1)。为了保持氮的连续性，采用了相同的原则，结果如等式（B-2)所示：

$$1\cdot i_N-i_N\cdot 1=0 \tag{B-2}$$

相同的原理可以应用于更复杂的模型中的所有元素成分（比如 COD、C、O、H、N、P、S、Fe、电荷等）。

ASM 模型的重要特征是电子等价转换，就氧气和 COD 而言不重要，因为等价的氧气也可被认为是负的 COD，如上面的例子所示。然而，其他的电子受体比如硝酸盐，通常需要特别考虑不同的氮的化合物转换的电子平衡。

如果我们考虑完全的反硝化（硝酸盐转换为氮气），可用下列半反应方程式假设(B-3)：

$$10e^-+2NO_3^-+12H^+\longrightarrow N_2+6H_2O \tag{B-3}$$

一个电子等价还原 1/5mol 的硝酸盐。

与等式（B-4）类似：

$$4e^-+O_2^{2-}+4H^+\longrightarrow 2H_2O \tag{B-4}$$

一个电子等价还原 1/4mol 的氧气。

因此，1/5mol 的硝酸盐和 1/4mol 的氧气电子是等价的，也就是说大约 14/5g 的硝酸盐氮与大约 32/4g 的氧等价，即 1g 硝酸盐氮相当于 2.86g 氧气。

表 B-3 总结了 ASM 模型中最为典型的电子等价值（在单个和多个硝化和反硝化步骤中）和基于氧和氮原子质量的快速计算方法。

一些组分的电子等价值　表 B-3

到↓　从→	NH_3	NH_2OH	N_2	N_2O	NO	NO_2	NO_3
NH_3		1.14	1.71	2.86	2.86	3.43	4.57
NH_2OH	1.14		0.57	1.41	1.71	2.28	3.43
N_2	1.71	0.57		0.57	1.14	1.71	2.86
N_2O	2.28	1.14	0.57		0.57	1.14	2.28
NO	2.86	1.71	1.14	0.57		0.57	1.71
NO_2	3.43	2.28	1.71	1.14	0.57		1.14
NO_3	3.57	3.43	2.86	2.28	1.71	1.14	
NH_3		O/N	3O/2N	2O/N	5O/2N	3O/N	4O/N
NH_2OH	O/N		O/2N	O/N	3O/2N	2O/N	3O/N
N_2	3O/2N	O/2N		O/2N	2O/2N	3O/2N	5O/2N
N_2O	2O/N	O/N	O/2N		O/2N	O/N	2O/N
NO	5O/2N	3O/2N	2O/2N	O/2N		O/2N	3O/2N
NO_2	3O/N	2O/N	3O/N	O/N	O/2N		O/N
NO_3	4O/N	3O/N	5O/2N	2O/N	3O/2N	O/N	

氧（O）的原子质量是 15.9994：～16g/mol；

氮（N）的原子质量是 14.0067：～14g/mol。

（2）动力学表达式

Gujer 矩阵提供了每个状态变量 i 的物质平衡方程式中要求的反应速率（r_i）。r_i 是通过将所有过程 j 的计量系数（V_{ij}）与过程速率表达式（ρ_j）的乘积求和计算得到的，如下所示：

$$r_i = \sum v_{ij}\rho_j \tag{B.5}$$

每个过程的过程速率（ρ_j）在 Gujer 矩阵的每个列中分别列出。过程速率的表达式是建立在最大过程速率的基础上的（此处 μ 代表生长，b 代表衰亡，m 代表维持，q 代表其他速率）。最大速率一般正比于生物量或者组分浓度（表面反应），而总速率的变化取决于折减系数和一系列的环境因素，如 pH 值、温度和消耗组分的浓度（基质、营养物质、电子受体）或者抑制剂浓度（比如反硝化过程中溶解氧的存在）。其总的形式是：

$$\rho_j = \mu_{Max} \cdot \eta \cdot \underbrace{\frac{S_B}{K_{SB}+S_B}}_{\text{饱和函数}} \cdot \underbrace{\frac{K_{SI}}{K_{SI}+S_I}}_{\text{抑制函数}} \cdot X_{BIO} \tag{B-6}$$

式中　ρ_j——过程 j 的动力学表达；

μ_{max}——最大速率；

η——折减系数；

X_{BIO}——微生物浓度；

S_B——基质浓度；

S_I——抑制剂浓度；

$K_{SB/SI}$——半饱和常数。

折减系数减小总的反应速率是因为事实上只有一部分被模拟的生物可以进行被模拟的过程，或者在特定的环境条件下，这个被模拟的过程在较低的速率下进行。

饱和函数和抑制函数（也称为转换函数或者 Monod 函数）会根据其他组分的可利用性和不可利用性减小过程的反应速率。一般使用 Monod 方程，但是，也会使用其他的一些方程（比如 Haldane，Andrews）。Monod 饱和函数以及抑制函数的影响如图 B-3 所示。半饱和常数决定了曲线的形状和对基质（或其他组分）浓度的响应，其中半饱和常数/抑制函数的值为 0.5。

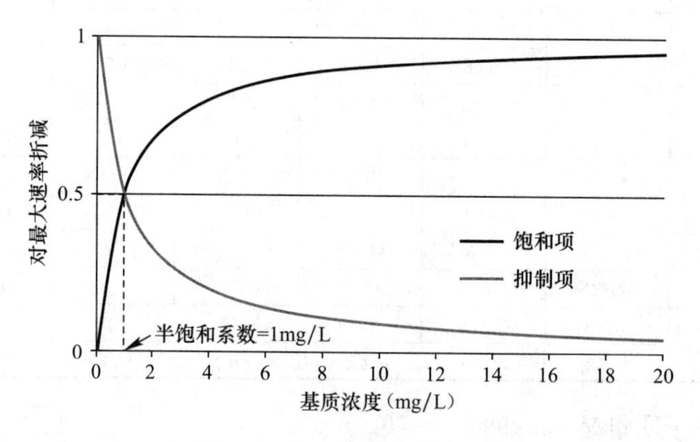

图 B-3　饱和函数/抑制函数

Monod 饱和函数的变体常常是引入一个最小组分比（等式 B-7）或者是最大可能储存量（等式 B-8）。注意 X_B/X_{BIO} 的最初比例必须小于 K_{max} 以避免数值上的问题。

$$\frac{X_B/X_{BIO}}{K_{SB,OHO}+(X_B/X_{BIO})} \tag{B-7}$$

$$\frac{K_{max}-X_B/X_{BIO}}{K_{Stor}+(K_{max}-X_B/X_{BIO})} \tag{B-8}$$

在同一个过程中有多个基质的情况下，必须引入一个表达式以确保最终的速率不高于特定条件下的最大速率。平行消耗（不存在某个底物优先）的例子如式（B-9）所描述。

$$\left.\begin{array}{ll}\text{基质 1 对微生物生长过程的描述} & \dfrac{S_{B1}}{S_{B1}+S_{B2}} \\ \text{基质 2 对微生物生长过程的描述} & \dfrac{S_{B2}}{S_{B1}+S_{B2}}\end{array}\right\} \tag{B-9}$$

等式（B-10）是异养菌生长的 Monod 方程（假设溶解氧、营养物质、碱度是非限制因素）。异养菌生长速率 μ_{OHO} 是异养菌的最大生长速率（$\mu_{OHO,Max}$）和饱和函数相乘，再乘以异养菌微生物浓度。

$$\rho_{Growth-OHO}=\mu_{OHO,Max}\cdot\frac{S_B}{K_{SB}+S_B}\cdot X_{OHO} \tag{B-10}$$

式中　S_B——基质浓度；

K_{SB}——异养微生物基于 S_B 的半饱和系数。

图 B-4 表示异养菌在不同的半饱和常数 $K_{SB,OHO}$ 下的生长速率，μ_{OHO} 作为基质浓度 S_B 的函数。一般来说，当 S_B 接近零时，生长速率也接近零时，当 S_B 比 $K_{SB,OHO}$ 大得多时，生长速率接近于最大生长速率（本例中为 $6d^{-1}$），也就是说 Monod 饱和函数接近于 1，$K_{SB,OHO}$ 值反应了微生物使用低浓度基质的能力，低的 $K_{SB,OHO}$ 值意味着微生物对基质高的亲和力。

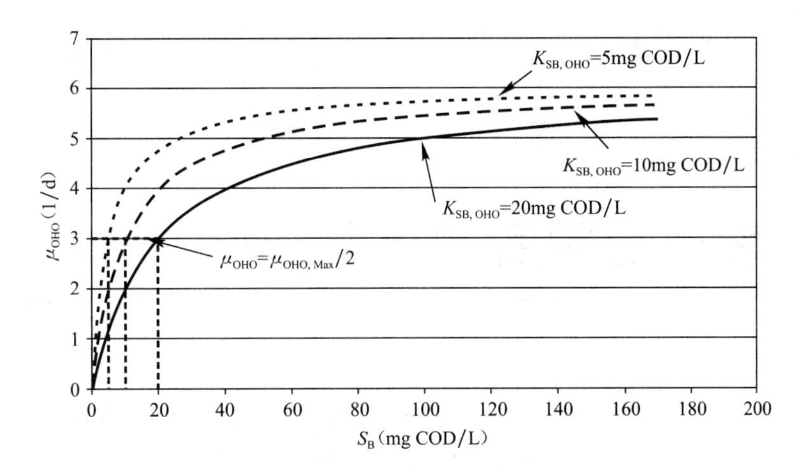

图 B-4　$K_{SB,OHO}$对异养菌生长速率μ_{OHO}的影响

典型地，一些饱和函数、抑制函数和折减系数附加在最大速率之上以描述复杂作用的影响。等式（B-11）所示的例子表示了存在基质、氧气和氨氮的饱和函数的异养菌生长动力学表达。注意每一项都会终止过程，所以即使有足够的基质，但是缺少氧气和氨氮（营养物质）也会使总速率下降到零。

$$\rho_{Growth-OHO}=\mu_{OHO,Max}\cdot\frac{S_B}{K_{SB}+S_B}\cdot\frac{S_{O_2}}{K_{O_2}+S_{O_2}}\cdot\frac{S_{NH_x}}{K_{NH_x}+S_{NH_x}}\cdot X_{OHO}\qquad\text{(B-11)}$$

式中　S_B——基质浓度；

K_{SB}——异养微生物基于 S_B 的半饱和系数；

S_{O_2}——溶解氧浓度；

K_{O_2}——异养微生物基于 S_{O_2} 的半饱和系数；

S_{NH_4}——氨氮浓度；

K_{NH_4}——异养微生物基于 S_{NH_4} 的半饱和系数。

参考文献

Gujer W. and Larsen T. A. (1995). The implementation of biokinetics and conservation principles in ASIM. Water Science and Technology,31(2),257－266.

Hauduc H. ,Rieger L. ,Takács I. ,Héduit A. ,Vanrolleghem P. A. and Gillot S. (2010). Systematic approach for model verification－Application on seven published Activated Sludge Models. Water Science and Technology,61(4),825－839.

Henze M. ,Grady C. P. L. ,Jr. ,Gujer W. ,Marais G. v. R. and Matsuo T. (1987). Activated Sludge Model No. 1. IAWPRC Scientific and Technical Report No. 1,IAWPRC,London,UK.

附录 C
数值引擎—初学者的求解程序

活性污泥系统的数学模型通常包含大量的相互联系的代数和微分方程，需要在不同条件下有效地求解。这些计算需要通过各种算法或“求解器”进行。这也是模拟软件的数值“引擎”的构成部分。以下的简要评论试图解释用于不同类型模拟的求解器的常用术语。

本节介绍了四种数值算法并列于表 C-1 中。许多数学和编程文献中的求解器对于活性污泥模型而言并非足够的有效或稳定。实际使用的求解器通常经过修正，使其更适合于复杂、非线性、不连续和严谨的数学环境。

数值求解器 **表 C-1**

	典型应用	典型特征	算法举例
稳态求解器	在一定条件下寻找模型的稳态求解	迭代局部或全局的搜寻方法	Newton-Raphson 等
动态求解器	求解一般微分公式（ODEs）（如生物动力学模型）	固定或可变的步长方法，有不同的误差条件和阶数	Euler，Runge Kutta，Gear 及其他
代数求解器	求解化学平衡或快速动力学变量，流量循环	反复搜索以解答代数循环或微分的代数求解程序	DAE，动态延迟
优化算法	找到目标函数（如将出水 TN 降到最低）	局部或全局搜索，收敛准则	Nelder-Mead 单一梯度方法，其他…

C.1 稳态求解器

通过有常数输入的长时间运行的动态模拟可以计算稳态。模拟需要运行足够长的时间（大约 3 个泥龄）以保证输出稳定的稳态值。为了快速求解，通常交互求解程序的效率更高。有很多不同的求解程序，从用户的观点来看，众多的参数（如果全部可访问）会造成困扰。一般来说，如果一个稳态求解程序找不到解或者跳动过大，减少步长（或相关参数）常常是有帮助的。

C.2 动态求解器

动态求解器用于通过导数计算状态变量浓度。如今的模拟软件包含了强大的可变时间步长的求解程序。这意味着当有较大变化时，比如在间歇曝气反应器中启动鼓风机时，求解程序将自动减少时间步长以保持预期的较小的误差。同时，如果误差在设定的范围内，求解程序将采用更大的时间步长以将模拟需要的时间降到最少。

C.3　模拟速度与时间步长

记住“求解程序或积分时间步长”与“数据或通信时间步长”是两个不同的概念非常重要。前者是用于积分计算的时间步长，而后者是求解程序将结果返回用户界面的时间间隔。求解程序用小的积分时间步长，一般模拟时间以秒计。模拟软件用较长的时间间隔来收集结果（如1h）。改变“数据或通信时间步长”对结果并没有影响（除了非常小的数据或通信步长可能导致求解程序步长降低，这会影响模拟速度）。这只会影响输出图形的数据点的数量。改变“求解程序或积分时间步长”会对结果造成影响。如果使用固定的时间步长求解程序，通常使用很小的时间步长（如0.1s）以避免积分误差。大多数情况下，求解程序使用可自我调整的时间步长。增加时间步长或提高误差限值不会减少模拟的时间，且可能会有计算错误的风险。某些求解程序对于慢速动态的平滑模拟更有效，而其他的更适合于模拟快速的变化的系统或刚性系统（刚性系统是状态变量在一定时间内的变化率相差三个数量级甚至更多）。如果模型很少使用，最好使用默认的算法和设置。如果某个具体的模型需要进行大量的模拟，最好使用不同的求解器进行少量测试，然后选择最快的一个。

一些情况下，求解程序的问题与建立全厂的模型的问题相关，因此值得去检查数据和设置中是否存在错误。另一些情况下，求解器的问题指出了关键的过程条件（如接近微生物的 wash-out）。

C.4　代数求解器

一些污水处理厂模型的变量可以通过代数的方法求解，可以直接计算而不需要作为不同公式系统的一部分。其原因在于这些变量的动力学在数量级上快于较慢的动力学变量，因此中间动力学可以忽略。典型例子是化学平衡中的流量回路或离子形态。模拟器可以使用动态滞后的方法也可以使用迭代代数求解程序求解这些变量。

C.5　优化器

算法的优化可以用于最大化、最小化或匹配任何需要的目标函数。典型的应用是：校正（拟合模型与测量数据）；或优化运行，如最小化出水总氮。总体来说，优化器只需调整少量使用者选择的参数，就可以获得需要的目标函数。对于优化器的讨论不在本书的讨论范围之内。

附录 D1
污水处理模型的标准符号新框架

Ll. Corominas[1], L. Rieger[1], I. Takács[2], G. Ekama[3], H. Hauduc[1,4], P. A. Vanrolleghem[1], A. Oehmen[5], K. V. Gernaey[6], M. C. M. van Loosdrecht[7] and Y. Comeau[8]

[1]modelEAU, Université Laval, Pavillon Pouliot, 1065 av. de la Médecine, Quebec (QC) G1V 0A6, Canada.

[2]EnviroSim Associates Ltd, 15 Impasse Fauré, Bordeaux 33000 France.

[3]Water Research Group, Department of Civil Engineering, University of Cape Town, Rondebosch, 7701, Cape Town, South Africa.

[4]Cemagref, EPURE, Parc de Tourvoie, BP44, F-92163, Antony Cedex, France.

[5]CQFB/REQUIMTE, Department of Chemistry, FCT, Universidade Nova de Lisboa, P-2829-516 Caparica, Portugal.

[6]Department of Chemical and Biochemical Engineering, Technical University of Denmark, Building 229, DK-2800 Kgs. Lyngby, Denmark.

[7]Department of Biotechnology, Delft University of Technology, Julianalaan 67, 2628 BC Delft, The Netherlands.

[8]Department of Civil, Geological and Mining Engineering, Ecole Polytechnique, P. O. box 6079, Station Centre-ville, Montreal (QC) H3C 3A7, Canada.

摘要

在污水处理领域有许多工艺单元模型。这些模型都使用各自的符号，由于各个模型都有自己的参数符号，从而导致不同模型间文件编制、运用及联系的建立比较困难。本文的主要目的是在污水处理领域提出一个新的符号框架，该框架对生化动力学模型中的状态变量和参数进行独特而系统的命名。框架中的符号均由主字母和几个下标字母组成，前者对状态变量或参量给予一般性描述，后者则给出进一步说明。在创建符号时，只采用能在模型范畴内唯一命名某变量或参量的下标。本文描述了当前符号使用过程中所遇到的特定问题，介绍了拟议框架，并且附加了一些实例进行说明，旨在实现建立一个能够用于全厂建模框架的总体目标，其中涉及活性污泥、厌氧消化、侧流处理、膜生物反应器、代谢途径、微污染物处理以及生物膜工艺等不同领域。本文的主要目的是建立一套公认的、能应用于现在乃至未来的模型符号准则。希望该符号的应用能方便污水处理领域相关人士阅读、撰写和评论相关模型文件。

关键词：污水处理，建模，术语，活性污泥数学模型，厌氧消化数学模型

D1.1 引言

在过去的十年时间里，污水处理数学模型已成为一个广为接受的工具，它可用于研究、污水处理厂优化设计、人员培训以及基于模型的拓展和工艺控制测试。数学模型刚开始仅用于活性污泥系统，现在已应用于全厂建模，建模协会已经建立了相当数量的模型用于描述污水处理厂的各种工艺。新模型以及拓展模型不断地被开发以应对不断变化的需求，例如更加严格的排放标准，或者侧流处理等新工艺。

由开普敦大学完成的污水处理厂动态模拟是一个具有里程碑意义的研究（Ekama& Marais，1977；Dold 等人，1980）。他们在研究中引进了特定的符号（又称为“UCT 系统”），而且其他一些研究小组仍然使用这种命名系统（如 Barker & Dold，1997；Lee 等人，2006）。1987 年，国际水污染与控制协会（起初简称 IAWPRC，2000 年起改为国际水协，简称 IWA）Henze 教授领导的工作小组，首先开发了生物除碳和脱氮的活性污泥数学模型 1 号（ASM1）。ASM1 源于南非的研究，但却以一种崭新的形式呈现（包括化学计量矩阵、速率矢量以及额外的信息，如单位和名称所组成的 Gujer 或 Petersen 表），并有一套全新的、标准化的符号。ASM1 模型中的符号源于由 Grau 教授所领导的课题组 IAWPRC/IUPAC 的研究成果。

由于我们需要扩展模型边界、涵盖更多过程单元，从而促进了其他模型的发展，如针对厌氧处理的 ADM1（Batstone 等人，2002），生物膜（Rittmann & McCarty，1980；Wanner & Gujer，1986；Horn 等人，2003）和膜生物反应器（MBRs；Lu 等人，2001；Jiang 等人，2008）。在一些模型中，考虑了亚硝酸盐作为中间产物这一情况（Sin 等人，2008）。随着对微生物学和生物化学了解的逐渐深入，新陈代谢模型得以发展（如 Smolders 等人，1995；Murnleitner 等人，1997；Lavallée 等人，2008；Lopez-Vazquez 等人，2009）。微污染物建模是一个新兴的领域，一些研究者对此提出了各种模型（如 Joss 等人，2006；Schönerklee 等人，2009）。所有这些模型都有各自的一套符号，因而导致有时候同样的组分或参数却采用不同的名称，有时候不同的组分或参数却采用同样的名称。

在污水生物处理方面，Henze 等人早在 1982 年就强调了我们对统一国际符号标准的需求，并列举了许多滥用符号的例子（如双重符号、双重含义、误导等）。由于缺乏一个被普遍认可的专业术语系统，从而导致符号成为造成困惑的一种常见原因。同时 Grau 等人（1982a，1982b，1987）建议统一用于描述污水生物处理工艺的符号。这一提议由“国际水污染研究与控制协会（IAWPRC）”和“国际理论和应用化学联合会（IUPAC）”水质委员会设立的工作小组提出。该报告列举了一些符号，连同描述、字体大小以及脚注，都一一做了列举说明，这一符号标准沿袭了多年。但是，在过去的 25 年中，污水生物处理模型的复杂性显著提高（Gujer，2006），且引入了新的建模概念，而之前在 Grau 等人（1982a，1982b，1987）的研究工作中并没有明确地给出适用于后来发展的符号框架。

国际水协（IWA）课题组发布的“好的模拟实践——活性污泥模型使用指南（GMPTG

2008)”，以及 Henze 等人编著的《废水生物处理》（Henze 等人，2008）等均有必要在符号使用上取得一致。国际水协课题组在制定关于污水处理厂基准控制策略、实施和描述污水处理厂模型的细节等工作中也遇到了类似的问题。为此，成立了一个由几个专家组成的专门工作小组，该小组于 2008 年组织召开了首届 IWA/WEF 污水处理建模研讨会（WWTmod2008），并就目前污水处理建模发展水平进行了讨论，会议旨在解决如下问题：

（1）用于不同模型或不同平台的同一状态变量和参数命名不同。

（2）在现有符号中经常出现的一些特定错误（如胶体物质，见下一节）。

（3）缺乏一个国际公认的框架来对新的状态变量和参数进行命名。

（4）模型文件（包括符号）不仅费时而且会造成运行错误。

（5）模型交换是个棘手的问题，尤其是对于复杂的模型（Gernaey 等人，2006）。

（6）耦合模型（例如全厂建模）变得很普遍（Grau 等人，2009），这使得同一符号的使用变得不可或缺。

（7）报告和编码中的不同符号会导致运行错误并且造成复核困难。

综上所述，显然需要一个新的可拓展的框架，它应具备如下条件：

（1）尽可能与现存的符号相同；

（2）简洁；

（3）简单且容易理解；

（4）在一个模型范畴内具有独一无二的名称；

（5）在模型范畴内可描述重要的物理、生物和化学属性；

（6）在未来模型发展中具有可拓展性。

为了介绍新的框架，本文结构如下：首先，介绍框架建立的总体目标及通用的符号规则；其次，分章节介绍状态变量和参数，讨论了目前常遇到的问题并用一些例子描述拟议的新框架。最后，描述新框架的主要作用和结论。

D1.2 通用框架

拟议的符号对于污水处理建模的不同分支领域应当有效，且主要集中于生化动力学模型。因此，需开发出适合于活性污泥、厌氧消化、侧流处理、生物膜反应器、微污染物处理、生物膜工艺等模型的新符号系统。此外，该符号系统也应考虑新陈代谢模型。建立这一共识的主要目的是：第一，创立一组统一的符号规则，可以用于现有的模型，更重要的是要适用于未来的模型；第二，推动建立统一的变量/参数名称。

新符号的主要目的是为状态变量（化合物及模型物料平衡涉及的化合物）和参数的唯一命名提供框架。由此产生的名称应尽可能简短且易于记忆，只要切实可行，可使用先前接受的符号。新符号的一个重要特征是，这些符号一律用主符号加脚注的形式来进行定义，从而可对模型不断增加的复杂性进行解释。不同的脚注元素由逗号或下划线分开。在模型范畴内为了使名称不发生重复，建议只使用所需要的标准脚注，以便理解化合物或参数的运行状况，防止发生误解。因此，在所有可供选择的标准脚注中，只有满足要求的才可以用于给定的模型范畴。如果需要其他的参数，模型开发者可增加额外的脚注（如表达式的单位或划分)。只要能使符号更易于理解或更易于解读，在一定条件下（如生物膜建模)，命名系统还允许使用上标。由此产生的符号必须正确记录在所使用的每一个模型里，并且应提供它们的单位和数值。在表 D-4 中给出了一系列拟议的缩略词和符号，在拟议列表准备工作中，对现有的缩略词进行了更新。

D1.3　状态变量

在分析现有模型的时候，遇到的最明显问题是关于状态变量的命名。新模型、模型扩展、使用不同状态变量（如在整个污水处理厂和其他领域的集成建模）的模型连接是开发新符号框架的驱动力。在所使用的模型范畴里，新符号应该提供必需的信息（如化合物的物理、化学和生物学性质)。

D1.3.1　遇到的特定问题

不同的命名系统：通过分析最常见的模型可以发现，关于标准化符号的使用并没有达成真正的共识（见表 D-1)。

(1) 主字母：在国际水协的系统里，主字母用来区分溶液中的颗粒性（“*X*”）变量和溶解性（“*S*”）变量。原 UCT 系统使用主字母区分计量单位，其中“*S*”代表基质，“*Z*”代表挥发性固体（以 COD 计），“*X*”代表挥发性固体（以 VSS 计），“*N*”代表含氮物质（例如：$S_{bs,c}$，Z_{BH}，O_{obs})。

(2) 下标：

降解性：在 UCT 系统里“B”代表可生物降解，而“U”代表不可生物降解（如 S_{US})。国际水协（IWA）的符号系统，则用“S”（可溶的）和“I”（惰性的）（如 S_I）来表示可生物降解和不可生物降解物质。对于不依赖于生物降解的转换过程，如沉淀、酸碱反应或吸附，缺乏一个明确的符号框架来处理这些“无生命”（非生物）的反应。

结构化生物量：通过引入结构化生物量模型（如 Smolders 等，1995；Wild 等，1995；Lavallée 等，2008)，有必要把细胞内产物（如 PHA，RNA）和一种特定的微生物联系起来，例如在 ASM2d 模型中 X_{PHA} 就没有和某种微生物联系起来。

(3) 说明系统：

下标字母的大小写未标准化，例如 GenASDM 中的 S_{BC}，在 UCTPHO 中则为 $S_{bs,c}$。

下标中说明的顺序也未标准化。

(4) 单位：对于相同的状态变量，不同的模型使用不同的单位。例如，ADM1 模型中的单位以 kgCOD/m^3 为基础，此外还有 kmolC/m^3（用于 HCO_3^- 和 CO_2）以及 kmolN/m^3（用于 NH_4^+ 和 NH_3)。ASM 模型则使用 gCOD/m^3、gN/m^3 和作为碱度单位的 molHCO_3^-/m^3。

另一个例子是 ASM1 中的 S_{ND} 和 GenASDM 中的 N_{OS} 均代表溶解性可生物降解有机氮。两者符号都是用“*S*”代表可溶性，“*N*”代表氮，但是它们相结合的方式不同。

使用不同的名称：在不同的模型中氨、硝酸盐、氧气、挥发性脂肪酸和其他化合物有不同的符号或缩写（见表 D-1)。微生物缩写的名称也不同（如表 D-1 中的硝化细菌)。

无意义的名称：一些状态变量的名称没有提供一个明确而独特的意义（如在 ASM2d 模型的 S_A 中并没有明确的意义，除非字母“A”被视为醋酸的标准缩写。然而，字母

“A”也作为 ASM2d 中的“自养菌”的缩写，例如 Y_A。

胶体物质：首个构建的活性污泥模型根据降解性将有机基质分为易生物降解化合物 S_S 和慢速可生物降解化合物 X_S。在这些模型中，以颗粒大小进行划分的“S”和“X”的使用并不协调。在这些模型里，S_S 主要是可溶性化合物，而 X_S 则包括颗粒性及溶解性（胶体）化合物。S 与 X 的区别经常混淆建模者，因为它不能被直接转化为可溶性和颗粒性化合物，而这正是后续初沉池、二沉池及全厂建模所需要的。通过引入一种胶体组分（既可溶又慢速可生物降解）可以解决这个问题。滤出液中的可溶性物质和胶体部分能够被正确地区分。WERF 和 SOWA 进水分类法（Melcer 等，2003；Roeleveld 和 van Loosdrecht，2002）包含特定的絮凝步骤以区分胶体组分和真正的可溶性化合物。

D1.3.2 框架

在拟议的符号框架中，主符号与颗粒大小有关，且不可缺少。下标有四种，每种代表不同的信息：

（1）降解性；

（2）有机/无机化合物；

（3）化合物或微生物的名称；

（4）附加说明。

不同模型状态变量符号的选择 表 D-1

类型	ASM1(1)	ASM2d(1)	ASM3(1)	GenASDM(2)	UCTPHO(3)	UCTPHO+(4)	TU Delft－P(5)	ADM1(6)
可发酵有机物		S_F		S_{BSC}	$S_{bs,c}$	S_F	S_F	$S_{su}+S_{aa}+S_{fa}$
挥发性脂肪酸		S_A		S_{BSA}		S_A	S_A	$S_{va}+S_{bu}+S_{pro}+S_{ac}$
丙酸盐				S_{BSP}				S_{pro}
溶解性甲烷				S_{CH4}				S_{ch4}
溶解性惰性有机物	S_I	S_I	S_I	S_{US}	S_{US}	S_I	S_I	S_I
溶解氧	S_O	S_{O2}	S_O	DO	O	S_{O2}	S_O	
颗粒性惰性	X_P			Z_E	Z_E	X_E		
内源性产物		X_I	X_I				X_I	X_I
进水中颗粒性惰性有机物	X_I			X_I	Z_I	X_I		
可生物降解的溶解性有机氮	S_{ND}			N_{OS}	N_{obs}			
总氨	S_{NH}	S_{NH4}	S_{NH}	S_{NH3}	N_a	S_{NH4}	S_{NH}	S_{IN}
总亚硝酸盐＋硝酸盐	S_{NO}	S_{NO3}	S_{NO}	$S_{NO2}+S_{NO3}$	N_{NO3}	S_{NO3}	S_{NO}	
普通异养菌	$X_{B,H}$	X_H	X_H	Z_{BH}	Z_{BH}	X_H	X_H	
硝化菌（NH_4 到 NO_3）	$X_{B,A}$	X_{AUT}	X_A	$Z_{AOB}+Z_{NOB}$	Z_{BA}	X_{NIT}	X_A	
聚磷菌储存的聚 β 羟基丁酸酯		X_{PHA}		S_{PHA}	X_{PHA}	X_{PHA}	X_{PHA}	

（1）国际水协活性污泥数学模型，Henze 等（2000）；（2）在仿真软件 BioWin3 中适当的软件“通用活性污泥消化模型”（ESA，2007）；（3）开普敦大学模型，Wentzel 等（1992）；（4）UCT 模型的最新版本，Hu 等人（2007）；（5）TU Delft 除磷模型，Meijer（2004）；（6）国际水协厌氧消化模型 1 号，Batstone 等人（2002）。

主符号用大写字母和斜体表示，下标的不同元素用大写（如果需要使名称清楚也可以结合小写，例如 AcCoA），不用斜体，如表 D-4 所示。图 D-1 展示了拟议框架并举例阐明符号命名过程。

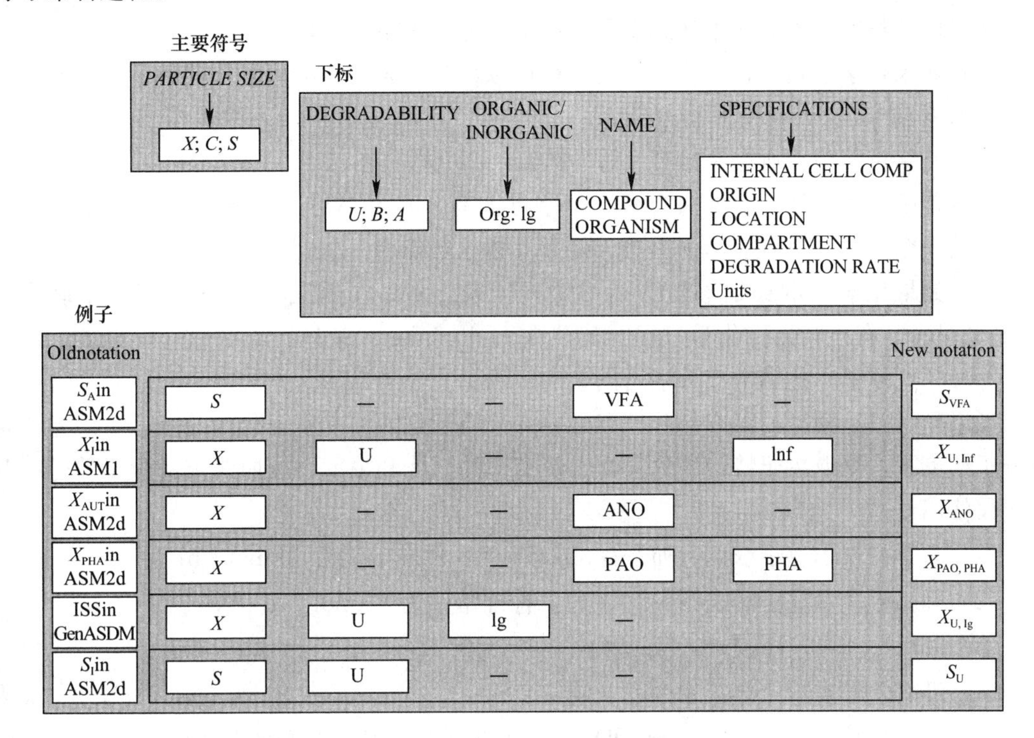

图 D-1　状态变量的拟命名符号说明

在大多数情况下，符号中并不需要有一个或几个下标（见图 D-1），因此，下标并不包含在符号内。一般来说，如果化合物的名称已给出（例如：挥发性脂肪酸，缩写为 VFA），则不需要写前述下标（即降解性或有机/无机）。最后，根据模型或模型描述的内容，可能需要添加一些说明，作为下标最后的元素。例如 ASM1 中 X_I，在拟议符号中用 $X_{U,Inf}$表示，下标“Inf”表示这部分物质来自污水处理厂进水。

D1.3.3　命名程序

颗粒尺寸：符号中第一个大写字母与颗粒尺寸相关，有可溶性物质（*S*）、颗粒性物质（*X*）和胶体物质（*C*）。其新颖之处在于它明确地包含了胶体部分，这和 Melcer 等（2003）之前提出的一样。膜生物反应器研究人员需要根据所使用的膜孔隙大小来调整滤器尺寸，但眼下还不能通过过滤尺寸来区分可溶性、颗粒性和胶体物质。因此，如果要用于一个特定的模型（或研究），粒度尺寸需要详细说明和记录。注意不要把胶体和总物质浓度（Grau 等人，1987）的“*C*”混淆使用。建议用符号“*Tot*”来表示总物质浓度。

降解性：这是污水处理模型最重要的一个方面。需要注意区分不可降解（U）、可生物降解（B）和非生命可转换（A）化合物。符号“A”已被 Howard 等人（1991）使用，其表示可以参加与微生物代谢无关的转换过程的化合物（如光解作用、化学反应、吸附作用等）。

有机/无机：此种划分对区分自养和异养代谢尤为有用，二者的碳源分别为无机（Ig）

或者有机（Org）化合物。

名称：对于微生物来说，包含一个“X”（大写字母）和一个以“O”结尾的下标的所有变量都代表一种生物（如 X_{OHO}代表普通异养菌）。

对于描述特定分子的简单状态变量，有两种方法来指定名称：

（1）如果化学公式太长，化合物的名称可以缩写。表 D-4 给出了一些例子，大小写字母使用如下：

——首字母缩写：所有字母都大写（例如：OHO）；

——首字母大写加音节缩写：第一个字母大写，其余小写（如 Inf、Org、Ig），如果缩写涉及一个过程时所有字母都小写（如 hyd 指水解作用 hydrolysis）。

（2）如果化学式本身足够短（如 CH_4、NO_2、NH_4），国际理论和应用化学联合会 IUPAC 对命名有机和无机化学过程的建议在 Hellwinkel（2001；蓝皮书）和 Connelly 等人（2005；红皮书）的书中已分别给出。

如果化学式是模型的组成部分，有必要区分质子化的和非质子化的分子，可能是不带电分子或离子，这取决于特定的化合物以及离子的活度和浓度。按照既定的化学符号，我们建议使用：

（1）方括号表示离子浓度（如 $S_{[NH4]}$或 $S_{[Ac]}$），标准单位为［$kmol \cdot m^{-3}$］；

（2）圆括号表示离子活度（如 $S_{(NH4)}$），标准单位为［$kmol \cdot m^{-3}$］；

（3）“H”表示非游离态酸（如醋酸浓度表示为 $S_{[HAc]}$）；

（4）没有括号表示总化合物浓度（例如：S_{NHx}［$gN \cdot m^{-3}$］表示由 NH_3＋NH_4（x 表示两者）组成的总氨浓度，S_{Ac}［$gCOD \cdot m^{-3}$］表示乙酸盐和乙酸的总浓度）。

例如，通常需要描述系统中的总氨（如在 ASM1 模型中，S_{NHx}作为自养型硝化细菌的基质）。其他时候，模型需要考虑离子种类（例如：氨抑制，$S_{[NH3]}$）。

说明：在某些情况下在给变量命名时需要含有额外信息（第四级下标或更多）。需要考虑如下的情况：

（1）结构化生物量化合物将出现在有机体符号名称的旁边，由一个逗号分开。对细胞内存储产物来说，可以考虑用不同级数的下标来阐明细节。例如，当模型里包含糖原时，以 $X_{PAO,PHA}$来命名状态变量比较合适（即模型中包含不止一种存储物）；而在不考虑糖原的情况下，$X_{PAO,Stor}$则更为合适（即模型中只包含一种存储物）。

（2）可对产物来源进行说明，可以指出该化合物是源自内源呼吸过程（E）还是源自进水（Inf）（例如：$X_{U,E}$或 $X_{U,Inf}$分别描述 ASM1 模型状态变量 X_P 和 X_I）。

（3）对于一些模型来说指定反应器很重要。例如，在生物膜或厌氧消化模型中，不同的化合物在不同的反应器/相保持平衡状态。反应器中符号如下（Morgenroth，2008）：L 代表液体，G 代表气体，F 代表内部的生物膜，LF 代表表层生物膜（如 $S_{CO2,L}$，或 $S_{CO2,G}$）。如果所有的模型变量属于同一反应器，就没必要指定反应器了。

（4）如有需要，应考虑离子的化合价，例如，在同一模型中考虑 $S_{Fe,2}$ 和 $S_{Fe,3}$的情况。

（5）如有需要，可以把额外的下标定义为单位。其书写见 Grau 等人（1987），在上标中标注的幂可以是正数或负数（例如，$gCOD \cdot m^{-3}$）。

D1.3.3.1　集合变量命名

一个集合变量是单变量经过组合后得到的。在新的框架中，拟议的前两个下标允许根据降解性和有机-无机属性来组合变量（见图 D-2，如 $X_{U,Org}$ 和 $X_{B,Org}$）。在这个框架里也可根据颗粒大小来命名集合变量。在这种情况下，主符号将包含不同颗粒大小的字母，按以下顺序 $X \rightarrow C \rightarrow S$，例如根据新的符号命名 ASM1 模型中 X_S 的新名称是 XC_B。对于一些集合变量，通常会提供特定名称，如“Stor”代表储存物或“Bio”代表总生物量。

本文不讨论由多个状态变量计算得到的复合变量，以便于模型结果与实验测量结果的比较。

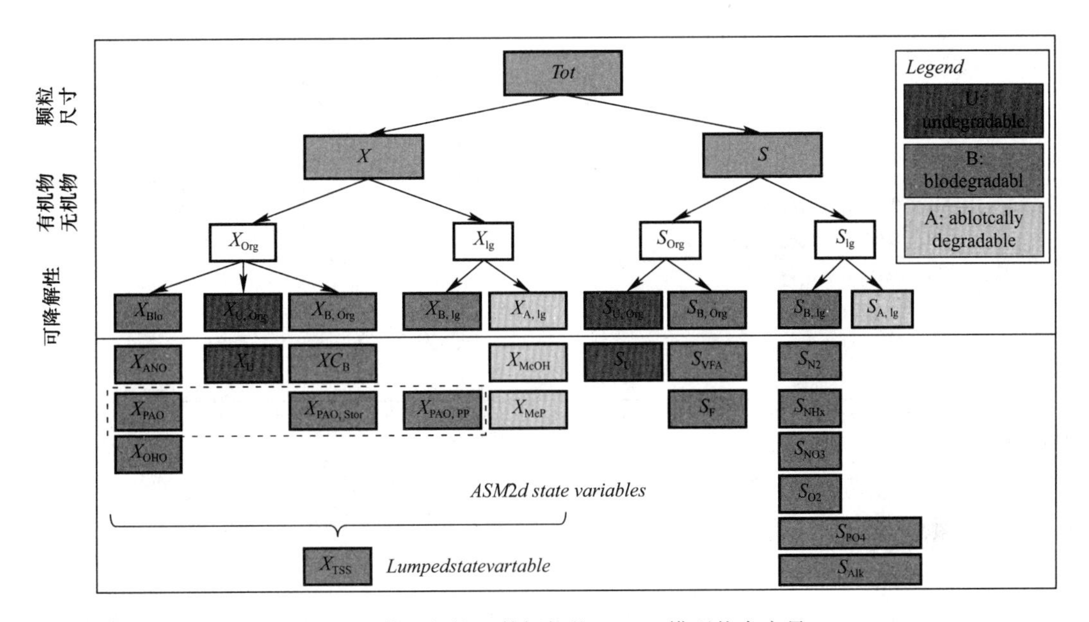

图 D-2　使用拟议记数框架的 ASM2 模型状态变量

D1.3.3.2　示例：使用新框架的 ASM2d 模型

图 D-2 举例说明了新状态变量符号框架在 ASM2d 模型中的使用（Henze 等，2000）。变量是根据颗粒大小、有机/无机属性以及降解性来界定的。表 D-2 对 ASM2d 模型中使用的旧符号和新符号进行了系统比较。

可以看出，主符号在拟议的框架中保持不变（除了之前的 X_S 变为 XC_B），只是对部分下标进行了修正。对于描述特殊分子的简单变量，两种符号系统都用化学式表示（如 S_{N2}、S_{O2}、S_{PO4}）。对于总氨，在新符号下标的最后加入了“x”（“x”结合了 NH_4^+ 和 NH_3）；S_{NOX} 也采用同样的方式，“x”结合了 NO_2^- 和 NO_3^-。对于挥发性脂肪酸，下标用新的符号“VFA”，替代了之前使用的缩写“A”。对于没有特定名称或公式的变量，降解性在下标中给出（如 X_U、XC_B）。微生物变量符号有主符号“X”和以“O”结尾的下标（如 X_{ANO} 表示硝化微生物，X_{OHO} 表示普通异养菌）。胞内物质的符号与微生物相关（$X_{PAO,Stor}$）。

ASM2d 模型、已有模型所使用符号与新符号系统的比较

（黑体表示对状态变量名称的拟议改变） 表 D-2

类 型	旧符号	新符号
可发酵有机物	S_F	S_F
发酵产物乙酸盐	S_A	S_{VFA}
可溶性不可生物降解有机物	S_I	S_U
溶解氧	S_{O2}	S_{O2}
慢速可生物降解性基质(1)	X_S	XC_B
颗粒性不可降解性有机物(2)	X_I	X_U
铵及氨氮	S_{NH4}	S_{NHX}
硝酸盐及亚硝酸盐(3)	S_{NO3}	S_{NOX}
溶解态氮气	S_{N2}	S_{N2}
可溶性无机磷	S_{PO4}	S_{PO4}
普通异养菌	X_H	X_{OHO}
自养硝化细菌	X_{AUT}	X_{ANO}
聚磷菌	X_{PAO}	X_{PAO}
聚磷菌细胞内储存产物(4)	X_{PHA}	$X_{PAO,Stor}$
聚磷菌储存的多聚磷酸盐	X_{PP}	$X_{PAO,PP}$
金属氢氧化物	X_{MeOH}	X_{MeOH}
金属磷酸盐	X_{MeP}	X_{MeP}
碱度	S_{ALK}	S_{AlK}
总悬浮固体	X_{TSS}	X_{TSS}

(1) ASM2d 模型中所定义的 X_S 包括胶体物质；(2) X_I 不包括胶体物质；(3) NO_3 通常只代表硝酸盐；(4) X_{PHA} 不是直接测量的 PHA。

D1.4 模型参数

定义一个涵盖每个参数命名的框架是一项艰巨而又不可逾越的任务，这些参数在所有现有的和未来的生化动力学模型中得以应用。因此，作者的目的是提供一个标准、常用参数的框架，或为当前实践所遇到的问题提供一个框架。用于不同模型参数符号的比较见表 D-3，表 D-3 揭示了新符号系统面临的一些挑战，例如对同一参量如何避免使用不同的主符号和下标。

根据 Gujer 矩阵的设置，这部分分别描述了化学计量学系数和动力学参数。

用于不同模型的参数符号　　表 D-3

类型		ASM1[(1)]	ASM2d[(1)]	ASM3[(1)]	GenASDM[(2)]	UCTPHO[(3)]	UCTPHO+[(4)]	TU Delft－P[(5)]	ADM1[(6)]
自养菌产率	$gX_{ANO}\cdot(gN)^{-1}$	Y_A	Y_A	Y_A		Y_{ZA}	Y_{NIT}	Y_A	
缺氧条件下最大生长速率修正因子		η_g	η_{NO3}	$\eta_{NO,H}$	η_G	η_G	η_H	η_{NO}	
氧气饱和/抑制系数	$gO_2\cdot m^{-3}$	$K_{O,H}$	K_{O2}	$K_{O,H}$	K_{OH}	K_{OH}	K_{OH}	K_O	
X_{PHA}储存速率常数（基于X_{PP}）	$gX_{PAO,PHA}\cdot(gX_{PAO})^{-1}\cdot d^{-1}$		q_{PHA}		K_{SCFA}	K_P	q_{PHA}	q_{Ac}	
磷酸盐（营养物质）饱和系数	$gP\cdot m^{-3}$		K_P		K_P	K_{PS}	$K_{PO4-gro}$	K_P	
铵（基质）饱和系数	$gN\cdot m^{-3}$	K_{NH}	K_{NH4}	$K_{NH,A}$	K_{NH}	K_{SA}	K_{NH4}	K_{NH}	
最大发酵速率	$gS_F\ (gX_{OHO})^{-1}\cdot d^{-1}$		q_{fe}		$M_{ZBH,ANA}$	K_C	K_{FE}	q_{FE}	
最大比水解速率	d^{-1}	k_h	k_h	k_h	k_h	K_{MP}		k_h	$K_{hyd,i}$

（1）国际水协活性污泥模型，Henze 等人（2000）；（2）BioWin3 模拟软件的专有模型“通用活性污泥消化模型”（ESA，2007）；（3）开普敦大学模型，Wentzel 等人（1992）；（4）UCT 模型的最新版本，Hu 等人（2007）；（5）TU Delft 除磷模型，Meijer（2004）；（6）国际水协厌氧消化模型 1 号，Batstone 等人（2002）。

D1.4.1 代学计量

1. 产率

在拟议的符号中"产率"代表一个化学计量学系数，描述了由一定数量的反应物得到特定产物的量。

2. 遇到的特定问题

（1）对于微生物产率系数，在评估模型时，没有标准来确定基质源和环境条件，例如：有氧条件下，"O"用于 TU Delft－P 中，而下标 1 用于 UCTPHO＋中。

（2）命名产率时，例如细胞内储存物（例如在 ASM2 模型中的 Y_{PO4} 代表着在释磷过程中每存储单位 X_{PHA} 所需的 X_{PP}）的命名并不直接，且仅基于符号无法明确理解该参数。

3. 框架

产率的主符号是 Y（大写且斜体）。下标先写反应物或基质源，中间是一下划线，然后是产物描述，例如细胞内存储的化合物的命名。位于反应物及产物下标之后是有机体的名称，随后是环境条件。通过环境条件下标可以区分由于氧和硝酸盐/亚硝酸盐含量的不同造成的不同产率（例如 Ox：好氧的；Ax：缺氧的；Ax2：缺氧的，存在亚硝酸盐；Ax3：缺氧的，存在硝酸盐；以及 An：厌氧的）。这种在两种化合物之间加一下划线"反应物 _ 产物"作为下标来表示产率的方法，也用于其他领域。例如 Roels（1983）提出，Y_{SX} 代表基于基质的微生物产率，Y_{SP} 代表基于基质的产物产率。图 D-3 列出了拟议的命名框架及按程序命名产率的几个例子。当微生物只消耗一种基质用于直接生长时，则不需要用"反应物 _ 产物"来表示（如 Y_{OHO}）。

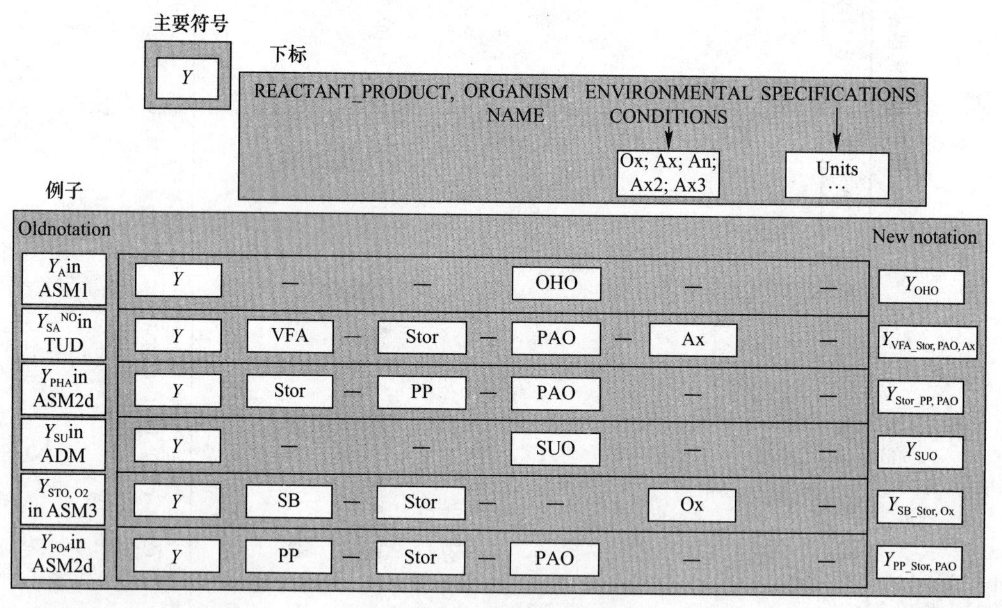

图 D-3 产率系数命名框架和例子

D1.4.2 组合和比例系数

在拟议的框架中，组合系数是指用于连续性方程的转换因子。在本文中，它们被定义为一个更大实体中的一部分，以用来解释一种化合物的组成。例如，组合因子用于确定化合物或有机体（如普通异养菌的含氮量）中某种元素（N、P）、电荷或者任何其他部分（如 COD，TSS）的含量。

比例系数是用来表示状态参量中可通过某一过程而进行转换的比例，例如在 ASM1 模型中 f_P 描述的是生物体中可转化为不可生物降解的颗粒性产物的比例。

1. 遇到的特定问题

（1）需要说明不同比例的使用（是组成还是比例系数）。

（2）没有定义比例和有机体及主要化合物在符号中的顺序。

2. 框架

主符号定义了所使用的化学计量学系数的意义。字母“i”用于组合系数，而“f”用于比例系数。当使用“i”的时候，第一个下标代表较小的部分（如氮含量），而第二个下标代表主化合物或微生物（更大的实体）。当使用“f”的时候，采用同样的下标顺序（“较小” _ “较大”），并且在下标中可以增加过程类型的说明。图 D-4 介绍了比例系数命名的拟议框架并举例阐明命名过程。f 可以最终被用来表达比例，例如在 ASM2d 模型中 PP/PAO 将写成 f_{PP_PAO}。

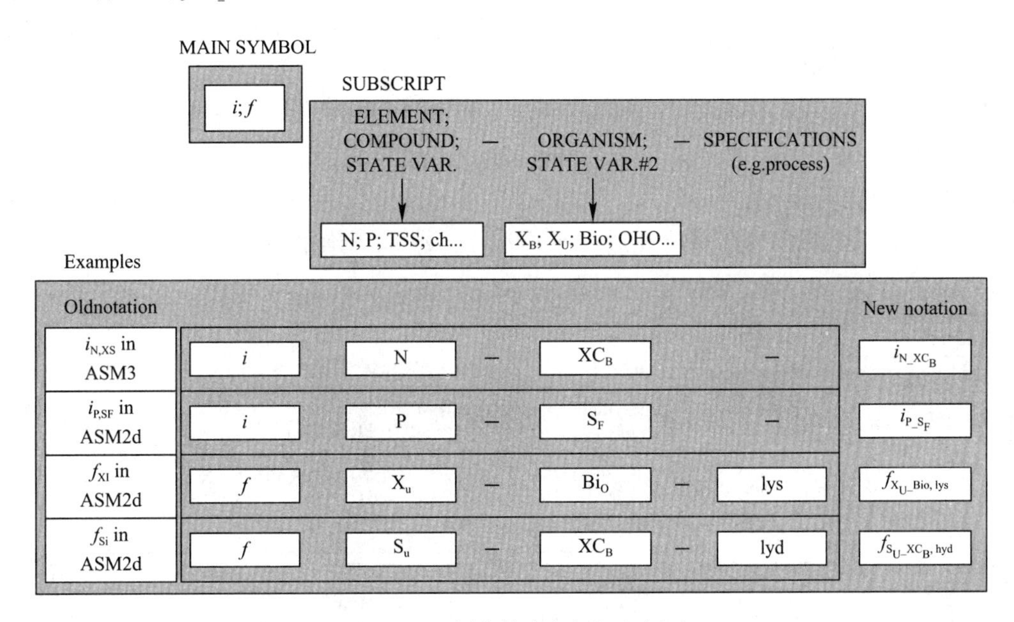

图 D-4　比例分数命名框架和例子

一般说来，建议用参数中的一个下标对状态变量进行简化定义。如果下标本身没有意义的话，则使用主字母（X，C，S）。正常情况下，微生物体名称和化学化合物可以没有主字母而直接书写（如 Bio）。集总变量则需要大写字母（如 XC_B）。状态变量名称中不采用逗号来分隔下标，该处原文中“comas 可能为 commas”，故翻译为逗号（如 i_{P_XUE}），这也适用于其他的参数。

D1.5　动力学参数

D1.5.1　速率系数和降低因子

反应速率描绘了一个过程的动力学特征。在 ASM 模型中，过程速率方程（ρ_j）通常包括最大速率和几个饱和条件（如莫诺术语、米氏方程…）。降低因子可用来解释在特定环境（如缺氧环境）下速率降低的问题。该框架关注的是这些方程中使用的速率系数和降低因子。

1. 遇到的特定问题

字母“k”均可用来表示速率（小写字母“k”）和饱和系数（大写字母“K”），而这可能导致混淆（如水解速率 k_H 和饱和系数 K_H）。

（1）并不是所有的模型中都定义了所有的速率常数（如：在大多数符号系统中没有考虑维持速率）。

（2）缺少一个包含不同基质源的命名框架，例如 OHOs 的乙酸盐、丙酸盐增长常被模拟为两个过程。

2. 框架

μ、b、m、q（小写，斜体）均可用作主符号，其中 μ 表示增长，b 表示衰减或内源呼吸，m 表示维持（van Loosdrecht & Henze，1999），而“q”用于表示其他所有的速率。在框架中定义了修正系数，作为附加信息。因为这些修正系数也可以用于上述这些参数（主字母是“η”）和温度校正（θ）。

修正系数的第一个下标用以说明主符号，第二个下标用大写字母表示微生物，第三个下标说明基质源或“反应物 _ 产物”，其他说明则可用第四个下标表示。图 D-5 提供了框架的概述和一些例子，包括一个 ASM2d 模型中异养菌生长速率在缺氧条件下的降低因子以及一个温度校正系数的示例。在后一种情况下，应该正确书写用于温度校正的方程，例如“pow”或“exp”可用来说明方程的类型。

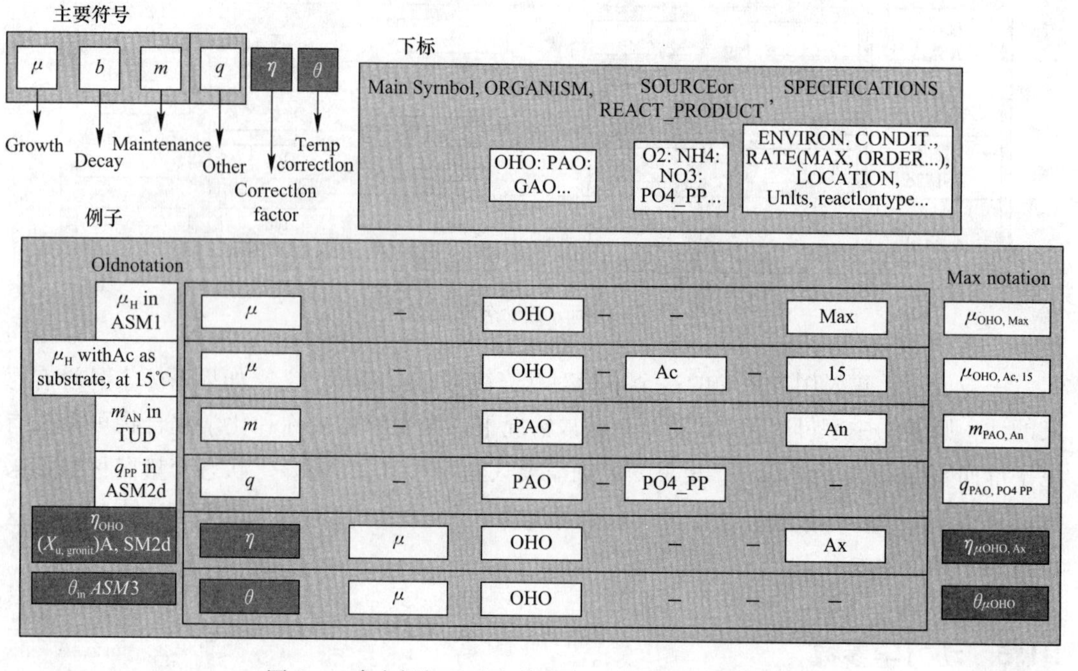

图 D-5　命名框架及动力学速率、减缩因子命名举例

附加解释和例子：

过程的一些常见缩写可参见表 D-4（例如“hyd”代表水解作用，“ab”代表酸碱反

应)。从图 D-5 最后的例子中的下标中可以看出，“η”和“θ”一直作为主符号，所表示的参数符号的意义则由下标给出。

D1.5.2　饱和或抑制系数

这些系数用于还原术语（如 Monod 系数，抑制 Monod 系数，Haldane 系数，等），根据另一种化合物的存在或抑制降低最大过程速率。

1. 遇到的特定问题

（1）一些系数的名称不唯一，例如 ASM2d 模型中的 K_{PP} 和 K_{IPP}、没有提及具体生物或比率的 K_{O2}。

（2）有时需要额外的信息去理解参数的意义。

2. 框架

主符号是一个斜体的大写字母 K。第一个下标描述还原术语的类型（饱和或抑制）。第二个下标涉及主要的化合物。相关微生物的名称可以在第三个下标中给出。对于一个表观饱和术语，下划线用于突出主要化合物和有机体或第二化合物的比例，例如：$\frac{X_{PAO,PHA}/X_{PAO}}{K_{fPHA\_PAO}+X_{PAO,PHA}/X_{PAO}}$ 中的 K_{fPHA_PAO}。图 D-6 介绍了拟议框架和一些命名过程的示例。

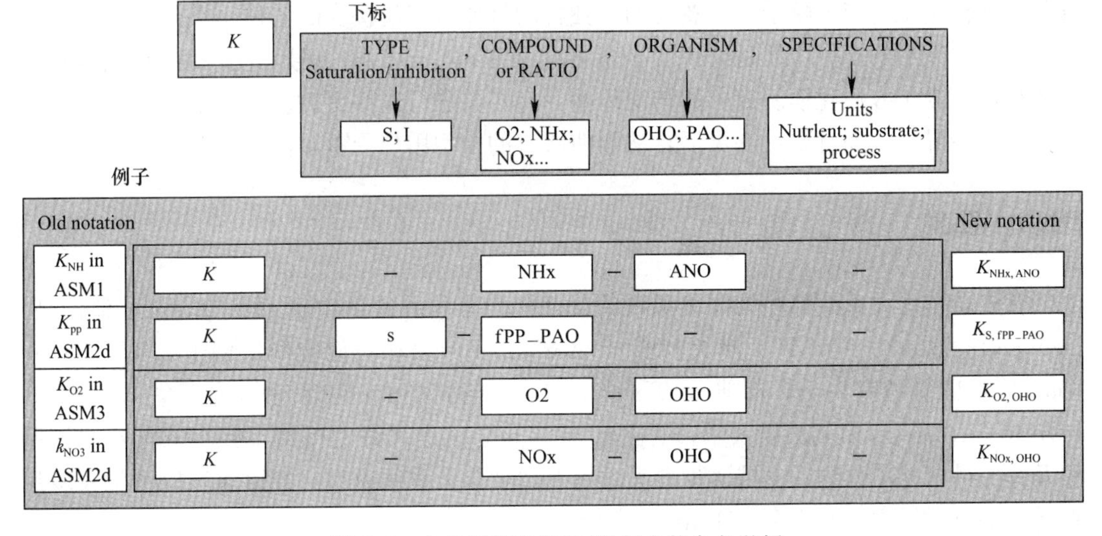

图 D-6　命名框架及饱和/限制常数命名举例

D1.6　新框架的作用

在污水处理建模过程中，新框架提供了一种结构化的系统对状态变量和参数的符号进行定义。本框架以系统而直观的方式采用不同层次的符号，提供了物理、生物和化学等信息，意在使其直截了当、通俗易懂。为了保持符号简单且有意义，有时必需折中一下。通过只保留那些能使符号在模型范畴内保持唯一性所必需的下标，便可以达到折中的目的。命名框架中字母或字体的选择源于先前提出的命名例子，所采用的符号一般与以往实践中最常用的做法类似或相同。为使所选择的文字和符号标准化，特提供缩写列表（见表D-4）。结构化框架可促进新模型在不同的污水处理建模分支领域中新符号的拓展，也可拓展现有框架。为了检验新框架的适用性，作者转换了一些现行模型的状态变量和参数。这一检验表明，转换通常是简单的，没有遇到命名差异或其他问题。为了促进模型用户对该拟议框架的应用，维基百科水网“好的模拟实践”综合列出了常用模型中的命名符号，既包括了以前使用的符号，也包括了现在的新符号。在微软文字处理软件 2003～2007 文档中，建模者可通过本文指令更新他们的符号。

D1.7 总结

笔者期望拟议的框架能结合 UCT 和 IWA 等不同符号系统的优点，从而建立对污水处理建模团队有用的标准化命名方法。使用常见的符号应该方便建模者和其他专家交流、应该有助于新模型达到更好的“可读性”以及防止误解和应用错误。因为编码在模型应用上是一个重要且容易出错的部分，新符号也为编程提供了命名规则。

对于污水建模的新兴领域，例如微污染物处理和水化学杂质、新陈代谢或结构化微生物模型等新的建模途径来说，建立命名表达方式的标准框架，是将这些模型优势传达给整个污水处理建模团队的一种十分有效的方法。对于在将来的研究中可能出现的新的变量和参数，该框架也应当能赋予其有意义的、独特的且能被广泛接受的名称。

建立框架后的下一步便是要说服全世界建模者调整他们的符号，使用新的命名规则。笔者相信，为了方便建模研究中的知识传播，有必要进行这些更改。拟定的结构化框架应不仅具有指导性，而且要足够灵活，从而使所有的模型用户受益，促进模型的发展。

D1.8 致谢

首先，笔者要感谢那些为完善拟议符号而严格审稿并提供宝贵意见的人员，他们是：Damien Batstone（AWMC，澳大利亚），Adriano Joss（科技研究所，瑞士），Ulf Jeppsson（隆德国际教育协会，瑞典），Thomas Hug（英属哥伦比亚大学，温哥华）和 Eberhard Morgenroth（伊利诺伊大学，美国）。笔者也要感谢“好的模拟实践”国际水协课题组及其成员对这项计划的支持、加拿大政府的“加拿大水质模型研究讲座”以及加泰罗尼亚政府提供的博士后奖学金”Beatriu de Pinós”。

参考文献

Busby J. B. and Andrews J. F. (1975). Dynamic modeling and control strategies for the activated sludge process. J. Water Pollut. Control Fed. ,47,1055-1080.

Barker P. S. and Dold P. L. (1997). General model for biological nutrient removal activated-sludge systems: Model presentation. Water Environ. Res. ,69(5),969-984.

Batstone D. J. ,Keller J. ,Angelidaki R. I. ,Kalyuzhnyi S. V. ,Pavlostathis S. G. ,Rozzi A. ,Sanders W. T. M. ,Siegrist H. and Vavilin V. A. (2002). Anaerobic Digestion Model No. 1. Scientific and Technical Report No. 13. IWA Publishing,London,UK.

Connelly N. G. ,Damhus T. ,Hartshorn R. M. and Hutton A. T. (eds)(2005). Nomenclature of Inorganic Chemistry: IUPAC Recommendations 2005. The Royal Society of Chemistry, [ISBN 978-0-85404-438-2].

Dold P. L., Ekama G. A. and Marais G. V. R. (1980). A general model for the activated sludge process. Prog. Water Technol., 12, 47-77.

Ekama G. A. and Marais G. V. R. (1977). The Activated Sludge process (Part II)-Dynamic behaviour. Water SA, 3(1), 18-50.

ESA(2007). General activated sludge-digestion model(General ASDM). BioWin3 software, EnviroSim Associates, Flamborough, Ontario, Canada.

Gernaey K. V., Rosen C., Batstone D. J. and Alex J. (2006). Efficient modelling necessitates standards for model documentation and exchange. Water Sci. Technol., 53(1), 277-285.

GMP TG(2008). Website of the IWA Task Group on'Good Modelling Practice-Guidelines for Use of Activated Sludge Models': https://iwa-gmp-tg.irstea.fr/.

Grau P., Copp J., Vanrolleghem P. A., Takács I. and Ayesa E. (2009). A comparative analysis of different approaches for integrated WWTP modeling. Water Sci. Technol., 59(1), 141-147.

Grau P., Sutton P. M., Henze M., Elmaleh S., Grady C. P. L., Gujer W. and Koller J. (1982a). Editorial: A common system of notation for use in biological wastewater treatment. Water Res., 16(11), 1499-1500.

Grau P., Sutton P. M., Henze M., Elmaleh S., Grady C. P. L., Gujer W. and Koller J. (1982b). Report: Recommended notation for use in the description of biological wastewater treatment processes. Water Res., 16(11), 1501-1505.

Grau P., Sutton P. M., Henze M., Elmaleh S., Grady C. P. L., Gujer W. and Koller J. (1987). Notation for the use in the description of wastewater treatement processes. Water Res., 21(2), 135-139.

Gujer W. (2006). Activated sludge modelling: past, present and future. Water Sci. Technol., 53(3), 111-119.

Hellwinkel D. (2001). Systematic nomenclature in organic chemistry: a directory to comprehension and application of its basic principles. Springer, Berlin; New York.

Henze M., Sutton P. M., Gujer W., Koller J., Grau P., Elmaleh S. and Grady C. P. L. (1982). The use and abuse of notation in biological wastewater treatment. Water Res., 16(6), 755-757.

Henze M., Gujer W., Mino T. and van Loosdrecht M. C. M. (2000). Activated Sludge Models: ASM1, ASM2, ASM2d and ASM3. Scientific and Technical Report NO. 9. IWA Publishing, London, UK.

Henze M., van Loosdrecht M. C. M., Ekama G. A. and Brdjanovic D. (eds) (2008). Biological Wastewater Treatment-Principles, Modelling and Design. IWA Publishing, London, UK. ISBN: 9781843391883.

Horn H., Reiff H. and Morgenroth E. (2003). Simulation of growth and detachment in biofilm systems under defined hydrodynamic conditions. Biotechnol. Bioeng., 81(5), 607-617.

Howard P. H., Boethling R. S., Jarvis W. F, Meylan W. M. and Michalenko E. M. (1991). Handbook of environmental degradation rates. Lewis Publishers, Chelsea, Michigan.

Hu Z., Wentzel M. C. and Ekama G. A. (2007). A general kinetic model for biological nutrient removal activated sludge systems: Model development. Biotechnol. Bioeng., 98(6), 1242-1258.

Jiang T., Myngheer S., De Pauw D. J. W., Spanjers H., Nopens I., Kennedy M. D., Amy G. and Vanrolleghem P. A. (2008). Modelling the production and degradation of soluble microbial products (SMP) in membrane bioreactors (MBR). Water Res., 42, 4955-4964.

Joss A., Zabczynski S., Göbel A., Hoffmann B., Löffler D., McArdell C. S., Ternes T. A., Thomsen A. and Siegrist H. (2006). Biological degradation of pharmaceuticals in municipal wastewater treatment: proposing a classification scheme. Water Res., 40(8), 1686-1696.

Lavallée B., Frigon D., Lessard P., Vanrolleghem P. A., Yuan Z. and van Loosdrecht M. C. M (2008). Modelling using rRNA-structured biomass models. In: Proc. 1st IWA/WEF Wastewater Treatment Modelling Seminar, Mont-Sainte-Anne, Québec, Canada, June 1-3, 2008.

Lee B. J., Wentzel M. C. and Ekama G. A. (2006). Measurement and modelling of ordinary heterotrophic organism active biomass concentrations in anoxic/aerobic activated sludge mixed liquor. Water Sci. Technol., 54(1), 1-10.

Lopez-Vazquez C. M., Oehmen A., Hooijmans C. M., Brdjanovic D., Gijzen H. J., Yuan Z. G. and van Loosdrecht M. C. M. (2009). Modeling the PAO-GAO competition: effects of carbon source, pH and temperature. Water Res., 43(2), 450-462.

Lu S. G., Imai T., Ukita M., Sekine M., Higuchi T. and Fukagawa M. (2001). A model for membrane bioreactor process based on the concept of formation and degradation of soluble microbial products. Water Res., 35(8), 2038-2048.

Melcer H., Dold P. L., Jones R. M., Bye C. M., Takacs I., Stensel H. D., Wilson A. W., Sun P. and Bury S. (2003). Methods for Wastewater Characterization in Activated Sludge Modeling. Water Environment Research Foundation (WERF), Alexandria, VA, USA.

Meijer S. C. F. (2004). Theoretical and Practical Aspects of Modelling Activated Sludge Processes. PhD Thesis. Delft University of Technology, The Netherlands.

Morgenroth E. (2008). Modelling Biofilm Systems, in Biological Wastewater Treatment -Principles, Modelling, and Design, edited by Henze M., van Loosdrecht M. C. M., Ekama G. A. and Brdjanovic D., IWA Publishing, London, 2008.

Murnleitner E., Kuba T., van Loosdrecht M. C. M. and Heijnen J. J. (1997). An integrated metabolic model for the aerobic and denitrifying biological phosphorus removal. Biotechnol. Bioeng., 54(5) 434-450.

Rittmann B. E. and McCarty P. L. (1980). Model of steady-state-biofilm kinetics. Biotechnol. Bioeng., 22(11), 2343-2357.

Roeleveld P. J. and van Loosdrecht M. C. M. (2002). Experience with guidelines for wastewater characterisation in The Netherlands. Water Sci. Technol., 45(6), 77-87.

Roels J. A. (1983). Energetics and kinetics in biotechnology. Elsevier Biomedical Press, Amsterdam.

Schönerklee M., Peev M., De Wever H., Reemtsma T. and Weiss S. (2009). Modelling the degradation of micropollutants in wastewater-Parameter estimation and application to pilot (laboratory-scale) MBR data in the case of 2,6-NDSA and BTSA. Water Sci. Technol., 59(1), 149-157.

Sin G., Kaelin D., Kampschreur M. J., Takács I., Wett B., Gernaey K. V., Rieger L., Siegrist H. and van Loosdrecht M. C. M. (2008). Modelling nitrite in wastewater treatment systems: A discussion of different modeling concepts. Water Sci. Technol., 58(6), 1155-1171.

Smolders G. J. F., Van der Meij J., van Loosdrecht M. C. M. and Heijnen J. J. (1995). A structured metabolic model for anaerobic and aerobic stoichiometry and kinetics of the biological phosphorus removal process. Biotechnol. Bioeng., 47(3), 277-287.

van Loosdrecht M. C. M. and Henze M. (1999). Maintenance, endogeneous respiration, lysis, decay and predation. Water Sci. Technol., 39(1), 107-117.

Wanner O. and Gujer W. (1986). A multispecies biofilm model. Biotechnol. Bioeng., 28(3), 314-328.

Wentzel M. C., Ekama G. A. and Marais G. V. R. (1992). Process and modelling of nitrification denitrification biological excess phosphorus removal systems—A review. Water Sci. Technol., 25(6), 59-82.

Wild D., von Schulthess R. and Gujer W. (1995). Structured modeling of denitrification intermediates. Water Sci. Technol., 31(2), 45-54.

附件

新符号框架拟议缩写　表 D-4

集合变量		微生物	
A	非生物可转换化合物	OHO	异养菌
B	可生物降解化合物（基质）	AAO	可降解氨基酸微生物
Bio	生物体（生物量）	ACO	分解乙酸产甲烷微生物
Ig	无机化合物	AMO	厌氧氨氧化菌
Inh	抑制性化合物	ANO	自养硝化菌（NH_4^+ 到 NO_3^-）
ISS	无机悬浮固体	AOO	氨氧化菌
MP	微污染物	FAO	可降解脂肪酸微生物
Org	有机化合物	FeOO	亚铁氧化细菌
Stor	细胞内储存化合物	FeRO	铁还原细菌
Tot	总量	GO	G—细菌
Tox	有毒化合物	GAO	聚糖菌
TSS	总悬浮固体	GAO_GB	Competibacter 类聚糖菌
U	非降解性化合物	GAO_DEF	Defluviicoccus 类聚糖菌
VSS	挥发性悬浮固体	HMO	氢营养性甲烷菌
缩略词		LOO	氧化脂肪微生物
AA	氨基酸	MEOLO	甲烷营养性微生物
Ac	乙酸	NOO	亚硝酸盐氧化菌
AcCoA	乙酰辅酶 A	PAO	聚磷菌
Ads	吸附性化合物	PRO	丙酸转乙酸微生物
Alk	碱度	SOO	硫氧化菌
BAP	与生物衰亡相关的产物	SRO	硫酸盐还原菌
Bu	丁酸	SUO	可利用糖微生物
Ca	钙	VBO	可降解戊酸丁酸微生物
CHO	碳水化合物	化学式	
F	发酵有机物(1)	CH_3OH	甲醇
Gly	糖原	CH_4	甲烷
HAc	醋酸	CO_2	二氧化碳
HAP	羟磷石灰	CO_3	碳酸盐
HBu	丁酸	H_2	氢气
HDP	羟基磷酸氢钙	H_2O	水
Hi	高分子量	HCO_3	碳酸氢盐
HPr	丙酸	HNO_2	亚硝酸
Hva	戊酸	HNO_3	硝酸
LCFA	长链脂肪酸	N	氮
Li	脂肪	N_2O	一氧化二氮
Lo	低分子量	NH_3	氨
MAP	鸟类石（磷酸铵镁）	NH_4	氨氮
Me	金属	NH_X	氨和氨氮的总和
MeOH	金属氢氧化物沉淀物	NO_2	亚硝酸盐
MeP	金属磷酸盐化合物	NO_3	硝酸盐
Mg	镁	NOx	亚硝酸盐和硝酸盐总和
MW	分子量	O_2	氧气

续表

集合变量		微生物	
PH2MV	聚 β 羟基 2 甲基戊酸酯	P	磷
PHA	聚 β 羟基烷酸酯	PO_4	磷酸盐
PHB	聚 β 羟基丁酸酯	S	硫
PHV	聚 β 羟基戊酸酯	SO_3	亚硫酸盐
PP	聚磷酸盐	SO_4	硫酸盐
Pr	丙酸盐	微污染物	
PrCoA	丙酰辅酶 A	BpA	双酚 A
Prot	蛋白质	Dcf	双氯芬酸
Su	糖	DEHP	双（2-乙基己基）邻苯二甲酸盐
UAP	与基质利用相关的产物		酸盐
Va	戊酸盐	Ibp	异丁苯丙酸
VFA	挥发性脂肪酸	LAS	直链烷基苯磺酸盐（阴离子清洁剂）
主符号		过程[2]	
参数		ab	酸碱反应
b	衰减率	ads	吸附作用
f	分数	am	氨化作用
μ	增长率	dis	解离
i	合成系数	fe	发酵
K	饱和系数	gro	生长
m	维持率	hyd	水解作用
η	减缩因子	lys	细胞溶解
r	反应速率	pre	沉淀
q	除 μ、b、m 外的其他速率	red	再溶解
Y	产率	stor	细胞内储存化合物
状态变量		环境条件	
C	胶体的	An	厌氧的
S	可溶解的	Ax	缺氧的（存在亚硝酸和硝酸盐）
X	颗粒性的	Ax2	Anoxilic（存在亚硝酸盐）
来源		Ax3	Anoxalic（存在硝酸盐）
E	内源呼吸产物	Ox	好氧的
Inf	进水	反应器	
其他		F	内生物膜
Max	最大值	G	气体
Plim	磷限制速率	L	液体
		LF	生物膜表面

（1）同样的缩写（F）与可发酵性有机物用于内生物膜反应器，然而反应器指定于最后一个下标而变量名指定于第一个下标，以避免混淆；

（2）过程缩写所有的字母用小写从而减小混淆（如 Stor 和 stor）。

附录 D2
根据新符号分级实例

注释：

注释 1：生物量是可以被完全生物降解的。它只是在衰减、死亡、维持之后转化成可生物降解和不可生物降解有机物。

注释 2：“*”代表部分符号的状态参量。

实际测定与模型的比较。

状态变量＝建模。

BOD_U 比相应的 BOD_b 值少 10％。

BOD 为生化需氧量。

给出了初级市政出水的典型 COD 成分（改变自 ASM2d 模型；Henze 等人，1999）。

给出了原水和初级出水 COD_t 组分的范围（EnviroSim，2007）。

给出了处理原水的 UCT 工艺好氧区处理原污水的活性污泥浓度值，污泥停留时间 5d，12C XSRO：SBR。

各成分之间的关系以及它们的结合，它们的理论需氧量、生化需氧量、固体含量，N和P的浓度适用于任何流体、反应器容量和污水水流
由Yves根据2010年Corominas等所提出的符号所开发

	Component (mg/L) (state variable)				COD (mg O_2/L)		BOD (mg O_2/L)		Solids (mg/L)		Nitrogen (mg N/L)	
ORGANIC MATTER	S_{H2}		S_B	S_{Org}; Tot	* COD	S_{B_COD}; $S_{\_COD}$; $Tot_{\_COD}$						
	S_{CH4}				* COD							
	S_{CH3OH}				* COD		* BOD	$S_{\_BOD}$; $Tot_{\_BOD}$	*	$X_{\_VSS}$; $X_{\_TSS}$; $Tot_{\_VS}$; $Tot_{\_S}$		
	S_{Ac}	S_{VFA}			* COD		* BOD		*			
	S_{Prop}				* COD		* BOD		*			
	S_F				* COD		* BOD		*		*_N	S_{B_N}; S_{Org_N}; Tot_{Org_N}; Tot_{TKN_N}; To
	$S_{U,Inf}$		S_U		* COD	S_{B_COD1}			*		*_N	S_{U_N}
	$S_{U,E}$				* COD				*		*_N	
	C_B		C_B	C_{Org}; C	* COD	C_{B_COD}; $C_{\_COD}$	* BOD	$C_{\_BOD}$	*		*_N	C_{B_N}; $C_{\_N}$
	$C_{B,BAP}$				* COD		* BOD		*		*_N	
	$C_{B,UAP}$				* COD		* BOD		*		*_N	
	$C_{U,Inf}$		C_U		* COD	C_{U_COD}			*		*_N	C_{U_N}
	X_B		X_B	X_{Org}; X	* COD	X_{B_COD}; $X_{\_COD}$	* BOD	$X_{\_BOD}$	*		*_N	X_{B_N}; X_{Org_N}
	$X_{OHO,PHA}$	X_{Stor}			* COD		* BOD		*			
	$X_{GAO,PHA}$				* COD		* BOD		*			
	$X_{GAO,Gly}$				* COD		* BOD		*			
	$X_{PAO,PHA}$				* COD		* BOD		*			
	$X_{PAO,Gly}$				* COD		* BOD		*			
	X_{OHO}	X_{Bio}			* COD		* BOD		*		*_N	
	X_{AOO}	X_{ANO}			* COD		* BOD		*		*_N	
	X_{NOO}				* COD		* BOD		*		*_N	
	X_{AMO}				* COD		* BOD		*		*_N	
	X_{PAO}				* COD		* BOD		*		*_N	
	X_{MEOLO}				* COD		* BOD		*		*_N	
	X_{ACO}				* COD		* BOD		*		*_N	
	X_{HMO}				* COD				*		*_N	
	X_{PRO}				* COD				*		*_N	
	$X_{U,Inf}$		X_U		* COD	X_{U_COD}			*		*_N	X_{U_N}
	$X_{U,OHO,E}$	$X_{U,E}$			* COD				*		*_N	
	$X_{U,PAO,E}$				* COD				*		*_N	
INORGANIC MATTER	$X_{Ig,ISS}$		X_{Ig}							$X_{\_ISS}$ (includes inorganic fraction of X_{Org}); $Tot_{\_IS}$		
	X_{MAP}								*		*_N	X_{Ig_N}; Tot_{Ig_N}
	X_{HAP}								*			
	X_{MeP}								*			
	X_{HDP}								*			
	X_{MeOH}								*			
	$X_{PAO,PP,Lo}$	$X_{PAO,PP}$							*			
	$X_{PAO,PP,Hi}$								*			
	S_{NH4}		S_{Ig}						*		*_N	S_{Ig_N}
	S_{NO2}	S_{NOx}							*		*_N	S_{NOx}
	S_{NO3}								*		*_N	
	S_{PO4}								*			
	S_{CAT}								*			
	S_{AN}								*			
	S_{N2}											

Note 2

conversion factor depending on composition of state variable to get"State variable_ThOD"

conversion factor depending on composition of state variable to get"State variable_BODu or_BOD5"

conversion factor depending on composition of state variable to get"State variable_N"

附录 E
一种系统化的模型验证方法—应用于七种已出版的活性污泥模型

***H. Hauduc*[1,2], *L. Rieger*[2,3], *I. Takács*[4], *A. Héduit*[1], *P. A. Vanrolleghem*[2] *and S. Gillot*[1]**

[1]Cemagref, UR HBAN, Parc de Tourvoie, BP 44, F-92163 Antony Cedex, France. (E-mail: sylvie.gillot@irstea.fr).

[2]model EAU, Université Laval, Département de génie civil, Pavillon Adrien-Pouliot, 1065 av. de la Médecine, Quebec, G1V 0A6, Canada.

[3]EnviroSim Associates Ltd., 7 Innovation Drive, Suite 205, Flamborough (ON) L9H 7H9, Canada

[4]EnviroSim Europe, 15 Impasse Fauré, 33000 Bordeaux, France

摘要

印刷、不一致性、差异、概念性错误或潜在的数值模拟描述错误在已出版模型的应用中，会显著地影响模拟结果的质量。经研究已经指出了七种最常用的活性污泥模型出版物中的印刷错误、不一致性和差异性：①ASM1 模型（Henze 等人，1987；Henze 等人，2000a，再版）；②ASM2d 模型（Henze 等人，1999；Henze 等人，2000b，再版）；③ASM3 模型（Gujer 等人，1999；Gujer 等人，2000，修正版）；④ASM3＋BioP 模型（Rieger 等人，2001）；⑤ASM2d＋TUD 模型（Meijer，2004）；⑥新常规模型（Barker & Dold，1997）；⑦UCTPHO＋模型（Hu 等人，2007）。

在模型开发和软件应用中通过追踪印刷错误和不一致性，提出了一种系统化的方法来验证模型。该方法检查每个模型的化学计量学和动力学速率表达式并详细地报道了所发现的错误。附件电子表格提供了修正过的矩阵，此矩阵计算可用于讨论生物反应动力学模型的所有化学计量系数，还给出了适当的连续性检查的例子。

关键词：活性污泥模型 ASM，连续性，合成矩阵，错误，模型应用，模型验证

E.1 引言

模拟结果的质量会受到几个误差源的影响（Refsgaard 等人，2007）：①背景和框架；②输入不确定性；③模型结构不确定性；④参数不确定性以及⑤模型技术的不确定性，例

如模型应用错误。Gernaey 等人（2006）列举了应用模拟软件模型的详细误差来源：①原始模型的简化；②印刷错误；③文章中不完整的模型描述；④文章中零散的模型描述；⑤模型描述的误解；⑥模型编程时出错；⑦程序设计的一般性漏洞。

令人惊讶的是，除了 Gernaey 等的 ASM2d 模型和 ADM1 模型（2006），其他错误报告并没有出版。对模型用户来说追踪那些错误确实困难且耗时，况且潜在的出版物类型还不适合发布这样的信息。此外，（如与先前的出版物（Henze 等人，1998；Henze 等人，1999）相比，ASM2d 模型印刷错误出现在 Henze 等论文中（2000b）一些印刷错误似乎随着描述特定模型论文的出版时而出现时而消失。本工作的目标在于提供：①一个系统化的方法来追踪模型中的印刷错误和不一致性；②一张彻底的在常用活性污泥模型出版物中的错误清单；③一个包含修正过的 Gujer 矩阵和在新标准下的矩阵符号格式（Corominas 等人，2010）的电子表格（详见维基百科水网）。但是本工作不准备解决与建模概念、模型使用中简化公式有关的问题。

作者已经研究了七种最常用的活性污泥模型：①ASM1 模型（Henze 等人，1987；Henze 等人，2000a，再版）；②ASM2d 模型（Henze 等人，1999；Henze 等人，2000b，再版）；③ASM3 模型（Gujer 等人，1999；Gujer 等人，2000，修正版）；④ASM3＋BioP 模型（Rieger 等人，2001）；⑤ASM2d＋TUD 模型（Meijer，2004）；⑥新常规模型（Barker & Dold，1997）；⑦UCTPHO＋模型（Hu 等人，2007）。为了保证文章的可读性，参考文献不重复赘述。

E.2 怎样追踪在模型开发和软件应用中的印刷错误及不一致性

在使用或实施一个已经出版的模型之前或在开发一种新的模型时，应首先检查化学计量学的连续性和动力学速率表达式的一致性。由于印刷错误可能源于原始模型出版物或发生在软件应用中，这一步应该在模拟软件中直接完成。但是，并非所有的模拟器都能够提供足够的工具来追踪此类错误。

由一些建模者来测试几个独立应用的模拟器之间的串接试验是验证模型的一种方法，通过比较相同模型的模拟结果来验证模型的应用。BSM 课题组选择这种方法来验证 ASM1 模型（Copp 等人，2002；Jeppsson 等人，2007）、模拟器编码和评估模拟器曝气模型的实施应用及显示其中的错误。但是，这项工作需要大量的努力和不同的模拟器，这些条件对 ASM 用户来说通常是不具备的。

接下来的段落给出了进行模型验证的模型编辑器功能。同时也提出了一些追踪错误的其他方法。

E.2.1 怎样追踪化学计量不连续性

由于 COD、元素（如 N，P）或电荷是典型的状态变量，Gujer 和 Larsen（1995）开发出构成矩阵来补充 Gujer 矩阵的不足（Henze 等人，1987）。它包含所有状态变量（行）所需要的转换系数来检查变量的连续性（如 COD、元素和电荷）和每个流程的可观察量（如 TSS）（用列数）。连续性检查通过将化学计量矩阵和构成矩阵相乘（解析上或数值上）来实现，如图 E-1 所示。为防止舍入问题的发生，由此产生的矩阵只包含零或接近零的数。

ASM1 Composltlon Matrlx

		olomonts		
		OOD	N	Charge
1	S_1	1	0	0
2	S_2	1	0	0
3	X_1	1	0	0
4	X_2	1	0	0
5	$X_{O.H}$	1	0.006	0
6	$X_{O.A}$	1	0.006	0
7	X_p	1	i_{ci}	0
8	S_O	−1		0
9	S_{NO}	−4.57	1	0.071
10	S_{NH}	0	1	0.071
11	S_{ND}	0	1	0
12	X_{ND}	0	1	0
13	X_{ALK}	0	0	−1
14	X_{ND}	−1.71	1	0

ASM1 Gujer Matrlx

（S_{N2}has boon addod for oontinuity）

i: sta te vartable

j: prooesss

v: stoichiometriric coofficiont（caiculated from paremeter values of at,2000）

	i	1	2	3	4	5	6	7	8	9	10	11	12	13	14
j		S_1	S_2	X_1	X_2	$X_{O.H}$	$X_{O.A}$	X_p	S_O	S_{NO}	S_{NH}	S_{ND}	X_{ND}	S_{ALK}	S_{AND}
1	aeroblc growth of heterotrophs		−1.49			1			−0.49		−0.09			−0.005	
2	anoodc growth of heterotrophs		−1.49			1				−0.17	−0.09			−0.005	0.172
3	aerobic growth of heterotrophs						1		−12.04	4.17	−4.25			−0.60	
4	deecay of heterotrophs				0.92	−1		0.09	V_{ji}				0.081		
5	decay of heterotrophs				0.92		−1	0.09					0.081		
6	Ammonification of soluble organic N										1	−1		0.07	
7	hydrolysis of ebtrapped organic s		1		−1								X_{ALK}		
8	hydrolysis of ebtrapped organic N											1	X_{ND}		

OE-15	OE-15	OE-15
OE-15	OE-15	OE-15
OE-15	OE-15	OE-15
$\Sigma_i V_{ji}, i_{ci}$=0 E-15		
OE-15	OE-15	OE-15
OE-15	OE-15	OE-15
OE-15	OE-15	OE-15

图 E-1 怎样检查连续性（数值上）

检查连续性的常用方法是一种从缺省参数值开始的数值分析法。这种方法的公差设定为 10^{-15}。数值分析法可通过大多数的模拟器或者使用电子表格进行。

然而，当一些参数设定为零时（如 f_{SU}），化学计量系数可被忽略而不对连续性产生任何影响（见 ASM3＋BioP 模型水解过程和 UCTPHO＋模型 5～12 过程）。此外，错误可以由其他参数值，如在整个模型中使用四舍五入的值进行弥补。因此，必须有另外的检测方法，通过一个接一个的改变参数值来检测不连续性。采用元素分子量（见表 E-14）计算来改变参数的值时，必须马上为所有相关的参数改变元素分子量。

符号分析法是一种既能更好地追踪不连续性、又能预防数值问题的方法。符号分析法允许通过基本的化学计量系数（如产率）和构成矩阵重新计算化学计量学系数。符号分析法可以借助适当的工具（Maple 软件）得以实施。

E. 2. 2 怎样追踪动力学不一致性

一些模拟器以符号形式提供动力学速率，这样可以简单地检查模型是否正确执行（主要是括号错误）。但是，到目前为止，在模型编辑器中追踪动力学不一致性是不可能的。因此，模拟器中需要一种用来检查动力学速率表达式的工具。此工具基于建模者每个过程都应该回答的四个问题：

（1）哪一种成分是被消耗的（每个带有负化学计量系数的状态变量）？对于每一个被消耗的成分，动力学速率表达式应该包括一个限制函数（如 Monod 项）。关于碱度，见本章“常见出版错误”的讨论部分。

（2）工艺中涉及何种生物作为生物催化剂？动力学速率表达式与生物量浓度一般成正比关系。

（3）此过程中是否需要其他成分（例如不被消耗的电子受体：在 ASM2d 模型好氧水

解中的氧）？对于那些成分，动力学速率表达式应该包括一个限制函数（如 Monod 项）。

（4）其他成分是否有抑制作用（如缺氧过程中存在氧气）？对于那些成分，动力学速率表达式应该包括一个抑制函数（如抑制 Monod 项）。

对于每个问题，附加的电子表格通过把 Gujer 矩阵单元格涂成不同的颜色来执行这一分析法。当完成后，建模者必须仔细检查每个过程的动力学速率表达式是否包含着色成分的项。

前两个问题通过 Gujer 矩阵的化学计量值可以很容易地在模型编辑器里自动操作。然而，后两个问题需要建模者指出过程的电子受体条件和抑制因素。通过这些信息，模型编辑器应该能够自动检查动力学速率表达式的一致性。

在目前的工作中，动力学速率表达式必须仔细检查以确保：①过程的每一个反应物是限制性的（当反应物受限制时停止反应并阻止计算负浓度）；②每个开关函数或动力学参数是连贯的；③模型间动力学速率表达式是一致的。

E.3 常见出版错误

E.3.1 舍入参数

参数舍取到两位有效数字，甚至使用四舍五入和参数的“精确值”（即在计算参数中的分数，见附录表 E-14）时，都会发生系统性错误并影响模型的连续性。为了避免舍入问题的累积，我们建议在整个模型中保持“精确值”。

转换系数的“精确值”可以由 Gujer 和 Larsen（1999）（见表 E-13）所定义的元素理论（概念上的）COD 值和分子量（元素周期表）计算得来。表 E-14 总结了主要转换系数、其计算说明及适用于 ASM 类模型的精确值。

E.3.2 动力学参数的温度调节

动力学参数值取决于温度。本文提出了三种不同的动力学参数的温度调节方法，即使用温度调节系数 θ，20℃时的动力学系数为 $k_{20℃}$，温度 T 时的动力学系数为 k_T：

（1）在 ASM1 和 ASM2d 模型中（Henze 等人，2000a，b），给出了 10℃和 20℃时的动力学参数。

（2）在 ASM3 模型（Gujer 等人，2000）、ASM3＋BioP 模型（Rieger 等人，2001）和 ASM2d＋TUD 模型（Meijer，2004）中，通过方程式 $k_T=k_{20℃}\cdot e^{\theta*(T-20)}$ 得出 θ 值。

（3）在 ASM2 模型（Henze 等人，2000c）、新通用模型（Barker 和 Dold，1997）和 UCTPHO＋模型（Hu 等，2007）中，通过方程式 $k_T=k_{20℃}\cdot\theta^{T-20}$ 得出 θ 值。

最后两个方程式是相似的：在方程式 $k_T=k_{20℃}\cdot e^{\theta*(T-20)}$ 中的温度调节 e^{θ} 相当于方程式 $k_T=k_{20℃}\cdot\theta^{T-20}$ 中的 θ。这样就很容易将一个方程式的温度系数转换成另一个方程式的温度系数。不过，相同的符号（θ）被赋予这两个不同的参数。正如 Corominas 等（2010）所建议的那样，应该使用拓展符号。第一个参数可以记为 θ_{exp} 而第二个参数可以记为 θ_{pow}，进而 $\theta_{pow}=\exp(\theta_{exp})$。然而，对于建模者而言，使用单一的温度调节方程更容易进行模型间的比较。本次工作中选择了第二个方程（$k_T=k_{20℃}\cdot e^{\theta*(T-20)}$），因为它最简单且最常用（Vavilin，1982）。

E.3.3　碱度对动力学速率的影响

模型中提出了三种处理碱度的方法：

（1）所有模型中均不考虑碱度（新常规模型和 UCTPHO＋模型）；

（2）在化学计量学中考虑碱度，但动力学速率不受碱度限制（ASM1 模型）；

（3）在化学计量学和动力学速率中均考虑碱度（ASM2d、ASM3＋BioP 和 ASM2d＋TUD 模型）。

后面的模型使用来自原版的参数集来比较碱度的化学计量系数（见附表）。计算表明：

（1）如表 E-1 所示，在动力学速率里使用碱度作为限制因素不具有一致性。事实上，除了 ASM2d 模型的 11、21 和 15 过程（见有关 ASM2d＋TUD 模型下面的段落），碱度是所有消耗碱度的模型过程的限制因素。然而，在产生碱度的过程中，碱度有时也被认为是一种限制因素。

（2）碱度的化学计量系数高度依赖于参数值（如改变消耗或释放营养比例的产率值或转换系数）。表 E-2 给出了在 ASM2d＋TUD 模型中碱度在不同参数值下的化学计量系数。

使用碱度作为限制因素。利用已出版的参数值计算出化学计量系数　表 E-1

过程个数	总和	消耗限制因子	生产限制因子	消耗无限制	生产无限制
ASM2d	21	8	7	0	6
ASM3	12	2	1	0	8（+1）
ASM3＋BioP	23	6	4	0	11（+2）
ASM2d＋TUD	22	3	4	3	12

注：括号中数字为没有碱度产生或消耗的过程数量

ASM2d＋TUD 模型化学计量系数值变化（取决于参数值）的例子　表 E-2

参数	参数值		过程	碱度
i_{NBM}	缺省值	0.07	15	消耗
	检测值	0.08	15	产生
i_{NSF}	缺省值	0.03	1，2，3，4	产生消耗
	检测值	0.045	1，2，3，4	消耗产生

对于一贯使用碱度作为限制因素的情况，提出了三种解决方案：

（1）涉及碱度的所有过程都应该限制碱度。然而，为了防止低碱度的情况，即使此过程产生碱度，也应降低过程的速率。

（2）仅限制消耗碱度的过程。因此，从一个模拟案例到另一个，消耗碱度的过程有可能不同，模型用户应该适当改正动力学速率表达式。然而，这种解决方案将导致建模者花费更多的精力，因为在改变化学计量参数之后还需要改变动力学速率表达式。

（3）仅限制显著消耗碱度的过程（视化学计量学系数和动力学系数而定）。

作者建议使用第一个解决方案，因为此方案是最严谨的。

E.4　已出版模型的印刷错误、不一致性和差异性

在检查化学计量学连续性及评价动力学速率表达式过程中，鉴定了几个应用错误和矛

盾之处。各个模型的应用错误和矛盾如下所示，并将它们分为三种不同的错误类型：①印刷错误；②不一致性，它不是一个明显的错误，但存在简化的风险；③由于疏忽或为保持模型简单化而有目的的省略导致的化学计量学和动力学方面的差异。

E.4.1 ASM1 模型（Henze 等人，2000）

（1）不一致性。在异养菌生长过程中，没有模拟营养物（氨）限制的动力学速率表达式，这样会引起氨浓度出现负值（见表 E-3）。

出版刊物中 ASM1 模型中动力学速率表达式的不一致性　　表 E-3

过程	过程描述	缺少的 Monod 项	正确的 Monod 项
1，2	异养菌生长	氨限制	$\frac{S_{NH}}{K_{NH}+S_{NH}}$

（2）差距。为了接近物料平衡，Gujer 矩阵应该包括过程 2 中（异养菌缺氧生长）的 N_2。此变量仅对验证模型连续性有用，但不会影响模型结果。

为了实现氮平衡，应在进水中估计变量 S_{NI}（可溶性非生物降解有机氮）和 X_{NI}（颗粒性非生物降解有机氮）。作为不可生物降解化合物，它们不出现在 Gujer 矩阵中。S_{NI}应该加到出水总的可溶性氮中，X_{NI}应该加到活性污泥中的总氮中。

E.4.2 ASM2d 模型（Henze 等人，2000b）

（1）印刷错误。表 E-4 总结了 ASM2d 中的印刷错误。这些印刷错误曾被 Gernaey 等人（2006）指出。

出版刊物中 ASM2d 的印刷错误　　表 E-4

过程	过程描述	动力学或化学计量学	错误表述	正确表述
6，7	基于 S_F 和 S_A 的异养菌缺氧生长	动力学速率	$\frac{K_{NO3}}{K_{NO3}+S_{NO3}}$	$\frac{S_{NO3}}{K_{NO3}+S_{NO3}}$
7	基于 S_A 的异养菌缺氧生长	S_{N2}的计量学系数	$-\frac{1-Y_H}{40/14.Y_H}$	$\frac{1-Y_H}{40/14.Y_H}$
8	发酵	动力学速率	K_F	K_{fe}
11	X_{PP}的好氧储存	动力学速率	K_{PP}	K_{IPP}
13，14	X_{PAO}的好氧和缺氧生长	X_{PHA}的计量学系数	$-1/Y_H$	$-1/Y_{PAO}$

由于没有详细地给出 S_{O_2}、S_{NH_4}、S_{N_2}、S_{NO_x}、S_{PO_4}、S_{ALK}和 X_{TSS}的化学计量系数，用户必须通过连续性方程来应用它们。附表中修正过的矩阵详细给出了这些系数。

（2）不一致性。缺氧条件下（过程 2）水解作用的校正因子与缺氧异养型过程（缺氧 OHO 增长（6 和 7）和缺氧 PAO 过程（12 和 14））的还原因子有着相同的参数名称 η_{NO3}。然而，在出版刊物的参数集中，这些参数有着不同的数值（η_{NO3}（水解作用）=0.6 和 η_{NO3}（异养菌）=0.8）。当使用标准符号定义扩展符号时，这一问题便可解决（Corominas 等人，2010）。

E.4.3 ASM3 模型（Gujer 等人，2000）

印刷错误。早期出版物（Gujer 等人，1999）中有一些印刷错误，因此应该使用修正的版本（Gujer 等人，2000）。

由于没有详细地给出 S_{O_2}、S_{NH_4}、S_{N_2}、S_{NO_3}、S_{PO_4}、S_{ALK}和 X_{TSS}的化学计量系数，用

户必须通过连续性方程来应用它们。在维基百科水网（好的模拟实践）上提供了电子表格形式的修正矩阵并且详细叙述了这些系数。

E.4.4　ASM3+BioP 模型（Rieger 等人，2001）

（1）印刷错误。表 E-5 总结了 ASM3+BioP 模型中的印刷错误。

出版刊物中 ASM3+BioP 模型的印刷错误　表 E-5

过程	过程描述	动力学或化学计量学	错误表述	正确表述
1	水解作用	S_I 的计量学系数	没有系数	f_{SI}
8，9	储存物的好氧和缺氧呼吸	动力学速率	b_H	b_{Sto}
11	好氧内源呼吸	动力学速率	$K_{O,H}$	$K_{O,A}$
12	缺氧内源呼吸	动力学速率	$K_{O,H}$	$K_{O,A}$
P9	X_{PP}的缺氧溶胞	动力学速率	$\frac{S_{NO}}{K_{NO,PAO}}$	$\frac{S_{NO}}{K_{NO,PAO}+S_{NO}}$
P11	X_{PHA}的缺氧呼吸	动力学速率	$\frac{S_{NO}}{K_{NO,PAO}}$	$\frac{S_{NO}}{K_{NO,PAO}+S_{NO}}$

（2）不一致性。缺少动力学参数 $K_{NO,A}$：在过程 12 中（缺氧内源呼吸）使用 $K_{NO,H}$作为动力学速率。

E.4.5　ASM2d+TUD 模型（Meijer，2004）

（1）印刷错误。表 E-6 总结了 ASM2d+TUD 模型的印刷错误。

出版刊物中 ASM2d+TUD 模型的印刷错误　表 E-6

过程	过程描述	动力学或化学计量学	错误表述	正确表述
21	自养菌生长	动力学速率	K_{PO}	S_{PO}

（2）不一致性。动力学检查显示了缺失的 Monod 项来确保过程一致性。表 E-7 总结了 ASM2d+TUD 模型动力学速率表达式的不一致之处。

出版刊物中 ASM2d+TUD 模型动力学速率表达式的不一致之处　表 E-7

过程	过程描述	缺少的 Monod 项	正确的 Monod 项
1	好氧水解	氧限制	$\frac{S_O}{K_O+S_O}$
11，15，21	聚磷菌厌氧维持，缺氧糖原形成，自养菌生长	碱度限制	$\frac{S_{HCO}}{K_{HCO}+S_{HCO}}$

E.4.6　新通用模型（Barker 和 Dold，1997）

（1）不一致性。在过程 1～8 的动力学速率表达式中（S_{BSC}或 S_{BSA}增长），没有基质优先转换函数（例如 ASM2d 模型），如 S_{BSC}/（$S_{BSC}+S_{BSA}$）。当两种基质都处于高浓度时，此转换函数避免了异养菌比生长速率超过其最大值（Henze 等人，2000b）。Barker 和 Dold（1997）指出，进入缺氧区和好氧区的 S_{BSA}浓度通常非常低，添加此基质优先转换函数可以提高模型的稳健性。我们提出了优先转换函数 S_{BSC}/（$S_{BSC}+S_{BSA}$）（如用于 ASM2d 模型），Dudeley 等人（2002）描述了其他函数类型。

动力学检查揭示了其他缺失的 Monod 项，以确保过程化学计量的一致性。表 E-8 总结了新通用模型动力学速率表达式的不一致之处。

出版刊物中新通用模型动力学速率表达式的不一致之处　　表 E-8

过程	过程描述	缺少的 Monod 项	正确的 Monod 项
1～4	基于 S_{BSC} 的异养菌生长	基质优先转换函数	$\frac{S_{BSC}}{S_{BSC}+S_{BSA}}$
5～8	基于 S_{BSA} 的异养菌生长	基质优先转换函数	$\frac{S_{BSA}}{S_{BSC}+S_{BSA}}$
15	S_{BSC} 到 S_{BSA} 的发酵（厌氧生长）	磷限制	$\frac{P_{OI}}{K_{LP,GRO}+P_{OI}}$
15	S_{BSC} 到 S_{BSA} 的发酵（厌氧生长）	氨限制	$\frac{N_{H3}}{K_{NA}+N_{H3}}$
16	自养菌生长	磷限制	$\frac{P_{OI}}{K_{LP,GRO}+P_{OI}}$
20，21	聚磷菌好氧生长，磷酸盐限制	$P_{PP\text{-}LO}$ 限制（磷源以防磷酸盐消耗）	$\frac{P_{PP\text{-}LO}}{K_{XP}+P_{PP\text{-}LO}}$

（2）差异。为了保证连续性，Gujer 矩阵中应该包含作为状态变量的 N_2（过程 2、4、6、8、22 和 27）。正如 ASM1 模型，这一变量仅仅对验证模型连续性有用，而不影响模型结果。

Barker 和 Dold（1997）提到的“COD 损耗”已经通过实验数据被检测到（过程 11、12、15 和 36），并可以通过引入水解过程（11、12）中的效率参数以及发酵和提取过程（15、36）中的产率参数进行模拟。然而，模型并没有描述 COD 的处理，从而导致连续性的缺失。模型 ASDM（BioWin，EnviroSim）中指出，形成的氢气导致“COD 损耗”（Kraemer 等人，2008），因此状态参量 S_H 被添加到模型中（见表 E-9）。

新通用模型出版物中化学计量的差异　　表 E-9

过程	过程描述	化学计量学的差异	修正的化学计量学 *
2，4，6，8	异养菌缺氧生长	变量 S_{N_2}	$(1-Y_{H-ANOX})/(i_{SNO3\_SN2}*Y_{H-ANOX})$
22	聚磷菌缺氧生长	变量 S_{N_2}	$(1-Y_P)/(i_{SNO3\_SN2}*Y_P)$
27	聚磷菌缺氧衰减	变量 S_{N_2}	$(1-f_{EPP}-f_{ES-P})/i_{SNO3\_SN2}$
11	储存/网捕 COD 的缺氧水解	变量 S_H	$(1-E_{ANOX})/i_{COD\_SH}$
12	储存/网捕 COD 的厌氧水解	变量 S_H	$(1-E_{ANA})/i_{COD\_SH}$
15	S_{BSC} 到 S_{BSA} 的发酵	变量 S_H	$(1-(1-Y_{H,ANA})*Y_{AC}-Y_{H,ANA})/i_{COD\_SH}$
36	由聚磷菌引起的 S_{CFA} 螯合	变量 S_H	$(1-Y_{PHB})/i_{COD\_SH}$
3，7	基于 S_{BSC}/S_{BSA} 和 NO_3 的异养菌好氧生长	氧来自消耗的硝酸盐而非 S_O	$-(1-Y_{H-AER})/Y_{H-AER}-i_{COD\_SNO3}*f_{N-ZH}$
19，21	有/无磷酸盐限制的情况下基于 S_{PHB} 和 NO_3 的聚磷菌好氧生长	氧来自消耗的硝酸盐而非 S_O	$-(1-Y_P)/Y_P-i_{COD\_SNO3}*f_{N-ZP}$
4，8	基于 S_{BSC}/S_{BSA} 和 NO_3 的异养菌缺氧生长	S_{BSC} 和 S_{BSA} 所消耗的氮气不同产率	$-1/Y_{H-ANOX}+I_{COD\_SNO3}*f_{N-ZH}$

* 根据标准符号规则，命名此研究中最新引入的参量和变量（Corominas 等人，2010），可能导致和原模型符号不一致。转换因子见表 E-14。

在过程 3、4、7、8、19 和 21 中，由于 NO_3^- 可以作为异养菌潜在的氮源，文中没有提到 COD 的另一个不连续之处。实际上，当 NO_3^- 作为氮源时，没有考虑到 NO_3^- 中氧含量的处理。NO_3^- 作为生长氮源时氧气化学计量系数的增长应该比 NH_3 作为生长氮源时消耗氧气的化学计量学系数要低（Grady 等人，1999）。

为了与好氧过程（3、7、19 和 21）的连续性相配，作者建议通过去掉被消耗硝酸盐中的COD含量来降低氧气化学计量系数（见表E-9)。对缺氧过程（4 和 8）来说这一修正是不可能的。作者提出的解决方案是对相同的生长考虑需要更多的基质：在使用硝酸盐作为氮源时，借助已消耗的COD来增加基质的化学计量系数（S_{BSC}或S_{BSA}）（见表E-9)。

聚磷菌（PAOs)（在模型符号中为Z_P）与自养菌（Z_A）和异养菌（Z_H）具有不同的氮含量（$f_{N,ZP}=0.07$，$f_{N,ZA}$和$f_{N,ZH}=0.068$）。在衰减过程中，所有的微生物都变成内源物质，这些物质具有相同含氮量（$f_{N,ZEP}=0.07$，$f_{N,ZEA}$和$f_{N,ZEH}=0.068$）的内源质量(Z_E)。因此，尽管所有的生物量转化成一个Z_E，它只有单一的氮分数，模型结构中允许不同的内源生物量氮分数。所以，对于过程 23、27 和 31 来说（聚磷菌好氧、缺氧和厌氧衰减)，氮缺乏-5×10^{-15}gN 的连续性。所有生物量的氮分数$f_{N,ZEP}$、$f_{N,ZEA}$和$f_{N,ZEH}$都应该用相同的值来进行校正。此处提出化学计量学值$0.07gN \cdot gCOD^{-1}$。

E.4.7　UCTPHO+模型（Hu 等人，2007）

（1）印刷错误。表E-10 总结了UCTPHO+模型中的印刷错误。

UCTPHO+模型中的印刷错误　　**表E-10**

过程	类型	动力学或化学计量学	错误的	正确的
14，17	异养菌和自养菌的衰减	X_{ENM}的化学计量学系数	$f_{XI,H}$	$f_{XE,H}$
14，17	异养菌和自养菌的衰减	S_{NH_4}的化学计量学系数	没有系数	$i_{NBM}-(1-f_{XE\text{-}H})*i_{NENM}-f_{XE\text{-}H}*i_{NXE}$或$i_{NBM}-(1-f_{XE\text{-}NIT})*i_{NENM}-f_{XE\text{-}NIT}*i_{NXE}$
5～8	基于S_F的异养菌生长	S_{PO_4}的化学计量学系数	$-i_{PBM}$, S_F中不包含磷	$-i_{PBM}+i_{PSF}/Y_{H1}$或$-i_{PBM}+i_{PSF}/Y_{H2}$
9～12	基于X_{ads}的异养菌生长	S_{PO_4}的化学计量学系数	$-i_{PBM}$ X_{ads}中不包含磷	$-i_{PBM}+i_{PENM}/Y_{H1}$或$-i_{PBM}+i_{PENM}/Y_{H1}$
18	X_{PAO}在有S_{NH_4}的情况下基于X_{PHA}的好氧生长	S_{PO_4}的化学计量学系数	没有系数	$-i_{PBM}-Y_{PP1}/Y_{PAO1}$
24，27，30	X_{PAO}的衰减	S_{NH_4}的化学计量学系数	在系数A，B，C中，X_E的氮分数是i_{NBM}而不是i_{NXE}	A：$i_{NBM}-f_{XE\text{-}PAO}*i_{NXE}-f_{SI\text{-}PAO}*i_{NSI}$ B：$i_{NBM}-f_{XE\text{-}PAO}*i_{NXE}-f_{SI\text{-}PAO}*I_{NSI}-i_{NENM}*(1-\eta_{PAO})*(1-f_{XE\text{-}PAO}-f_{SI\text{-}PAO})$ C：$i_{NBM}-f_{XE\text{-}PAO}*i_{NXE}-f_{SI\text{-}PAO}*i_{NSI}-i_{NENM}*(1-f_{XE\text{-}PAO}-f_{SI\text{-}PAO})$
14，17，24，27，30	OHO，ANO 和 PAO 的衰减	S_{PO_4}的化学计量学系数	$i_{PBM}*(1-f_{XE})$ X_E的磷比例是i_{PBM}而不是i_{PXE}	$i_{PBM}-f_{XE\text{-}H}*i_{PXE}$或$i_{PBM}-f_{XE\text{-}NIT}*i_{PXE}$或$i_{PBM}-f_{XE\text{-}PAO}*i_{PXE}$
24，27，30	X_PAO的衰减	S_{PO_4}的化学计量学系数	$i_{PBM}-f_{XE\_PAO}*i_{PXE}$ S_I中不包含磷	$I_{PBM}-f_{XE\text{-}PAO}*i_{PXE}-f_{SI\text{-}PAO}*i_{PSI}$
14，17，26，27，29，30，32	OHO 和 ANO 的衰减，PAO 的缺氧和厌氧衰减，X_{PHA}溶解	S_{PO_4}的化学计量学系数	X_{ENM}中不包含磷	依靠X_{ENM}化学计量：应该增加vij，$X_{XENM}*i_{PENM}$（见附加电子表格）

（2）不一致性。动力学检查揭示了一些缺少的Monod 项，以确保过程的化学计量一致性。表E-11 总结了UCTPHO+模型中动力学速率表达式的不一致之处。

UCTPHO＋模型中动力学速率表达式的不一致之处 **表 E-11**

过程	类型	缺少的 Monod 项	正确的 Monod 项
1～4	基于 S_A 的异养菌生长	基质优先转换函数	$\frac{S_A}{S_F+S_A+X_{Ads}}$
5～8	基于 S_F 的异养菌生长	基质优先转换函数	$\frac{S_F}{S_F+S_A+X_{Ads}}$
9～12	基于 X_{Ads} 的异养菌生长	基质优先转换函数	$\frac{S_{Ads}}{S_F+S_A+X_{Ads}}$
3，7，11	基于 S_{NH4} 的缺氧生长	硝酸盐限制	$\frac{S_{NO3}}{K_{NO3}+S_{NO3}}$
26，29，32	在（好氧，缺氧，厌氧）PAO 衰减过程中 X_{PHA} 溶胞	氨限制（X_{PHA} 转换成 X_{ENM}，这里包括氮，氨因此被消耗）	$\frac{S_{NH4}}{K_{NH4}+S_{NH4}}$
20，21	PO_4 限制下 PAO 的好氧生长	X_{PP} 限制（磷源以防 PO_4 损耗）	$\frac{X_{PP}}{K_{PP}+X_{PP}}$

（3）差异。对于过程 3、4、7、8、11、12、22、23 和 27，为了保证连续性，在 Gujer 矩阵中应该包括作为状态变量的 N_2。正如 ASM1 和新通用模型那样，此变量只对验证模型连续性有用，但不影响模型结果。

正如新通用模型，由于使用 NO_3^- 作为氮源，过程 2、4、6、8、10、12、19、21 和 23 的 COD 存在不一致性。

正如新通用模型使用的方法一样，作者建议降低好氧过程（2、6、10、19 和 21）中氧气的化学计量学系数，增加缺氧过程（4、8、12 和 23）中基质的化学计量学系数。与新通用模型相比，一些基质中含有部分氮和磷（过程 8 中的 S_F 和过程 12 中的 X_{Ads}）。S_{PO4} 和 S_{NH4} 的化学计量系数应该纠正以符合连续性。

UCTPHO＋模型中化学计量的差异 **表 E-12**

过程	类型	差异	纠正的化学计量
2，4，6，8，11，12	异养菌的缺氧生长	缺少变量 S_{N2}	$(1-Y_{H2})/(i_{SNO3\_SN2}*Y_{H2})$
22，23	聚磷菌的缺氧生长	缺少变量 S_{N2}	$(1-Y_{PAO2})/(i_{SNO3\_SN2}*Y_{PAO2})$
27	聚磷菌的缺氧衰减	缺少变量 S_{N2}	$\eta_{PAO}*(1-f_{XE \cdot PAO}-f_{SI \cdot PAO})/i_{SNO3\_SN2}$
2，6，10	在有 NO_3 的情况下基于 S_A/S_F/X_{ads} 的异养菌好氧生长	氧来自消耗的 S_{NO3} 而非 S_{O2} 中	$-(1-Y_{H1})/Y_{H1}-i_{COD\_SNO3}*i_{NBM}$
19，21	有/无 S_{PO4} 限制时，在有 S_{NO3} 条件下基于 X_{PHA} 的聚磷菌的好氧生长	氧来自消耗的 S_{NO3} 而非 S_{O2} 中	$-(1-Y_{PAO1})/Y_{PAO1}-i_{COD\_SNO3}*i_{NBM}$
4	有 S_{NO3} 时基于 S_A 的异养菌缺氧生长	有 S_{NO3} 时 S_A 消耗的不同产率	$-1/Y_{H2}+i_{COD\_SNO3}*i_{NBM}$
8	有 S_{NO3} 时基于 S_F 的异养菌缺氧生长	有 S_{NO3} 时 S_F 消耗的不同产率 S_{NH4} 系数校正 S_{PO4} 系数校正	$-1/Y_{H2}+i_{COD\_SNO3}*i_{NBM}\, i_{NSF}*(1/Y_{H2}-i_{COD\_SNO3*iNBM})-i_{PBM}+i_{PSF}*(1/Y_{H2}-i_{COD\_SNO3}*i_{NBM})$
12	有 S_{NO3} 时基于 X_{ads} 的异养菌缺氧生长	有 S_{NO3} 时 X_{Ads} 消耗的不同产率 S_{NH4} 系数校正 S_{PO4} 系数校正	$-1/Y_{H2}+i_{COD\_SNO3}*i_{NBM}\, i_{NENM}*(1/Y_{H2}-i_{COD\_SNO3}*i_{NBM})-i_{PBM}+i_{PENM}*(1/Y_{H2}-i_{COD\_SNO3}*i_{NBM})$
23	有 S_{NO3} 时基于 S_{PHA} 的 PolyP 微生物的缺氧生长	有 S_{NO3} 时 X_{PHA} 消耗的不同产率	$-1/Y_{PAO2}+i_{COD\_SNO3}*i_{NBM}$

E.5 总结

几个误差源会影响模型的质量。本文指出了选中的七个模型出版物的印刷错误、不一致性和差异。本文纠正的一些错误主要是理论错误，在标准条件下对模型结果只会有轻微的影响，但是如果在特殊条件下，如接近或在模型限制范围之外可能对模型结果产生重大的影响。

在使用一个已出版模型和模拟器中应用模型之前，有必要进行验证以避免印刷错误和不一致性。正如维基百科水网“好的模拟实践”上所呈现的那样，一个简单的电子表格就可用于检查连续性。动力学速率表达式的评价只有基于单个表达式的详细检查才有可能实现，但是实施时要非常小心。电子表格提供了讨论过的生物动力学模型所有修正过的计量系数矩阵，并给出了一个有关适当连续性和动力学速率表达式检查的例子。

模型验证非常耗时，而合适的模型编辑器工具作为模拟器的一部分，有利于模型验证并能够进行自动操作。尽管这些工具有利于模型验证，但模型用户每次实施一个新的模型时，仍然需要重新对模型进行验证。

E.6 致谢

本工作在国际水协好的模拟实践课题组的密切合作下展开。作者特别感谢 Andrew Shaw 和 Imre Takács 的奉献与付出。好的模拟实践课题组是由国际水协及其附属机构（（Black&Veatch，Cemagref，EnviroSim Associates Ltd.，Kurita Water Industries Ltd.，TU Vienna，Canada Research Chair in Water Quality modelling，Univ. Laval，École Polytechnique de Montreal，EAWAG）发起的。GMP 课题组要特别感谢赞助商 Hydromantis 公司和 MOSTforWATER. N. V 公司。

作者还要感谢 Sebastiaan Meijer 和 Jeremy Dudley 对本文的丰富有效的评论。

Hélène Hauduc 博士，他是 Cemagref（法国）和 modelEAU（加拿大，魁北克，拉瓦尔大学）的学生。

Peter A. Vanrolleghem，加拿大水质模型研究组组长。

参考文献

Barker P. S. and Dold P. L. (1997). General model for biological nutrient removal activated-sludge systems: model presentation. Water Environment Research, 69(5), 969-984.

Copp J. B., Jeppsson U. and Vanrolleghem P. A. (2008). The benchmark simulation models-a valuable collection of modelling tools. Proceedings of the iEMSs Fourth Biennial Meeting: International Congress on Environmental Modelling and Software (iEMSs 2008), Barcelona, Catalonia, July 2008.

Corominas L., Rieger L., Takács I., Ekama G., Hauduc H., Vanrolleghem P. A., Oehmen A., Gernaey K. V. and Comeau Y. (2010). New framework for standardized notation in wastewater treatment modelling. Water Science and Technology, 61(4), 841-857.

Dudley J., Buck G., Ashley R. and Jack A. (2002). Experience and extensions to the ASM2 family of models. Water Science and Technology,45(6),177-186

Gernaey K. V. ,Rosen C. ,Batstone D. J. and Alex J. (2006). Efficient modelling necessitates standards for model documentation and exchange. Water Science and Technology,53(1),277-285.

Grady C. P. L. ,Jr,Daigger G. T. and Lim H. C. (1999). Biological wastewater treatment: Principles and practices. M. Dekker,CRC Press,New York.

Gujer W. and Larsen T. A. (1995). The implementation of biokinetics and conservation principles in ASIM. Water Science and Technology,31(2),257-266.

Gujer W. ,Henze M. ,Mino T. and van Loosdrecht M. C. M. (1999). Activated Sludge model No. 3. Water Science and Technology,39(1),183-193.

Gujer W. ,Henze M. ,Mino T. and van Loosdrecht M. C. M. (2000). Activated Sludge Model No. 3. In M. Henze,W. Gujer, T. Mino and M. C. M. van Loosdrecht (2000). Activated Sludge Models ASM1, ASM2,ASM2d and ASM3. Scientific and Technical Report No. 9,IWA Publishing,London,UK.

Henze M. ,Grady C. P. L. ,Gujer W. ,Marais G. v. R. and Matsuo T. (1987). Activated Sludge Model No. 1. Scientific and Technical Report No. 1,IAWPRC,London,UK.

Henze M. ,Gujer W. ,Mino T. ,Matsuo T. ,Wentzel M. C. ,Marais G. v. R. and van Loosdrecht M. C. M. (1998). Outline activated sludge model No. 2d. In Preprints of the 4th Kollekolle Seminar on Activated Sludge Modelling. Modelling and Microbiology of Activated Sludge Processes,16-18 March,Copenhagen,Denmark.

Henze M. ,Gujer W. ,Mino T. ,Matsuo T. ,Wentzel M. C. ,Marais G. v. R. and van Loosdrecht M. C. M. (1999). Activated sludge model No. 2d,ASM2d. Water Science and Technology,39(1),165-182.

Henze M. ,Grady C. P. L. ,Jr,Gujer W. ,Marais G. v. R. and Matsuo T. (2000a). Activated sludge model No. 1. In M. Henze,W. Gujer,T. Mino and M. C. M. van Loosdrecht (2000). Activated Sludge Models ASM1,ASM2,ASM2d and ASM3. Scientific and Technical Report No. 9,IWA Publishing,London,UK.

Henze M. ,Gujer W. ,Mino T. ,Matsuo T. ,Wentzel M. C. ,Marais G. v. R. and van Loosdrecht M. C. M. (2000b). Activated Sludge Model No. 2d. In M. Henze,W. Gujer,T. Mino and M. C. M. van Loosdrecht. (2000). Activated Sludge Models ASM1, ASM2, ASM2d and ASM3. Scientific and Technical Report No. 9,IWA Publishing,London,UK.

Henze M. ,Gujer W. ,Mino T. ,Matsuo T. ,Wentzel M. C. and Marais G. v. R. (2000c). Activated Sludge Model No. 2. In M. Henze,W. Gujer,T. Mino and M. C. M. van Loosdrecht (2000). Activated Sludge Models ASM1,ASM2,ASM2d and ASM3. Scientific and Technical Report No. 9,IWA Publishing,London,UK.

Hu Z. R. ,Wentzel M. C. and Ekama G. A. (2007). A general kinetic model for biological nutrient removal activated sludge systems: model development. Biotechnology and Bioengineering,98(6),1242-1258.

Jeppsson U. ,Pons M. N. ,Nopens I. ,Alex J. ,Copp J. B. ,Gernaey K. V. ,Rosen C. ,Steyer J. P. and Vanrolleghem P. A. (2007). Benchmark simulation model no 2: General protocol and exploratory case studies. Water Science and Technology,56(8),67-78.

Kraemer J. ,Constantine T. ,Crawford G. ,Erdal Z. ,Katehis D. ,Johnson B. and Daigger G. (2008). Process design implications due to differences in anaerobic COD stabilisation models. Proc. 81st Annual Water Environment Federation Technical Exhibition and Conference,Chicago,Illinois,USA,October 18-22, 2008.

Meijer S. C. F. (2004). Theoretical and practical aspects of modelling activated sludge processes. PhD thesis, Department of Biotechnological Engineering. Delft University of Technology,The Netherlands.

Refsgaard J. C. ,van der Sluijs J. P. ,HØjberg A. L. and Vanrolleghem P. A. (2007). Uncertainty in the environmental modelling process-A framework and guidance. Environmental Modelling and Software, 22 (11),1543-1556.

Rieger L. ,Koch G. ,Kühni M. ,Gujer W. and Siegrist H. (2001). The eawag bio-P module for activated sludge model No. 3. Water Research,35(16),3887-3903.

Vavilin V. A. (1982). The effects of temperature,inlet pollutant concentration,and microorganism concentration on the rate of aerobic biological treatment. Biotechnology and Bioengineering,24(12),2609-2625.

附件 E

电荷和主要元素的理论 COD（来自 Gujer 和 Larsen，1995）　　表 E-13

元素类型	符号	理论 COD（$gCOD \cdot mol^{-1}$）	分子量（$g \cdot mol^{-1}$）
负电荷	(−)	+8	—
正电荷	(+)	−8	—
碳	C	+32	12
氮	N	−24	14
氢	H	+8	1
氧	O	−16	16
硫	S	+48	32
磷	P	+40	31
铁	Fe	+24	55.8

用于 ASM 模型主要系数的解释和精确值　　表 E-14

类型	符号	计算	精确值	单位
NO_3^- 的 COD 换算因子	i_{COD_SNO3}	(−24+3 * (−16) +8) $gCOD \cdot mol^{-1}$/ 14$gN \cdot mol^{-1}$	−64/14	$gCOD \cdot gN^{-1}$
N_2 的 COD 换算因子	i_{COD_SN2}	(−24 * 2) $gCOD \cdot mol^{-1}$/ (14 * 2) $gN \cdot mol$	−24/14	$gCOD \cdot gN^{-1}$
NO_3^- 还原 N_2 时的化学计量因子（还原提供 COD 总量）	i_{SNO3_SN2}	(64−24) $gCOD \cdot mol^{-1}$/14$gN \cdot mol^{1}$	40/14	$gCOD \cdot gN^{-1}$
NH_4^+ 的电荷换算因子	i_{Charge_SNH4}	1$Charge \cdot mol^{-1}$/14 $gN \cdot mol^{-1}$	1/14	$Charge \cdot gN^{-1}$
NO_3^- 的电荷换算因子	i_{Charge_SNH4}	−1$Charge \cdot mol^{-1}$/14 $gN \cdot mol^{-1}$	−1/14	$Charge \cdot gN^{-1}$
Ac（CH_3COO^-）的电荷换算因子	i_{Charge_SNH4}	−1 $Charge \cdot mol^{-1}$/ (2 * 32+3 * 8−2 * 16+8) $gCOD \cdot mol^{-1}$	−1/64	$Charge \cdot gCOD^{-1}$

续表

类型	符号	计算	精确值	单位
多聚磷酸盐的电荷换算因子（$K_{0.33}Mg_{0.33}PO_3$）	i_{Charge_XPP}	不考虑 K^+ 和 Mg^{2+}：$(PO_3)_n^-$ −1Charge・mol^{-1}/31 gP・mol^{-1}	−1/31	Charge・gP^{-1}
PO_4^{3-} 的电荷换算因子	i_{Charge_SPO4}	PO_4^{3-}：50% $H_2PO_4^-$ +50%HPO_4^{2-} （−1−2）Charge・mol^{-1}/（2＊31）gP・mol^{-1}	−1.5/31	Charge・gP^{-1}
MeP（$FePO_4$）的 P 换算因子	i_{P_XMeP}	$FePO_4$：55.8＋31＋4＊16＝150.8 g・mol^{-1}31gP. mol^{-1}/150.8gTSS・mol^{-1}	31/150.8	gP・gTSS^{-1}
PO_4^{3-} 的沉淀和再溶解的化学计量因子（ASM2d）	v_{XMeOH}	Fe（OH）$_3$ ＋PO_4^{3-} $\rightleftharpoons$ $FePO_4$ ＋3HCO_3^- Fe（OH）$_3$：55.8＋3＊16＋3＝106.8g・mol^{-1} $FePO_4$：55.8+31+4＊16＝150.8g・mol^{-1}有关 PO_4^{3-}（＝31gP・mol^{-1}）的系数是正常化的 TSS 减少量：（150.8−106.8）/31	−106.8/31	gTSS・L^{-1}

附录 F
活性污泥模型：实用数据库的开发与使用潜力

H. Hauduc[a,b], L. Rieger[c,b], T. Ohtsuki[d], A. Shaw[e,f], I. Takács[g], S. Winkler[h], A. Héduit[a], P. A. Vanrolleghem[b] and S. Gillot, [a]

[a]Cemagref, UR HBAN, Parc de Tourvoie, BP 44, F-92163 Antony Cedex, France (Email: sylvie. gillot@irstea. fr).

[b]modelEAU, Département de génie civil, Université Laval, Pavillon Adrien-Pouliot, 1065 av. de la Médecine, Quebec(QC) G1V 0A6, Canada.

[c]EnviroSim Associates Ltd. , McMaster Innovation Park, 175 Longwood Rd S, Suite 114A, Hamilton, ON L8P 0A1, Canada.

[d]Kurita Water Industries Ltd, 4-7, Nishi-Shinjuku 3-Chome, Shinjuku-Ku, Tokyo 160-8383, Japan.

[e]Black and Veatch, 8400 Ward Parkway, Kansas City, MO, 64114 USA.

[f]Department of Civil, Architectural, and Environmental Engineering, Illinois Institute of Technology, Alumni Memorial Hall, Room 228, 3201 S. Dearborn St. , Chicago, IL 60616, USA.

[g]EnviroSim Europe. , 15 Impasse Fauré, Bordeaux 33000, France.

[h]Institute for Water Quality and Waste Management, Vienna Technical University, Karlsplatz 13/E 226, 1040 Vienna, Austria).

摘要

本节旨在综合活性污泥模型 ASM 实际应用中的经验。通过创建模拟案例的数据库，使用户能顺利获取模型信息。这个数据库包含了 2008 年针对模型用户的问卷调查结果，并将其纳入国际水协提出的活性污泥建模工作科技报告中，同时提出对已发表建模工作的综述，从而作为活性污泥模型实用和模拟工作的指南。

此数据库可用来判断建模者通常改变哪些生物动力学参数、在哪些范围及这些参数在七个常用的活性污泥模型中的典型值。这些结果提供的典型参数初始值及取值范围，有助于模型的校正。但是，由于提出的推荐值是实际使用的平均值且没有考虑参数的相关性，因此使用这些典型参数时应谨慎。

关键词：较好的建模工作，活性污泥数学模型，数据库，参数集，参数范围，调查

F.1 引言

国际水协（IWA）好的模型实践——活性污泥模型使用指南（GMP-TG）课题组，收集了活性污泥模型在工程实践中的知识与经验。课题组制作并向活性污泥数学模型的用户和潜在用户分发了第一份调查问卷，旨在更好地了解活性污泥模型用户的信息，确定使用的模拟工具与工艺过程。回收的 96 份问卷，为活性污泥模型的使用提供了帮助，强调了模拟的主要限制，并展望了活性污泥模型的发展（Hauduc 等人，2009）。受调查者特别指出模型校正是最费时的步骤，也是阻碍模型广泛应用的因素，同时还提出了更高的知识传递要求。

2008 年分发了第二份更具体的问卷，旨在为 GMP-TG 报告提供典型参数值以及不同国家和不同污水处理条件下的案例研究。另外，已发表的模拟案例的文献综述可以作为第二信息来源。本研究的目的是收集可得到的活性污泥模型的运行经验，并创建数据库以整合来自第二份调查问卷的调查结果和文献数据。

数据库包括了七个已发表的活性污泥模型的参数：①ASM1（Henze 等人，2000a）；②ASM2d（Henze 等人，2000b）；③ASM3（Gujer 等，2000）；④ASM3＋BioP（Rieger 等人，2001）；⑤ASM2d＋TUD（Meijer，2004）；⑥Barker and Dold 模型（Barker & Dold，1997）；⑦UCTPHO＋（Hu 等人，2007）。为了增强文章的可读性，这些参考文献不再重复赘述。在参数研究之前，所有的模型都要分析其印刷错误和其他错误（Hauduc 等，2010）。

F.1.1 数据来源

1. 问卷调查

为了完整地描述每个模型的研究，采用问卷调查的方式调查了建模工作的目的、污水处理厂的情况和生物动力学参数集。问卷于 2008 年分发给第一批受调查者和加拿大魁北克圣安妮山 WWTmod 研讨会的参与者，问卷可以从 GMP-TG 赞助商的网站上下载。

可能由于调查问卷过于复杂，只回收到了 28 份问卷，其中的 17 份问卷对本次研究有用（即至少提供了一份模型参数集）。

2. 文献综述

为了创建一个统一的数据库，数据来源只选用了已发表的实际污水处理厂的建模工作或者以生活污水作为进水的中试项目。本文献综述涵盖了 50 篇文章，包含了 59 个参数集。

F.1.2 数据库描述

1. 结构

为了更有效地存储所有的信息，数据库主要包括了下面三个主数据表：

（1）参数集：模型、国家、温度、参数值。

（2）污水处理厂描述：进水信息，污水性质，工艺及环境条件。

（3）模型使用者：使用者信息。

为了方便参数比较，文章使用了一套新的标注符号（Corominas 等人，2010）。

2. 参数集分类

区分了两类模型参数集：

（1）针对指定建模工作的最佳参数集。这些参数集能在研究的污水处理厂描述中找到。参数值可能有不同的来源（见下文）。

（2）基于个人知识提出来的缺省参数集。这些参数在建模工作中，用于作为校正步骤的初始值，其值通过在一定数量的污水处理厂进行实验来确定。

3. 参数值的来源

原始值：原始模型中的数值。

新缺省值：新提出的缺省参数值。

测量值：用专门实验方案获取的数值。

校正值：通过手动或者自动方式将模拟结果与污水处理厂收集的实际值进行拟合之后获得的参数值。

4. 温度调节

出于对比的目的，参数标准值为温度 20℃条件下的值。校正因子从数据集中获得，或者从模型原版中获取。例如，原版 ASM1 和 ASM2d 模型只提供了 10℃和 20℃条件下的动力学参数。因此，校正因子 θ_{pow} 则需通过以下公式获得：$k_{10℃}=k_{20℃}*\theta_{pow}^{10-20}$。

F. 1. 3　数据库分析

数据库进行以下三个方面分析：

（1）初始参数集与新提出的缺省参数集：对参数集进行比较，确定之间的差别，并进行分析。

（2）建模工作中改变的参数：强调最经常改变的参数（50%以上的建模工作）。

（3）参数范围与统计：对于每个模型，计算了以下变量：

1）中值不应被误认为是新的缺省参数值，因为中值不是来自某一个参数集，一些参数可能是相关的，例如增长及衰减速率。

2）第 25 和第 75 百分位数。选择这些百分位数是为了排除极端值，并获得典型参数值的代表范围。

3）变异数（V）。两个百分位数分别除以中值所得值之差。

文章讨论了这些结果，并与其他发表的综述研究的参数值及范围进行了比较。

F. 2　结果

F. 2. 1　建模工作的性质

数据库包含了 76 个参数集，其中包括 57 个最佳参数集和 19 个新提出的缺省参数集，其分布见图 F-1。ASM1 和 ASM2d 是数据库中最具有代表性的模型。

下一段落描述了从当前 ASM1 和 ASM2d 模型数据库中提取出的主要信息。由于对于其他类型模型来说，可以利用的模型研究不足，因此，不对这些模型作出评论。但是，附录末尾的附件部分仍给出了 ASM3、ASM3＋BioP、Barker 和 Dold 模型的综合表。关于 ASM2d＋TUD 和 UCTPHO＋模型，除了原版之外没有发现其他的建模工作，所以没有

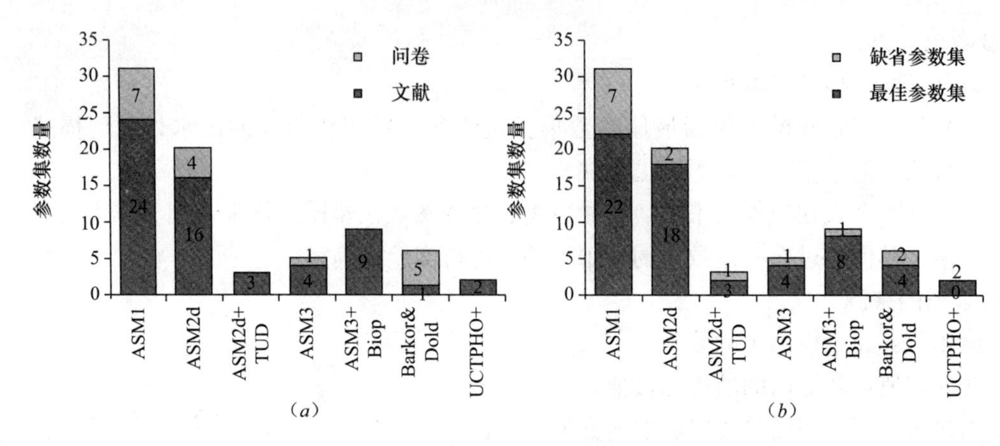

图 F-1 每种模型的参数集分布

(*a*) 按来源；(*b*) 按参数集类别

给出它们的综合表。

F. 2. 2 ASM1 模型

数据库包含了 31 个 ASM1 模型参数集，其中 9 个是新提出的缺省参数集，22 个是特定建模工作的最佳参数集。模型研究主要在欧洲实际污水处理厂中进行，只有 1 个是在北美，3 个在亚洲。特定建模工作中采用的污泥龄介于 4～40d 之间。

表 F-1 给出了数据库中的主要结果，包括初始参数集与新提出的缺省参数集。如果某个参数在应用中被修正的比例大于 50%（Modif. ＞50%），那么推荐参数集的基本统计中就包括所有这种参数（*n* 个）的值，中值（Med.），第 25 和第 75 百分位数和变异数（*V*）。根据定义，新提出的缺省参数集是基于一些模拟研究获得的，因此它们不仅是研究的结果更是实际经验总结的结果。所以，它们与所有的最佳参数集的中值处于一样的水平。

ASM1 模型数据库结果综合表（仅含修改过的参数）。参数值为 20℃ 条件下的标准值　表 F-1

参数	单位	描述	原始参数集				最佳参数集				新提出缺省参数集
			符号	数值 (*a*)	*n*	Modif ＞50%	Med.	Perc. 25%	Perc. 75%	*V* (%)	参数集：*b*/*c*/*d*/*e*/*f*/*g*/*h*/*i*
计量学参数											
Y_{OHO}	$gX_{OHO} \cdot gXC_B^{-1}$	X_{OHO} 产率系数	Y_H	0.67	26	X	0.67	0.62	0.67	7	0.6（*c*；*i*）$Y_{OHO.Ox}$：0.67 和 $Y_{OHO.Ax}$：0.54（*b*；*f*；*h*）
转化参数											
i_{N_XBio}	$gN \cdot gX_{Bio}^{-1}$	生物体（X_{OHO}，X_{ANO}）中 N 含量	$i_{X,B}$	0.086	31		0.086	0.079	0.086	8	0.08（*c*；*g*）
动力学参数											
水解											
$q_{XCB\_SB,hyd}$	$gXC_B \cdot gX_{OHO}^{-1} \cdot d^{-1}$	最大比水解速率	k_h	3	31		3	2.2	3	26	2（*c*）/2.21（*i*）/5.2（*g*）
$\theta_{qXCB\_SB,hyd}$	—	$q_{XCB\_SB,hyd}$ 温度校正因子	θ_{kh}	1.116	11	X	1.116	1.072	1.12	4	1.072（*f*）

续表

参数	单位	描述	原始参数集				最佳参数集				新提出缺省参数集
			符号	数值（a）	n	Modif >50%	Med.	Perc. 25%	Perc. 75%	V（%）	参数集：$b/c/d/e/f/g/h/i$
$K_{XCB,hyd}$	$gXC_B \cdot gX_{OHO}^{-1}$	XC_B/X_{OHO}半饱和系数	K_X	0.03	30		0.03	0.03	0.03	0	0.02（c）/0.17（g）/0.15（i）
$\theta_{KXCB,hyd}$	—	$K_{XCB,hyd}$温度校正因子	θ_{KX}	1.116	10	X	1.116	1.116	1.12	0	1（f）
$\eta_{qhyd,Ax}$	—	缺氧条件下水解校正因子	η_h	0.4	31		0.4	0.4	0.5	25	0.5（g）/0.6（d）$n_{qhyd,An}$：0.75（d）
异养菌											
$\mu_{OHO,Max}$	d^{-1}	X_{OHO}最大比生长速率	μ_H	6	31		6	5.7	6	6	4（d）/5.7（g）
$\theta_{\mu OHO,Max}$	—	$\mu_{OHO,Max}$温度校正因子	$\theta_{\mu H}$	1.072	11	X	1.072	1.071	1.09	2	
$\eta_{\mu OHO,Ax}$	—	X_{OHO}缺氧增长的降低修正因子	η_g	0.8	31		0.8	0.8	0.8	0	0.6（c）
$K_{SB,OHO}$	$gS_B \cdot m^{-3}$	S_B半饱和系数	K_S	20	31		20	10	20	50	5（d）/10（g）
b_{OHO}	d^{-1}	X_{OHO}衰减速率	b_H	0.62	31		0.62	0.61	0.62	2	0.4（d）/0.41（i）/0.5（c）/0.53（g）
θ_{bOHO}	—	b_{OHO}温度校正因子	θ_{bH}	1.12	31	X	1.1	1.029	1.12	8	1.029（f）/1.071（c；d）
$K_{O2,OHO}$	$gS_{O2} \cdot m^{-3}$	S_{O2}半饱和系数	K_{OH}	0.2	31		0.2	0.2	0.2	0	0.05（f）/0.1（i）
$K_{NOx,OHO}$	$gS_{NOx} \cdot m^{-3}$	S_{NOx}半饱和系数	K_{NO}	0.5	31		0.5	0.1	0.5	80	0.1（f）/0.2（i）
自养硝化菌											
$\mu_{ANO,Max}$	d^{-1}	X_{ANO}最大生长速率	μ_A	0.8	30	X	0.8	0.66	0.9	30	0.77（i）/0.82（g）/0.85（c）/0.9（b；d）
$\theta_{\mu ANO,Max}$	—	$\mu_{ANO,Max}$温度校正因子	$\theta_{\mu A}$	1.103	14	X	1.103	1.059	1.11	5	1.059（f；h）/1.072（b）
b_{ANO}	d^{-1}	X_{ANO}衰减速率	b_A	0.5～0.15	30	X	0.1	0.08	0.15	70	0.07（g）/0.096（i）/0.17（b；f；h）
θ_{bANO}	—	b_{ANO}温度校正因子	θ_{bA}	1.072	12	X	1.07	1.029	1.072	4	1.027（f；h）/1.083（d）/1.103（c）
q_{am}	$m^3 \cdot gX_{CB,N}^{-1} \cdot d^{-1}$	氨化速率常数	k_a	0.08	29		0.08	0.07	0.08	12	0.05（g）/0.16（i）
θ_{qam}	—	q_{am}温度校正因子	θ_{ka}	1.072	11		1.07	1.07	1.07	0	1.071（d；c）
$K_{O2,ANO}$	$gS_{O2} \cdot m^{-3}$	S_{O2}半饱和系数	K_{OA}	0.4	31		0.4	0.4	0.4	0	0.2（f）/0.5（c）/0.75（i）
$K_{NHx,ANO}$	$gS_{NHx} \cdot m^{-3}$	S_{NHx}半饱和系数	K_{NH}	1	31		1	0.75	1	25	0.1（f）/0.5（d）

a：Henze 等人（2000a）；b，c：2 个问卷答案；d：Bornemann 等人（1998）；e：Hulsbeek 等人（2002）；f：Marquot（2006）；g：Spanjers 等人（1998）；h：Choubert 等人（2009b）；i：Grady 等人（1999）。

* 来自 Corominas 等人（2010）的标注符号：n 数据库中的参数数量。参数定义请参照附录后的附加材料。

初始参数集与新提出的缺省参数集：26 个参数中只有 3 个初始值没有发生改变，分别是自养菌产率系数 Y_{ANO}，生物衰减产生的不可生物降解的颗粒有机物比例 $f_{XU\_Bio,lys}$，以及生物衰减产生的不可生物降解的有机氮含量 i_{N_XUE}。

三个新提出的参数集通过引入一个缺氧条件下的普通异养菌产率 Y_{OHO} 对 ASM1 模型结构中的普通异养菌产率 Y_{OHO} 进行改变。

与初始值相比，建模工作中改变的参数：对于每个参数集，大部分参数保持为缺省值不变。只有自养菌产率系数Y_{ANO}保持在初始值。超过半数的模型研究中，以下9个参数发生了改变：6个温度校正因子，异养菌产率系数Y_{ONO}，自养菌的最大比增长速率系数$\mu_{ANO,Max}$和衰减系数b_{ANO}。

只有一些参数集包含了测量所得的参数（Makinia and Wells，2000；Nuhoglu等人，2005；Stamou等人，1999；Petersen等人，2002）。除了Stamou等人（1999）所得到的异养菌和自养菌生长相关系数值较低外，大部分测量值与其他模型项目中所用的值相近。

参数范围和统计：除了底物的半饱和系数（$K_{SB,OHO}$）、硝酸盐半饱和系数（$K_{NO_X,OHO}$）和自养菌衰减系数（b_{ANO}）的变异数较低（＜33%）外，所有的中值与初始参数集中的数值一致。

F.2.3 讨论

初始参数集与新提出的缺省参数集：Orhon等人（1996）通过实验证明，对ASM1模型，通过引入缺氧条件下的异养菌产率系数$Y_{OHO,Ax}$能更好地模拟硝酸盐与COD的消耗。通过实际的模型研究，Choubert等人（2009a）提出了新的缺省值0.54g$X_{OHO}\cdot_g XC_B^{-1}$。

Dold等人（2005）讨论了自养菌最大比增长速率系数$\mu_{ANO,Max}$与衰减系数b_{ANO}的变化。他们提出，如果使用了高的b_{ANO}（测得至（0.19±0.4）d^{-1}），当污泥停留时间SRT变化时，$\mu_{ANO,Max}$值也无需修正。Choubert等人（2009b）通过对法国13个实际污水处理厂进行验证，提出在20℃下，$\mu_{ANO,Max}$缺省值为0.8d^{-1}，b_{ANO}缺省值为0.17d^{-1}。

与初始值相比，建模工作中改变的参数：与新提出的缺省参数集一样，有缺氧或厌氧区的处理厂，通常需要一个降低的异养菌生长速率Y_{OHO}。这也证实了在好氧与缺氧条件下的增长速率是不同的。

自养菌的最大比增长速率系数$\mu_{ANO,Max}$和衰减系数b_{ANO}在绝大多数的研究中都发生了改变。但是，分析建模工作时发现，高的最大比生长速率系数往往不能通过高的衰减速率得以补偿。

另外，项目进行过程中，有时候温度校正因子值也需要重新评估。温度校正因子是通过不同温度下确定的参数推导出来的。因此，它们的值中应该包括测量本身的不确定性。

参数范围和统计：虽然（Weijers和Vanrolleghem，1997；Bornemann等人，1998；Hulsbeek等人，2002；Cox，2004；Sin等人，2009）他们的综述研究本身没有在数据库中给出这些参数的范围，但通过数据库的第25和第75百分位数来确定参数范围的方法得到了他们的认同。可是，研究中发现以下参数的范围随着研究的变化而变化：

（1）Weijers和Vanrolleghem（1997）提出的$\mu_{OHO,Max}$和b_{OHO}的范围更宽，分别是2～10d^{-1}和0.1～1.5d^{-1}。

（2）Bornemann等人（1998）研究中，$K_{SB,OHO}$、b_{OHO}与$K_{NH_X,ANO}$值有着不同并且互相不重叠的范围，分别是1～5g$S_B\cdot m^{-3}$、0.3～0.5d^{-1}和0.1～0.7g$S_{NHx}\cdot m^{-3}$。

（3）Cox（2004）提供的中值与数据库与其他的研究有着较大的不同，最高达到100%的相对偏差。但是第25和第75百分位数又是一致的。异养菌的最大比生长速率系数$\mu_{OHO,Max}$、衰减系数b_{OHO}和底物的半饱和系数$K_{SB,OHO}$是例外，它们的值与数据库值不重叠，分别为2.06～4.69d^{-1}、0.2～0.6d^{-1}和2.54～7.06g $S_B m^{-3}$。

（4）Sin等人（2009）基于专家系统，提出了不确定性，或者说是更好的变异数。两个参数（$\mu_{ANO,Max}$和 b_{ANO}）的变异数比研究中观察到的更窄（分别是 5%与 25%），而另外 8 个更宽（变异数 50%：i_{N_XBio}、$K_{O2,OHO}$、q_{am} 和 $K_{NHx,ANO}$；变异数 25%：$K_{XCB,hyd}$、$\mu_{OHO,Max}$、$\eta_{\mu OHO,Ax}$、$K_{O2,ANO}$）。

值得注意的是，尽管观察到的这些参数变化经常比研究中的低，但是以上参数与表 F-1 中的参数一样，都有最大的变异数，又或是与那些在 50%以上建模工作中修正的参数相同。

最后，尽管在 22 个建模中自养菌产率系数 Y_{ANO}的值都没有进行修正，所有的综述研究都提供了它的范围或者不确定性。

结论

关于 ASM1 模型的研究表明需要修正六个参数：Y_{OHO}、$K_{SB,OHO}$、$K_{NO_X,OHO}$、$\mu_{ANO,Max}$、b_{ANO}和 $K_{NH_X,ANO}$。除了已讨论的 Y_{OHO}、$\mu_{ANO,Max}$和 b_{ANO}外，另外三个半饱和系数同样需要根据它们的环境条件进行改变。尽管通过第 25 和 75 百分位数得出的一些参数范围比文献中的窄，但是以上结果大体上与文献中的数据相一致。

F. 2. 3. 1　ASM2d 模型

数据库包含了 20 个通过特定建模工作得出的 ASM2d 模型参数集，其中，2 个是新提出的缺省参数集，18 个是最佳参数集。模型研究主要在欧洲进行（16 个），只有 2 个在亚洲进行。并且，基本上都是在实际污水处理厂中进行的（12 个）。表 F-2 综合了 ASM2d 模型的主要结果。建模工作采用的污泥龄在 7～22d 之间。

ASM2d 模型数据库结果综合表（仅含修改过的参数）。参数值标准化至 20℃ 条件下　表 F-2

参数动力学参数	单位	描述	原始符号	原始参数集 j	最佳参数集 n	Modif. >50%	Med.	Perc. 25%	Perc. 75%	V (%)
水解										
$\eta_{qhyd,Ax}$	—	缺氧条件下水解校正因子	η_{NO3}	0.6	20		0.6	0.6	0.8	33
$\eta_{qhyd,A\eta}$	—	厌氧条件下水解校正因子	η_{fe}	0.4	20		0.4	0.2	0.4	50
普通异养菌										
$\mu_{OHO,Max}$	d^{-1}	X_{OHO}最大生长速率	μ_H	6	20	X	6	4	6	33
$\eta_{\mu OHO,Ax}$	—	X_{OHO}缺氧生长的降低修正因子	η_{NO3}	0.8	20		0.8	0.8	0.8	0
聚磷菌										
q_{PAO,VFA_Stor}	$gX_{Stor}\cdot gX_{PAO}^{-1}\cdot d^{-1}$	S_{VFA}摄取速率常数（$X_{PAO,Stor}$存储）	q_{PHA}	3	20	X	3.4	3	6	90
$q_{PAO,PO4\_PP}$	$gX_{PP}\cdot gX_{PAO}^{-1}\cdot d^{-1}$	$X_{PAO,PP}$存储速率常数	q_{PP}	1.5	20	X	1.5	1.5	3.3	120
$\mu_{PAO,Max}$	d^{-1}	X_{PAO}最大生长速率	μ_{PAO}	1	20		1	1	1.04	4
$\theta_{\mu PAO,Max}$	—	$\mu_{PAO,Max}$温度校正因子	$\theta_{\mu PAO}$	1.041	3		1.041	1.041	1.058	2
m_{PAO}	d^{-1}	X_{PAO}内源呼吸速率	b_{PAO}	0.2	20	X	0.2	0.15	0.2	25
b_{PP_PO4}	d^{-1}	$X_{PAO,PP}$溶解速率常数	b_{PP}	0.2	20	X	0.2	0.15	0.2	25
b_{Stor_VFA}	d^{-1}	$X_{PAO,Stor}$呼吸速率常数	b_{PHA}	0.2	20	X	0.2	0.15	0.2	25
自养硝化微生物										
$\mu_{ANO,Max}$	d^{-1}	X_{ANO}最大生长速率	μ_{AUT}	1	20	X	1	1	1.15	15
b_{ANO}	d^{-1}	X_{ANO}衰减速率	b_{AUT}	0.15	20		0.15	0.15	0.16	7
$K_{NHx,ANO}$	$gS_{NHx}\cdot m^{-3}$	S_{NHx}半饱和系数	K_{NH4}	1	20	X	0.1	0.5	1	50

Henze 等人（2000b）。参数定义请参照附录后的附加材料。* 来自 Corominas 等人（2010）的标注化符号。n 数据库中的参数数量。

初始参数集与新提出的缺省参数集：表中只给出了初始参数集。Cinar 等（1998）提出了一个新的缺省参数集，但实际上是关于 ASM2 模型的，而不是 ASM2d 模型。

与初始值相比，建模工作中改变的参数：大部分参数保持了初值或原始值，83 个参数中有 33 个一直没有发生改变：

（1）11 个计量学参数中有 4 个未变：水解过程与生物衰减过程产生的惰性部分（$f_{SU\_XCB,hyd}$、$f_{XU\_Bio,lys}$）；单位质量存储有机物产生的多聚磷酸盐质量（Y_{PHA_PP}）和自养菌微生物产率（Y_{ANO}）。

（2）15 个转化系数中有 7 个未变：i_{N_SF}、i_{N_XBio}、i_{P_SF}、i_{P_SU}、i_{TSS_XCB}、$i_{TSS\_XPAO,PHA}$、$i_{TSS\_XPAO,PP}$。

（3）57 个动力学参数中有 22 个未变：碱度半饱和系数 $K_{Alk,OHO}$，$K_{Alk,PAO}$、$K_{Alk,ANO}$，营养物质的异养菌半饱和系数 $K_{NHx,OHO}$、$K_{PO4,OHO}$，营养物的自养菌半饱和系数 $K_{PO4,ANO}$，5 个聚磷菌的半饱和系数 K_{S,fPP_PAO}、$K_{O2,PAO}$、$K_{NOx,PAO}$、$K_{NHx,PAO}$、$K_{PO4,PAO,upt}$；水解过程中溶解氧和硝酸盐的半饱和系数（$K_{O2,hyd}$、$K_{NOx,hyd}$）；6 个温度校正因子 $\theta_{q\_XCB\_SB,hyd}$、$\theta_{\mu\_OHO,Max}$、$\theta_{q\_SF\_Ac,Max}$、θ_{b_OHO}、$\theta_{\mu\_ANO,Max}$、θ_{b_ANO}；化学除磷的沉淀系数 $q_{P,pre}$、$q_{P,red}$、$q_{Alk,pre}$。

可以区分出两种类型的模型研究：

（1）12 个已校正的参数子集的研究。这些研究主要包含动力学参数。

（2）6 个测量参数的研究，其中 4 个研究利用了 Penya-Roja 等人（2002）（Penya-Roja 等人，2002；2 个利用了 Ferrer 等，2004；Garcia-Usach 等人，2006）提出的校正协议。这个协议建立在间歇试验的基础上，可用来测量自养菌、普通异养菌与聚磷菌的许多化学计量学和动力学系数。

18 个模型研究中，8 个动力学参数在超过半数的研究中发生了改变，这些参数分别是：异养菌与自养菌的最大比生长速率常数（$\mu_{OHO,Max}$、$\mu_{ANO,Max}$），自养菌的氨半饱和系数 $K_{NHx,ANO}$，挥发性饱和脂肪酸 VFA 的摄取速率常数（q_{PAO,VFA_Stor}），聚磷菌的多聚磷酸盐存储速率（$q_{PAO,PO4\_PP}$）和储存物的分解速率 m_{PAO}、$b_{PP,PO4}$、b_{Stor_VFA}。

（3）参数范围与统计：除了 VFA 摄取速率常数 q_{PAO,VFA_Stor}外，其他参数中值均与初始数值一致。除了厌氧条件下的水解衰减因子 $\eta_{qhyd,A\eta}$、VFA 摄取速率常数 q_{PAO,VFA_Stor}、多聚磷酸盐的存储速率常数 $q_{PAO,PO4_PP}$和氨的半饱和系数 $K_{NHx,ANO}$外，第 25 和 75 百分位数之间的动力学参数值的范围都很窄。

F.2.3.2 讨论

初始参数集与新提出的缺省参数集：80 个最常改变的参数中，VFA 的摄取速率常数 q_{PAO,VFA_Stor}和多聚磷酸盐的存储速率常数 $q_{PAO,PO4_PP}$具有很宽的参数范围。另外，Penya-Roja 等人（2002）协议的用户发现，聚磷菌产率 Y_{PAO}与多聚磷酸盐存储 $Y_{PP_Stor,PAO}$的参数范围较宽。这说明 ASM2d 模型存在问题，比如为了简化过程，没有考虑糖原存储与模型中的聚糖菌。

另一种解释可能是，ASM2d 模型将多聚磷酸盐摄取与聚磷菌生长作为两个独立的动力学过程。但是，实验表明，存储物的氧化为聚磷菌生长与多聚磷酸盐的存储提供能量（Wentzel 等人，1989）。聚磷菌的生长与多聚磷酸盐的产生是相关的，都依赖于存储物的氧化。因此，一些模型（新陈代谢模型，例如 Meijer，2004）将两者的产生与能量产生联系在一起，或者让聚磷菌生长与多聚磷酸盐存储作为一个单独的过程（Barker & Dold 模型，UCTPHO+）。固定生长与磷存储之间的比率将有助于后续 ASM2d 模型校正步骤的进行。

参数范围和统计：根据专门知识，Brun 等人（2002）将每个参数赋以不确定性。通过 Brun 等人（2002）的计量学参数与转化系数，数据库符合低不确定性的要求（5%～20%之间）。而 Brun 等人（2002）认为，高的不确定性（20%～50%）来源于动力学参数。根据所有参数的数据库结果，除了缺氧和厌氧条件下的水解衰减因子 $\eta_{qhyd,Ax}$、$\eta_{qhyd,An}$，VFA 摄取速率常数（q_{PAO,VFA_Stor}）与多聚磷酸盐存储速率常数 $q_{PAO,PO4\_PP}$，其他参数估值均偏高。

F.2.4 结论

校正 ASM2d 模型潜在的主要缺陷可能来源于 VFA 摄取速率常数 q_{PAO,VFA_Stor} 与多聚磷酸盐存储速率常数 $q_{PAO,PO4\_PP}$ 的确定。这两个参数在有机物存储和消耗过程中，它们的高度变异数可能说明它们在模型结构中存在问题，而这个问题会增加校正过程的难度。

F.3 综合讨论

F.3.1 模型间比较

ASM1 和 ASM2d 模型中，只有少数参数在半数以上的研究中发生了改变。这意味着，模型用户绝大多数情况下依赖初始值，或者模型输出对这些参数不敏感。在进行模型间的比较时考虑了本附录在后面附录 F 中附加的模型资料（ASM3、ASM3+BioP、ASM2d+TUD、Barker & Dold）的结果，以下是最经常被修正的参数：

（1）自养菌生长与衰减速率；

（2）聚磷菌存储过程速率；

（3）底物与氧的异养菌半饱和系数；

（4）氨的自养菌半饱和系数。

通常认为半饱和系数是与特定的环境条件相关的。

一些模型协议，例如 WERF（Melcer 等人，2003）、BIOMATH（Vanrolleghem 等人，2003）和 HSG（Langergraber 等人，2004）建议测量一些动力学及计量学参数。但是在目前的实际应用中很少，如果有的话，也仅仅测量了生物动力学参数。

F.3.2 建模工作文献的局限性

大量关于建模工作的文献综述显示，建模工作的文章中经常缺失一些重要的信息，以至于不能被充分使用。缺失的信息包括：

（1）污水处理厂信息：池体构造、池体尺寸、曝气时间。

（2）环境条件信息：温度、降雨、日变化。

（3）测量活动信息：持续时间、样品数、检测方法。

（4）进水水质采用的水质分类方法。

（5）数据验证及调和方法。

（6）参数集最优化方法：协议，初始值参数集。

（7）提出最优参数集的温度条件。

信息的缺失阻碍了数据库的进一步分析，例如进行相关性研究。同时，增加了评价模拟工作质量的难度。因此，数据库中包含的建模工作必须处在同等质量水平。所以，参数值之间的区别与污水处理厂的条件有关，与错误的校正及数据质量无关。

需要指出的是，目前缺少一些实验验证的参数值。即使存在测量的参数值，测量方法信息的缺失使得分析结果的难度加大。

F.3.3 数据库的潜势

研究的数据库中相互关系包括：参数间的相互关系，改变的数值间的相互关系，参数与污水处理厂条件之间的相互关系（F/M，氮负荷，污泥停留时间）。可能由于数据集有限，尚未发现显著的相关性。

数据库的设计考虑了可能扩展的新数据集。更大的数据库可以满足进一步分析的需要：

（1）确定模型参数范围与典型值，定义当前的实际情况，并用于帮助模型使用人员进行校正工作。

（2）综合模型的实际经验，帮助用户找到与他们建模工作项目相近的模型研究。

（3）研究参数间的相关性（例如 b_{ANO}、μ_{ANO}），并分析相关性对校正步骤的影响。

（4）发现参数值变化与污水处理厂条件变化的相关性。

（5）通过不同模型经验，确定实际模型极限。

（6）确定研究需要。

F.4 结论

本研究提出了结合模型实际经验与专家知识的数据库，综合了活性污泥模型的实际知识。目前，数据库中包括了 ASM1 和 ASM2d 模型的参数范围。这些值可以提供典型实践值，帮助用户进行模型校正。但是使用这些值要小心，因为它们的得出是依据实际经验的平均值，没有考虑参数间的相关性和特定的环境条件。

这些结果有助于实现第一个研究中受调查者提出的针对活性污泥模型的知识转换。数据库允许扩充更多的建模工作，并对它们进行进一步分析。作者希望这个数据库可被所有群体使用，并正在研究方法。

本研究中没有展示调查问卷中的其他信息，例如，当前污水处理厂中检测的典型比例与重要数值等。但这些信息已发表在关于好的活性污泥模型实践—使用指南（GMP-TG）课题组科技报告中。

F.5 致谢

GMP 课题组真心感谢所有调查问卷参与者的宝贵支持。

Hélène Hauduc 博士，他是 Cemagref（法国）和 modelEAU（加拿大，魁北克，拉瓦尔大学）的学生。

Peter A. Vanrolleghem，加拿大水质模型研究组组长。

GMP 课题组受国际水协（IWA）和以下机构赞助：Black & Veatch，Cemagref，EnviroSim Associates Ltd.，Kurita Water Industries Ltd.，TU Vienna，Université Laval，École Polytechnique de Montreal，EAWAG。GMP 课题组特别感谢 Hydromantis Inc. 及 MOST-forWATER N. V. 的赞助。

参考文献

Barker P. S. and Dold P. L. (1997). General model for biological nutrient removal activated-sludge systems: Model presentation. Water Environment Research, 69(5), 969-984.

Bornemann C., Londong J., Freund M., Nowak O., Otterpohl R. and Rolfs T. (1998). Hinweise zur dynamischen Simulation von Belebungsanlagen mit dem Belebtschlammodell Nr. 1 der IAWQ. Korrespondenz Abwasser, 45(3), 455-462, [in German].

Brun R., Kuehni M., Siegrist H., Gujer W. and Reichert P. (2002). Practical identifiability of ASM2d parameters-Systematic selection and tuning of parameter subsets. Water Research, 36(16), 4113-4127.

Choubert J.-M., Marquot A., Stricker A.-E., Racault Y., Gillot S. and Héduit A. (2009a). Anoxic and aerobic values for the yield coefficient of the heterotrophic biomass: Determination at full-scale plants and consequences on simulations. Water SA, 35(1), 103-110.

Choubert J.-M., Stricker A.-E., Marquot A., Racault Y., Gillot S. and Héduit A. (2009b). Updated Activated Sludge Model n1 parameter values for improved prediction of nitrogen removal in activated sludge processes: Validation at 13 full-scale plants. Water Environment Research, 81, 858-865.

Cinar O., Daigger G. T. and Graef S. P. (1998). Evaluation of IAWQ Activated Sludge Model No. 2 using steady-state data from four full-scale wastewater treatment plants. Water Environment Research, 70(6), 1216-1224.

Corominas L., Rieger L., Takács I., Ekama G., Hauduc H., Vanrolleghem P. A., Oehmen A., Gernaey K. V. and Comeau Y. (2010). New framework for standardized notation in wastewater treatment modelling. Water Science and Technology, 61(4), 841-857.

Cox C. D. (2004). Statistical distributions of uncertainty and variability in activated sludge model parameters. Water Environment Research, 76(7), 2672-2685.

Dold P. L., Jones R. M. and Bye C. M. (2005). Importance and measurement of decay rate when assessing nitrification kinetics. Water Science and Technology, 52(10-11), 469-477.

Ferrer J., Morenilla J. J., Bouzas A. and Garcia-Usach F. (2004). Calibration and simulation of two large wastewater treatment plants operated for nutrient removal. Water Science and Technology, 50(6), 87-94.

Garcia-Usach F., Ferrer J., Bouzas A. and Seco A. (2006). Calibration and simulation of ASM2d at different temperatures in a phosphorus removal pilot plant. WaterScience and Technology, 53(12), 199-206.

Grady C. P. L., Jr, Daigger G. T. and Lim H. C. (1999). Biological Wastewater Treatment-Second Edition, revised and expanded, 1076 pp., Marcel Dekker, New York.

Gujer W., Henze M., Mino T. and van Loosdrecht M. C. M. (2000). Activated Sludge Model No. 3, in Activated Sludge Models ASM1, ASM2, ASM2d and ASM3. edited byM. Henze et al., IWA Publishing, London,

UK.

Hauduc H.,Gillot S.,Rieger L.,Ohtsuki T.,Shaw A.,Takács I. and Winkler S. (2009). Activated Sludge Modelling in Practice-An International Survey. Water Science and Technology,60(8),1943-1951.

Hauduc H.,Rieger L.,Takács I.,Héduit A.,Vanrolleghem P. A. and Gillot S. (2010). Systematic approach for model verification-Application on seven published Activated Sludge Models. Water Science and Technology,61(4),825-839.

Henze M.,Grady C. P. L.,JR,Gujer W.,Marais G. v. R. and Matsuo T. (2000a). Activated Sludge Model No. 1,in Activated Sludge Models ASM1,ASM2,ASM2d and ASM3. edited by M. Henze et al.,IWA Publishing,London,UK.

Henze M.,Gujer W.,Mino T.,Matsuo T.,Wentzel M. C.,Marais G. v. R. and van Loosdrecht M. C. M. (2000b). Activated Sludge Model No. 2d, in Activated Sludge Models ASM1, ASM2, ASM2d and ASM3. edited by M. Henze et al.,IWA Publishing,London,UK.

Hu Z. R.,Wentzel M. C. and Ekama G. A. (2007). A general kinetic model for biological nutrient removal activated sludge systems:Model development. Biotechnology and Bioengineering,98(6),1242-1258.

Hulsbeek J. J. W.,Kruit J.,Roeleveld P. J. and van Loosdrecht M. C. M. (2002). A practical protocol for dynamic modelling of activated sludge systems. Water Science and Technology,45(6),127-136.

Koch G.,Kühni M.,Gujer W. and Siegrist H. (2000). Calibration and validation of Activated Sludge Model no. 3 for Swiss municipal wastewater. Water Research,34(14),3580-3590.

Langergraber G.,Rieger L.,Winkler S.,Alex J.,Wiese J.,Owerdieck C.,Ahnert M.,Simon J. and Maurer M. (2004). A guideline for simulation studies of wastewater treatment plants. Water Science and Technology,50(7),131-138.

Makinia J. and Wells S. A. (2000). A general model of the activated sludge reactor with dispersive flow-I. Model development and parameter estimation. Water Research,34(16),3987-3996.

Marquot A. (2006). Modelling nitrogen removal by activated sludge on full-scale plants:Calibration and evaluation of ASM1. PhD thesis,Ecole doctorale des Sciences Exactes et de leurs Applications,Université de Pau et des Pays de l'Adour(UPPA),Bordeaux,France.

Meijer S. C. F. (2004). Theoretical and practical aspects of modelling activated sludge processes. PhD thesis, Department of Biotechnological Engineering,Delft University of Technology,Delft,The Netherlands.

Melcer H.,Dold P. L.,Jones R. M.,Bye C. M.,Takacs I.,Stensel H. D.,Wilson A. W.,Sun P. and Bury S.,(2003). Methods for wastewater characterisation in activated sludge modeling,Water Environment Research Foundation(WERF),Alexandria,VA,US.

Nuhoglu A.,Keskinler B. and Yildiz E. (2005). Mathematical modelling of the activated sludge process-The Erzincan case. Process Biochemistry,40(7),2467-2473.

Orhon D.,Sozen S. and Artan N. (1996). The effect of heterotrophic yield on the assessment of the correction factor for anoxic growth. Water Science and Technology,34(5-6),67-74.

Penya-Roja J. M.,Seco A.,Ferrer J. and Serralta J. (2002). Calibration and validation of Activated Sludge Model No. 2d for Spanish municipal wastewater. Environmental Technology,23(8),849-862.

Petersen B.,Gernaey K.,Henze M. and Vanrolleghem P. A. (2002). Evaluation of an ASM1 model calibration procedure on a municipal-industrial wastewater treatment plant. J. Hydroinformatics,4(1),15-38.

Rieger L.,Koch G.,Kuhni M.,Gujer W. and Siegrist H. (2001). The EAWAG Bio-P module for Activated Sludge Model No. 3. Water Research,35(16),3887-3903.

Sin G.,Gernaey K. V.,Neumann M. B.,van Loosdrecht M. C. M. and Gujer W. (2009). Uncertainty analysis in WWTP model applications: A critical discussion using an example from design. Water Research, 43 (11), 2894-2906.

Spanjers H., Vanrolleghem P. A., Nguyen K., Vanhooren H. and Patry G. G. (1998). Towards a simulation-benchmark for evaluating respirometry-based control strategies. Water Sci. Technol., 37(12), 219-226.

Stamou A., Katsiri A., Mantziaras I., Boshnakov K., Koumanova B. and Stoyanov S. (1999). Modelling of an alternating oxidation ditch system. Water Science and Technology, 39(4), 169-176.

Vanrolleghem P. A., Insel G., Petersen B., Sin G., Pauw D. D., Nopens I., Dovermann H., Weijers S. and Gernaey K. (2003). A comprehensive model calibration procedure for activated sludge models. In: Proceedings 76th Annual WEF Conference and Exposition. Los Angeles, USA, October 11-15, 2003. (on CD-ROM).

Weijers S. R. and Vanrolleghem P. A. (1997). A procedure for selecting best identifiable parameters in calibrating Activated Sludge Model No. 1 to full-scale plant data. Water Science and Technology, 36(5), 69-79.

Wentzel M. C., Ekama G. A., Loewenthal R. E., Dold P. L. and Marais G. v. R. (1989). Enhanced polyphosphate organism cultures in activated sludge systems. Part II: Experimental behaviour. Water S. A., 15 (2), 71-88.

附件 F

1. 参数定义

（1）ASM3 数据描述

数据库包括 ASM3 模型的 5 个参数集，其中的 1 个是新提出的缺省参数集，3 个是最佳参数集。模型研究仅在北欧（比利时，芬兰，德国）的实际污水处理厂中进行过。表 F-4 给出了 ASM3 模型的主要结果。

（2）ASM+BioP 数据描述

数据库包括 ASM+BioP 模型的 9 个参数集，其中的 1 个是原始参数集，8 个是最佳参数集。模型研究仅在德国进行过，其中一半参数集是在实际污水处理厂中进行的研究。表 F-5 给出了 ASM+BioP 模型的主要结果。

研究模型的参数定义和原始符号　　表 F-3

描述	参数 *	单位	ASM1	ASM2d	ASM3	ASM3+BioP	Barker 和 Dold
状态变量 溶解性 COD							
溶解性可生物降解有机物	S_B	$gCOD \cdot m^{-3}$	S_S		S_S	S_S	
可发酵有机物质	S_F	$gCOD \cdot m^{-3}$		S_F			S_{BSC}
发酵产物（挥发性脂肪酸）	S_{VFA}	$gCOD \cdot m^{-3}$		S_A			S_{BSA}
溶解性不可生物降解有机物	S_U	$gCOD \cdot m^{-3}$	S_I	S_I	S_I	S_I	S_{US}
溶解氧 DO	S_{O2}	$gCOD \cdot m^{-3}$	S_O	S_{O2}	S_O	S_O	S_O
颗粒及胶体性 COD							
可生物降解的颗粒性有机物	X_{CB}	$gCOD \cdot m^{-3}$	X_S	X_S	X_S	X_S	S_{ENM}

续表

描述	参数 *	单位	ASM1	ASM2d	ASM3	ASM3+BioP	Barker 和 Dold
吸附的慢速生物降解底物	X_{Ads}	$gCOD \cdot m^{-3}$					
惰性颗粒性有机物	X_U	$gCOD \cdot m^{-3}$		X_I	X_I	X_I	
进水中的惰性颗粒性有机物	$X_{U,Inf}$	$gCOD \cdot m^{-3}$	X_I				S_{UP}
惰性颗粒性内源产物	$X_{U,E}$	$gCOD \cdot m^{-3}$	X_P				Z_E
氮和磷							
铵和氨氮（NH_4+NH_3）	S_{NHX}	$gN \cdot m^{-3}$	S_{NH}	S_{NH4}	S_{NH}	S_{NH}	N_{H3}
硝酸盐与亚硝酸盐（以 NO_3 计）	S_{NOX}	$gN \cdot m^{-3}$	S_{NO}	S_{NO3}	S_{NO}	S_{NO}	N_{O3}
可生物降解的颗粒性有机氮	$X_{CB,N}$	$gN \cdot m^{-3}$	X_{ND}				N_{BP}
可生物降解的溶解性有机氮	$S_{B,N}$	$gN \cdot m^{-3}$	S_{ND}				N_{BS}
溶解性惰性有机氮	$S_{U,N}$	$gN \cdot m^{-3}$					N_{US}
溶解性无机磷	S_{PO4}	$gP \cdot m^{-3}$		S_{PO4}		S_{PO4}	P_{O4}
生物量							
普通异养菌	X_{OHO}	$gCOD \cdot m^{-3}$	X_{BH}	X_H	X_H	X_H	Z_H
自养硝化菌（NH_4 到 NO_3）	X_{ANO}	$gCOD \cdot m^{-3}$	X_{BA}	X_{AUT}	X_A	X_A	Z_A
聚磷菌	X_{PAO}	$gCOD \cdot m^{-3}$		X_{PAO}		X_{PAO}	Z_P
微生物（生物量）	X_{Bio}	$gCOD \cdot m^{-3}$					
普通异养菌的贮存物	$X_{OHO,Stor}$	$gCOD \cdot m^{-3}$			X_{STO}	X_{STO}	
聚磷菌的贮存物	$X_{PAO,Stor}$	$gCOD \cdot m^{-3}$		X_{PHA}		X_{PHA}	S_{PHB}
聚磷菌存储的糖原	$X_{PAO,Gly}$	$gCOD \cdot m^{-3}$					
聚磷菌存储的多聚磷酸盐	$X_{PAO,PP}$	$gP \cdot m^{-3}$		X_{PP}		X_{PP}	
计量学参数							
异养菌产率	Y_{OHO}	$gX_{OHO} \cdot gXC^{-}1_B$	Y_H				
单位 $X_{OHO,Stor}$ 异养菌产率（好氧）	$Y_{Stor\_OHO,Ox}$	$gX_{OHO} \cdot gX_{Stor}^{-1}$			$Y_{H,O2}$		
单位 $X_{OHO,Stor}$ 异养菌产率（缺氧）	$Y_{Stor\_OHO,Ax}$	$gX_{OHO} \cdot gX_{Stor}^{-1}$			$Y_{H,NOX}$		
单位 S_B 贮存物产率（好氧）	$Y_{SB\_Stor,Ox}$	$gX_{Stor} \cdot gS_B^{-1}$			$Y_{STO,O2}$		
单位 S_B 贮存物产率（缺氧）	$Y_{SB\_Stor,Ax}$	$gX_{Stor} \cdot gS_B^{-1}$			$Y_{STO,NOX}$		
转化系数							
S_U 中 N 含量	i_{N_SU}	$gN \cdot gS_U^{-1}$					$f_{N,SEP}$
X_U 中 N 含量	i_{N_XU}	$gN \cdot gX_U^{-1}$			$i_{N,XI}$		
XC_B 中 N 含量	i_{N_XCB}	$gN \cdot gXC_B^{-1}$			$i_{N,XS}$		
X_{OHO} 中 N 含量	i_{N_OHO}	$gN \cdot gX_{OHO}^{-1}$					$f_{N,ZH}$
生物量(X_{OHO}、X_{PAO}、X_{ANO})中 N 含量	i_{N_XBio}	$gN \cdot gX_{Bio}^{-1}$	$i_{X,B}$				
X_{OHO} 产物中 N 含量	$i_{N\_XUE,OHO}$	$gN \cdot gX_{UE}^{-1}$					$f_{N,ZEH}$
X_{PAO} 产物中 N 含量	$i_{N\_XUE,PAO}$	$gN \cdot gX_{UE}^{-1}$					$f_{N,ZEP}$
X_{ANO} 产物中 N 含量	$i_{N\_XUE,ANO}$	$gN \cdot gX_{UE}^{-1}$					$f_{N,ZEA}$
动力学参数							
水解							
最大比水解速率	$q_{XCB\_SB,hyd}$ $\theta_{qXCB\_SB,hyd}$	$gXC_B \cdot gX_{OHO}^{-1} \cdot d^{-1}$ —	k_h θ_{kh}		k_H		

续表

描述	参数 *	单位	ASM1	ASM2d	ASM3	ASM3＋BioP	Barker 和 Dold
$q_{XCB_SB,hyd}$的温度修正因子							
XC_B/X_{OHO}半饱和系数	$K_{XCB,hyd}$	$gXC_B \cdot gX_{OHO}^{-1}$	K_X				
$K_{XCB,hyd}$的温度修正因子	$\theta_{KXCB,hyd}$		θ_{KX}				
缺氧条件下的水解修正因子	$\eta_{qhyd,Ax}$	—	η_h	η_{NO3}			η_{gro}
厌氧条件下的水解修正因子	$\eta_{qhyd,A\eta}$	—		η_{fe}			
普通异养菌							
$X_{OHO,Stor}$存储的速率常数	q_{SB_Stor}	$gXC_B \cdot gX_{OHO}^{-1} \cdot d^{-1}$			K_{STO}		
X_{OHO}的最大生长速率	$\mu_{OHO,Max}$	d^{-1}	μ_H	μ_H	μ_H		
$\mu_{OHO,Max}$的温度修正因子	$\theta_{\mu OHO,Max}$	—	$\theta_{\mu H}$				
X_{OHO}缺氧生长的降低修正因子	$\eta_{\mu OHO,Ax}$	—	η_g	η_{NO3}	η_{NOX}		
S_B 半饱和系数	$K_{SB,OHO}$	$gS_B . m^{-3}$	K_S		K_S		
$X_{OHO,Stor \times OHO}$半饱和系数	K_{Stor_OHO}	$gX_{Stor} \cdot gX_{OHO}^{-1}$			K_{STO}		
X_{OHO}的衰减速率	b_{OHO}	d^{-1}	b_H				
b_{OHO}的温度修正因子	θ_{bOHO}		θ_{bH}				
X_{OHO}好氧内源呼吸速率	$m_{OHO,Ox}$	d^{-1}			$b_{H,O2}$		
X_{OHO}缺氧内源呼吸速率	$m_{OHO,Ax}$	d^{-1}			$b_{H,NOX}$		
$X_{OHO,Stor}$好氧内源呼吸速率	$m_{Stor,Ox}$	d^{-1}			$b_{STO,O2}$		
$X_{OHO,Stor}$缺氧内源呼吸速率	$m_{Stor,Ax}$	d^{-1}			$b_{STO,NOX}$		
X_{OHO}缺氧内源呼吸速率降低修正因子	$\eta_{mOHO,Ax}$	—				$\eta_{NO,end,H}$	
S_{O2}半饱和系数	$K_{O2,OHO}$	$gS_{O2} \cdot m^{-3}$	K_{OH}		K_{O2}	$K_{O,H}$	$K_{O,HET}$
S_{NOx}半饱和系数	$K_{NOx,OHO}$	$gS_{NOx} \cdot m^{-3}$	K_{NO}				
聚磷菌							
S_{VFA}摄取速率常数（$X_{PAO,Stor}$存储）	q_{PAO,VFA_Stor}	$gX_{Stor} \cdot gX_{PAO}^{-1} \cdot d^{-1}$		q_{PHA}			
$X_{PAO,PP}$存储速率常数	$q_{PAO,PO4\_PP}$	$gX_{PP} \cdot gX_{PAO}^{-1} \cdot d^{-1}$		q_{PP}		q_{PP}	
$X_{PAO,PP}/X_{PAO}$最大比值	$f_{PP\_PAO,Max}$	$gX_{PP} \cdot gX_{PAO}^{-1}$				$K_{max,PAO}$	
X_{PAO}的最大生长速率	$\mu_{PAO,Max}$	d^{-1}		μ_{PAO}			
$\mu_{PAO,Max}$的温度修正因子	$\theta_{\mu PAO,Max}$	—		$\theta_{\mu PAO}$			
X_{PAO}的内源呼吸速率	m_{PAO}	d^{-1}		b_{PAO}			
$X_{PAO,PP}$溶解速率常数	b_{PP_PO4}	d^{-1}		b_{PP}			
$X_{PAO,Stor}$呼吸速率常数	b_{Stor_VFA}	d^{-1}		b_{PHA}			
$X_{PAO,PP}$半饱和系数	$K_{PP,PAO}$	$gX_{PP} \cdot m^{-3}$					K_{XP}
自养硝化菌							
X_{ANO}的最大生长速率	$\mu_{ANO,Max}$	d^{-1}	μ_A	μ_{AUT}	μ_A	μ_A	μ_A
$\mu_{ANO,Max}$的温度修正因子	$\theta_{\mu ANO,Max}$	—	$\theta_{\mu A}$				
X_{ANO}的衰减速率	b_{ANO}	d^{1}	b_A	b_{AUT}			b_A
b_{ANO}的温度修正因子	θ_{bANO}		θ_{bA}				
X_{ANO}内源呼吸速率（好氧）	$m_{ANO,Ox}$	d^{-1}			$b_{A,O2}$		
X_{ANO}内源呼吸速率（缺氧）	$m_{ANO,Ax}$	d^{-1}			$b_{A,NOX}$		
氨化速率常数	q_{am}	$m^3 \cdot gXC_{B,N}^{-1} \cdot d^{-1}$	k_a				$K_{O,AUT}$
q_{am}温度修正因子	θ_{qam}	—	θ_{ka}				K_{NH}
S_{O2}半饱和系数	$K_{O2,ANO}$	$gS_{O2} \cdot m^{-3}$	K_{OA}			$K_{O,A}$	
S_{NHx}半饱和系数	$K_{NHx,ANO}$	$gS_{NHx} \cdot m^{-3}$	K_{NH}	K_{NH4}	$K_{A,NH4}$		

* 采用 Corominas 等人（2010）的标准化符号。

ASM3 模型数据库结果综合表（仅含修改过的参数） 表 F-4

参数* 参数集	单位	原始参数集 符号	原始参数集 值（k）	新提出的缺省参数集 l	n	最佳参数集 Modif. >50%	最佳参数集 Median	最佳参数集 Perc. 25%	最佳参数集 Perc. 75%	最佳参数集 V（%）
计量学参数										
$Y_{Stor\_OHO,Ox}$	$gX_{OHO} \cdot gX_{Stor}^{-1}$	$Y_{H,O2}$	0.85	0.8	5		0.80	0.80	0.80	0
$Y_{Stor\_OHO,Ax}$	$gX_{OHO} \cdot gX_{Stor}^{-1}$	$Y_{H,NOX}$	0.8	0.7	5		0.70	0.70	0.70	0
$Y_{SB\_Stor,Ox}$	$gX_{Stor} \cdot gS_{B}^{-1}$	$Y_{STO,O2}$	0.63	0.8	5		0.80	0.63	0.80	21
$Y_{SB\_Stor,Ax}$	$gX_{Stor} \cdot gS_{B}^{-1}$	$Y_{STO,NOX}$	0.54	0.65	5		0.65	0.54	0.65	17
转换系数										
i_{N_XU}	$gN \cdot gX_{U}^{-1}$	$i_{N,XI}$	0.02	0.04	5		0.040	0.035	0.040	13
i_{N_XCB}	$gN \cdot gX_{CB}^{-1}$	$i_{N,XS}$	0.04	0.03	5		0.030	0.030	0.030	0
动力学参数水解										
$q_{XCB\_SB,hyd}$	$gX_{CB} \cdot gX_{OHO}^{-1} \cdot d^{-1}$	k_{H}	3	9	5		9.0	3.0	9.0	67
q_{SB_Stor}	$gX_{CB} \cdot gX_{OHO}^{-1} \cdot d^{-1}$	k_{STO}	0.1		5		12.0	10.0	12.0	17
普通异养菌										
$\mu_{OHO,Max}$	d^{-1}	μ_{H}	2	3	5		3.00	2.00	3.00	33
$\eta_{\mu OHO,Ax}$	—	η_{NOX}	0.6	0.5	5		0.50	0.50	0.60	20
$K_{SB,OHO}$	$gS_{B} \cdot m^{-3}$	K_{S}	2	10	5		10.0	2.00	10.0	80
K_{Stor_OHO}	$gX_{Stor} \cdot gX_{OHO}^{-1}$	K_{STO}	1	0.1	5		0.10	0.10	0.10	0
$m_{OHO,Ox}$	d^{-1}	$b_{H,O2}$	0.2	0.3	5		0.30	0.20	0.30	33
$m_{OHO,Ax}$	d^{-1}	$b_{H,NOX}$	0.1	0.15	5		0.15	0.10	0.15	33
$m_{Stor,Ox}$	d^{-1}	$b_{STO,O2}$	0.2	0.3	5		0.30	0.20	0.30	33
$m_{Stor,Ax}$	d^{-1}	$b_{STO,NOX}$	0.1	0.15	5		0.15	0.10	0.15	33
$K_{O2,OHO}$	$gS_{O2} \cdot m^{-3}$	K_{O2}	1.2		5		0.20	0.20	0.50	150
自养硝化菌										
$\mu_{ANO,Max}$	d^{-1}	μ_{A}	1	1.3	5	X	1.00	1.00	1.30	30
$m_{ANO,Ox}$	d^{-1}	$b_{A,O2}$	0.15	0.2	5		0.20	0.15	0.20	25
$m_{ANO,Ax}$	d^{-1}	$b_{A,NOX}$	0.05	0.1	5		0.10	0.05	0.10	50
$K_{NHx,ANO}$	$gS_{NHx} \cdot m^{-3}$	$K_{A,NH4}$	1	1.4	5		1.40	1.00	1.40	29

k：Gujer 等人（2000）；*l*：Koch 等人（2000）。*采用 Corominas 等人（2010）的标准化符号。*n*：数据库中参数值的数量。

ASM+BioP 模型数据库结果综合表（仅含修改过的参数） 表 F-5

参数* 参数集	单位	原始符号	原始参数集 m	n	最佳参数集 Modif. >50%	最佳参数集 Median	最佳参数集 Perc. 25%	最佳参数集 Perc. 75%	最佳参数集 V（%）
动力学参数									
普通异养菌									
$\eta_{mOHO,Ax}$	—	$\eta_{NO,end,H}$	0.33	9		0.33	0.33	0.50	52
$K_{O2,OHO}$	$gS_{O2} \cdot m^{-3}$	$K_{O,H}$	0.2	9		0.200	0.200	0.500	150
聚磷菌									
$q_{PAO,PO4\_PP}$	$gX_{PP} \cdot gX_{PAO}^{-1} \cdot d^{-1}$	q_{PP}	1.5	9	X	1.50	1.50	2.30	53
$f_{PP\_PAO,Max}$	$gX_{PP} \cdot gX_{PAO}^{-1}$	$K_{max,PAO}$	0.2	9	X	1.00	0.24	1.00	76
自养硝化菌									
$\mu_{ANO,Max}$	d^{-1}	μ_{A}	0.9～1.8	9	X	1.20	1.10	1.60	42
$K_{O2,ANO}$	$gS_{O2} \cdot m^{-3}$	$K_{O,A}$	0.5	9	X	0.18	0.13	0.50	206

m：Rieger 等人（2001）。*采用 Corominas 等人（2010）的标准符号。*n*：数据库中参数值的数量。

（3）Barker 和 Dold 模型

数据库包括6个 Barker 和 Dold 模型参数集，其中1个是新提出的缺省参数集，4个是最佳参数集。2个模型研究在北美进行，1个在非洲，1个在大洋洲。模型研究工作主要针对处理生活污水的实际污水处理厂。表F-6给出了 Barker 和 Dold 模型的主要结果。

Barker 和 Dold 模型数据库结果综合表（仅含修改过的参数）　表F-6

参数* 参数集	单位	原始参数集		新提出的缺省参数集 i	最佳参数集					
		符号	值（n）		n	Modif. >50%	Median	Perc. 25%	Perc. 75%	V（%）
转化系数										
i_{N_SU}	$gN \cdot gS_U^{-1}$	$f_{N,SEP}$	0.07	0.034	5		0.070	0.034	0.070	51
i_{N_OHO}	$gN \cdot gX_{OHO}^{-1}$	$f_{N,ZH}$	0.07		6	X	0.069	0.068	0.070	3
$i_{N\_XUE,OHO}$	$gN \cdot gX_{UE}^{-1}$	$f_{N,ZEH}$	0.07	0.034	6		0.069	0.034	0.070	52
$i_{N\_XUE,PAO}$	$gN \cdot gX_{UE}^{-1}$	$f_{N,ZEP}$	0.07	0.034	6		0.070	0.034	0.070	51
$i_{N\_XUE,ANO}$	$gN \cdot gX_{UE}^{-1}$	$f_{N,ZEA}$	0.07	0.034	6		0.068	0.034	0.068	50
动力学参数										
$\eta_{\mu OHO,Ax}$	—		0.37		6		0.37	0.37	0.50	35
$K_{O2 \cdot OHO}$	$gS_{O2} \cdot m^{-3}$	K_O	0.002	0.05	6		0.002	0.002	0.050	2400
聚磷菌										
$K_{pp,PAO}$	$gX_{pp} \cdot m^{-3}$	K_{xp}	0.05	0.01	6	X	0.010	0.010	0.010	0
自养硝化菌										
$\mu_{ANO,Max}$	d^{-1}	μ_A	0.6	0.9	6	X	0.73	0.60	0.90	41
b_{ANO}	d^{-1}	b_A	0.04	0.17	6	X	0.08	0.04	0.17	163
$K_{O2,ANO}$	$gS_{O2} \cdot m^{-3}$	$K_{O,AUT}$	0.5	0.25	6		0.50	0.25	0.50	50
$K_{NHx,ANO}$	$gS_{NHx} \cdot m^{-3}$	K_{NH}	1	0.5	6		1.00	0.50	1.00	50

n：Barker 和 Dold（1997）；o：Questionnaire（基于对100多个模型项目的研究）。
*基于 Corominas 等人（2010）使用的标准化符号。n：在数据库中的参数值的个数。

数据库参考文献

Abusam A., Keesman K. J., Van Straten G., Spanjers H. and Meinema K. (2001). Sensitivity analysis in oxidation ditch modelling: The effect of variations in stoichiometric, kinetic and operating parameters on the performance indices. Journal of Chemical Technology & Biotechnology, 76(4), 430-438.

Baetens D. (2001). Enhanced biological phosphorus removal: Modelling and experimental design. PhD thesis, BIOMATH Faculteit Landbouwkundige en Toegepaste Biologische Wetenschappen, Ghent University, Gent, Belgium.

Barker P. S. and Dold P. L. (1997). General model for biological nutrient removal activated-sludge systems: Model presentation. Water Environment Research, 69(5), 969-984.

Bornemann C., Londong J., Freund M., Nowak O., Otterpohl R. and Rolfs T. (1998). Hinweise zur dynamischen Simulation von Belebungsanlagen mit dem Belebtschlammodell Nr. 1 der IAWQ. Korrespondenz Abwasser, 45(3), 455-462, (in German).

Brun R., Kuehni M., Siegrist H., Gujer W. and Reichert P. (2002). Practical identifiability of ASM2d parameters-Systematic selection and tuning of parameter subsets. Water Research, 36(16), 4113-4127.

Chachuat B., Roche N. and Latifi M. A. (2005). Optimal aeration control of industrial alternating activated sludge plants. Biochemical Engineering Journal, 23(3), 277-289.

Choubert J.-M.,Stricker A.-E.,Marquot A.,Racault Y.,Gillot S. and Héduit A. (2009). Updated Activated Sludge Model n1 parameter values for improved prediction of nitrogen removal in activated sludge processes:Validation at 13 full-scale plants. Water Environment Research,81,858-865.

Cinar O.,Daigger G. T. and Graef S. P. (1998). Evaluation of IAWQ Activated Sludge Model No. 2 using steady-state data from four full-scale wastewater treatment plants. Water Environment Research,70(6),1216-1224.

de la Sota A.,Larrea L.,Novak L.,Grau P. and Henze M. (1994). Performance and model calibration of R-D-N processes in pilot plant. Water Science and Technology,30(6),355-364.

Ferrer J.,Morenilla J. J.,Bouzas A. and Garcia-Usach F. (2004). Calibration and simulation of two large wastewater treatment plants operated for nutrient removal. Water Science and Technology,50(6),87-94.

Funamizu N. and Takakuwa T. (1994). Simulation of the operating conditions of the municipal wastewater treatment plant at low temperatures using a model that includes the IAWPRC activated sludge model. Water Science and Technology,30(4),105-113.

Garcia-Usach F.,Ferrer J.,Bouzas A. and Seco A. (2006). Calibration and simulation of ASM2d at different temperatures in a phosphorus removal pilot plant. Water Science and Technology,53(12),199-206.

Gokcay C. F. and Sin G. (2004). Modeling of a large-scale wastewater treatment plant for efficient operation. Water Science and Technology,50(7),123-130.

Grady C. P. L.,JR,Daigger G. T. and Lim H. C. (1999). Biological Wastewater Treatment-Second Edition, revised and expanded,1076 pp.,Marcel Dekker,New York.

Gujer W.,Henze M.,Mino T. and Van Loosdrecht M. C. M. (2000). Activated Sludge Model No. 3,in Activated Sludge Models ASM1,ASM2,ASM2d and ASM3. edited byM. Henze et al.,IWA Publishing, London,UK.

Henze M.,Grady C. P. L.,JR,Gujer W.,Marais G. v. R. and Matsuo T. (2000a). Activated Sludge Model No. 1,in Activated Sludge Models ASM1,ASM2,ASM2d and ASM3. edited byM. Henze et al.,IWA Publishing,London,UK.

Henze M.,Gujer W.,Mino T.,Matsuo T.,Wentzel M. C.,Marais G. v. R. and van Loosdrecht M. C. M. (2000b). Activated Sludge Model No. 2d, in Activated Sludge Models ASM1, ASM2, ASM2d and ASM3. edited byM. Henze et al.,IWA Publishing,London,UK.

Hu Z. R.,Wentzel M. C. and Ekama G. A. (2007a). A general kinetic model for biological nutrient removal activated sludge systems:Model development. Biotechnology and Bioengineering,98(6),1242-1258.

Hu Z. R.,Wentzel M. C. and Ekama G. A. (2007b). A general kinetic model for biological nutrient removal activated sludge systems:Model evaluation. Biotechnology and Bioengineering,98(6),1259-1275.

Hulsbeek J. J. W.,Kruit J.,Roeleveld P. J. and van Loosdrecht M. C. M. (2002). A practical protocol for dynamic modelling of activated sludge systems. Water Science and Technology,45(6),127-136.

Koch G.,Kühni M.,Gujer W. and Siegrist H. (2000). Calibration and validation of activated sludge model no. 3 for Swiss municipal wastewater. Water Research,34(14),3580-3590.

Lagarde F. (2003). Optimisation du traitement de l'azote et du carbone par boues activées en temps de pluie à basse température. PhD thesis,Sciences et Techniques de l'Environnement,Université Paris XII Val de Marne,Paris,France. (in French).

Lessard P.,Tusseau-Vuillemin M.-H.,Héduit A. and Lagarde F. (2007). Assessing chemical oxygen demand and nitrogen conversions in a multi-stage activated sludge plant with alternating aeration. Journal of Chemical Technology & Biotechnology, 82, 367-375.

Lubken M., Wichern M., Rosenwinkel K. H. and Wilderer P. A. (2003). Efficiency of different mathematical models for simulating enhanced biological phosphorus removal in activated sludge systems. Environmental Informatics Archives, 1, 339-347.

Makinia J., Rosenwinkel K. H. and Spering V. (2005a). Long-term simulation of the activated sludge process at the Hanover-Gummerwald pilot WWTP. Water Research, 39(8), 1489-1502.

Makinia J., Rosenwinkel K. H. and Spering V. (2006a). Comparison of two model concepts for simulation of nitrogen removal at a full-scale biological nutrient removal pilot plant. Journal of Environmental Engineering-ASCE, 132(4), 476-487.

Makinia J., Rosenwinkel K. H., Swinarski M. and Dobiegala E. (2006b). Experimental and model-based evaluation of the role of denitrifying polyphosphate accumulating organisms at two large scale WWTPs in northern Poland. Water Science and Technology, 54(8), 73-81.

Makinia J., Swinarski M. and Rosenwinkel K. H. (2005b). Dynamic simulation as a tool for evaluation of the nitrogen removal capabilities at the "Gdansk-Wschod" WWTP. In: Proceedings IWA Specialized Conference-Nutrient Management in Wastewater Treatment Process and Recycle Streams, Krakow, Poland, 19-21 September 2005.

Makinia J. and Wells S. A. (2000). A general model of the activated sludge reactor with dispersive flow-I. Model development and parameter estimation. Water Research, 34(16), 3987-3996.

Marquot A. (2006). Modelling nitrogen removal by activated sludge on full-scale plants: Calibration and evaluation of ASM1. PhD thesis, Ecole doctorale des Sciences Exactes et de leurs Applications, Université de Pau et des Pays de l'Adour (UPPA), Bordeaux, France.

Marquot A., Stricker A.-E. and Racault Y. (2006). ASM1 dynamic calibration and long-term validation for an intermittently aerated WWTP. Water Science and Technology, 53(12), 247-256.

Meijer S. C. F. (2004). Theoretical and practical aspects of modelling activated sludge processes. PhD thesis, Department of Biotechnological Engineering, Delft University of Technology, Delft, The Netherlands.

Meijer S. C. F., van Loosdrecht M. C. M. and Heijnen J. J. (2001). Metabolic modelling of full-scale biological nitrogen and phosphorus removing WWTP's. Water Research, 35(11), 2711-2723.

Nuhoglu A., Keskinler B. and Yildiz E. (2005). Mathematical modelling of the activated sludge process -The Erzincan case. Process Biochemistry, 40(7), 2467-2473.

Obara T., Yamanaka O. and Yamamoto K. (2006). A sequential parameter estimation algorithm for activated sludge model no. 2d based on mathematical optimization and a prior knowledge for parameters. In: Proceedings IWA World Water Congress, Beijing, CHN, 10-14 September 2006.

Penya-Roja J. M., Seco A., Ferrer J. and Serralta J. (2002). Calibration and validation of Activated Sludge Model No. 2d for Spanish municipal wastewater. Environmental Technology, 23(8), 849-862.

Petersen B., Gernaey K., Henze M. and Vanrolleghem P. A. (2002). Evaluation of an ASM1 model calibration procedure on a municipal-industrial wastewater treatment plant. J. Hydroinformatics, 4(1), 15-38.

Rieger L., Koch G., Kuhni M., Gujer W. and Siegrist H. (2001). The EAWAG Bio-P module for Activated Sludge Model No. 3. Water Research, 35(16), 3887-3903.

Ronner-Holm S. G. E., Mennerich A. and Holm N. C. (2006). Specific SBR population behaviour as revealed by comparative dynamic simulation analysis of three full-scale municipal SBR wastewater treatment plants. Water Science and Technology, 54(1), 71-80.

Sahlstedt K. E., Aurola A. M. and Fred T. (2003). Practical modelling of a large activated sludge DN-process with ASM3. In:Proceedings Ninth IWA Specialized Conference on Design,Operation and Economics of Large Wastewater Treatment Plants,Praha,Czech Republic,1-4 September 2003.

Sin G. (2004). Systematic calibration of activated sludge models. PhD thesis,BIOMATH Faculteit Landbouwkundige en Toegepaste Biologische Wetenschappen,Ghent University,Gent,Belgium.

Sin G. ,De Pauw D. J. W. ,Weijers S. and Vanrolleghem P. A. (2008). An efficient approach to automate the manual trial and error calibration of activated sludge models. Biotechnology and Bioengineering,100(3), 516-528.

Spanjers H. ,Vanrolleghem P. ,Nguyen K. ,Vanhooren H. and Patry G. G. (1998). Towards a simulation-benchmark for evaluating respirometry-based control strategies. Water Science and Technology,37(12), 219-226.

Stamou A. ,Katsiri A. ,Mantziaras I. ,Boshnakov K. ,Koumanova B. and Stoyanov S. (1999). Modelling of an alternating oxidation ditch system. Water Science and Technology,39(4),169-176.

Stricker A. -E. (2000). Application de la modélisation à l'étude du traitement de l'azote par boues activées en aeration prolongée :comparaison des performances en temps sec et en temps de pluie. PhD thesis,Strasbourg I - Louis Pasteur,Strasbourg,France. (in French).

Sun P. (2006). Numerical modelling COD,N and P removal in a full-scale WWTP of China. Journal of Applied Sciences,6(15),3155-3159.

Wentzel M. C. ,Ekama G. A. and Marais G. v. R. (1992). Processes and modelling of nitrification denitrification biological excess phosphorus removal systems-A review. Water Science and Technology,25(6),59-82.

Wichern M. ,Lubken M. ,Blomer R. and Rosenwinkel K. H. (2003). Efficiency of the Activated Sludge Model no. 3 for German wastewater on six different WWTPs. Water Science and Technology,47(11),211-218.

Wichern M. ,Obenaus F. ,Wulf P. and Rosenwinkel K. H. (2001). Modelling of full-scale wastewater treatment plants with different treatment processes using the Activated Sludge Model no. 3. Water Science and Technology,44 (1),49-56.

Xu S. and Hultman B. (1996). Experiences in wastewater characterization and model calibration for the activated sludge process. Water Science and Technology,33(12),89-98.

附录 G
测量误差的典型来源

流量测量中的误差来源 **表 G-1**

测量原理	误差来源	检查项目
常规方法		通过活性污泥系统（AS）或其他反应器中水位的上升或下降核对流量，简单且可靠
文丘里法或堰板法	高度测量	超声波、回声波、雷达、气泡计的校正 至少检查零水位和最高水位 检查温度的影响
	横截面的改变	横断面清洁度（藻类或沉积物） 渗漏 根据技术参考反复核对尺寸和装置（物理检查）
	流量计算	根据技术参考反复核对所用公式（用示踪实验或物料恒算独立进行检查）
	其他	信号的传输或转换
流速液面法	高度测量	同上
	横断面的改变	同上
	流速测量	检查项目取决于测量方法（有多普勒效应、传输时间等） 一般有颗粒浓度、流量剖面
	流量计算	同上
电磁流量计	管道中空气	检查在管道中的充满情况
	横截面的改变	管道淤塞情况
	入流和出流间距离	检查距离（是否不够长、是否不直）
	其他	校正、信号的传输或转换

取样过程中的误差来源 **表 G-2**

取样类型	误差来源	检查项目
一般	取样点不正确	测量流量、过程动力学
	均质不充分	混合区域及死角、在横断面中所处位置

之前发表在：Rieger, L., Takács, I., Villez, K., Siegrist, H., Lessard, P., Vanrolleghem, P. A. and Comeau, Y. (2010). Data reconciliation for WWTP simulation studies- Planning for high quality data and typical sources of errors. Water Environment Research, 82(5), 426-433.

续表

取样类型	误差来源	检查项目
	时间	根据检测控制数据采集（SCADA）系统反复核对时间标记 开/关时间间隔
自动取样器	取样种类	与体积或时间成正比、固定时间间隔
	设置	检查抽吸速率及时间的设置大多数情况下应考虑降雨峰值防止负荷估算过大
	冷却	确保始终低于4℃（检查由于分配单元或取样泵高温排放引起的最小取样时间间隔）
	体积和抽吸	采样容器中是否有沉淀
	单个取样事件速度	正确冲洗整个进水管，防止吸水管未充满
	进水管的安装	管段长度、虹吸是否适当，无弯曲
	进水管	生物膜、沉积物

分析过程中的误差来源 **表 G-3**

步骤	误差来源	检查项目
样品保存	生物降解、沉淀	最好是在取样后直接测定 冷藏/冷冻 样品充满采样瓶防止空气中氧气氧化样品
		根据样品成分采取防止沉淀措施 加入足够的抑制剂防止生物降解
样品准备	均质不充分	混合均匀
	过滤	滤孔孔径 过滤器中杂质含量（COD、NO_3）
	稀释	稀释体积是否正确（尽量少稀释，稀释次数越多误差越大）
	消解与分馏	合适的消解方法
分析	微量移液器	根据刻度检查体积 测泥时剪掉尖端防止起到过滤效果
	实验天平	根据标重进行校核或由厂商校准
	光度计	维护→根据厂商建议定期检查 正确的校准因子，注意更新 保持光学系统和比色皿的清洁 空气泡干扰
	分析	试剂质量和相关标准（生产、贮存） 校准（用标准溶液进行检查） 矩阵影响/交叉敏感性（用标准添加/稀释或参照值进行校核） 测量范围 用标准方法反复核对
	数据处理	检查单位、稀释率、输入错误 强烈建议保持良好的实验记录

在线传感器的误差来源 **表 G-4**

步骤	误差来源	检查项目
在线传感过滤单元	进水管/过滤出水	生物膜或沉积物，通过测量过滤单元进/出水进行核对
	进水/过滤出水管安装	是否太长、剧烈弯曲、虹吸
	传感器调试	断续工作的过滤装置应检查传感器触发

续表

步骤	误差来源	检查项目
传感/分析器	膜	阻塞或形成生物膜
	泵速	泵速不够导致反应时间延长
	安装	位置、倾斜度、流速
	环境	维修、清洗系统
	阻塞/生物膜/污染	是在线传感器的一大问题 检查自动清洗系统
	测量单元中含有空气	检查入流水位是否够高（尤其是当一个过滤单元连接几个传感器时） 检查是否渗漏 检查泵管
分析	校正标准	检查过期年限 检查标准浓度 分析器设置
	试剂	检查是否过期 即使是厂商提供的原始试剂也有可能出错
	校正	有些方法需对水模型矩阵进行校正
	矩阵影响	根据参照测量定期进行检查
	测量范围	检查测量范围对测量变量是否合适 检查在整个测量范围内精度是否足够
	反应时间	检查整个测量系统的响应时间（有可能超过30min）
数据传输和处理	放大器	检查过滤、延迟、求平均值、干扰（如无线电波）、噪声特性
	传感器及SCADA系统设置	检查输出设置 检查进入信号 检查数据整合和过滤（实际值与处理值）

附录 H
不确定性的来源

Belia 等人曾于 2009 年发表了一篇关于在污水处理模型领域中不确定性和模型预测精度的综述，国际水协（IWA）/水环境联盟（WEF）不确定性设计和运行工作小组也开展了研究调查活动（DOUT，2011），其研究结果将发表于《科学技术报告》（Scientific and Technical Report）（Belia 等人，待出版）。因此本章仅列出并介绍了“良好模拟实践”指南主要步骤中的不确定性来源。

H.1 定义

为了便于理解后续关于不确定性和模型预测质量的讨论，先将一些术语及其定义列于表 H-1。必须注意到，建立一套被大家认可的专业术语以促进该课题的理解和讨论，也是国际水协（IWA）DOUT 工作组的工作之一。表 H-1 所示的定义可能与 DOUT 工作组即将提出的定义稍有不同。

H.2 不确定性来源

根据不确定性来源在一般模型中所处的位置，可将其主要分为四类：模型输入（如输入数据、物理数据、操作设置、运行数据），模型结构（附属模型及其界面），模型参数和软件程序包的安装。

不确定性来源还可以根据其何时被引入建模过程进行分类。Belia 等人对联合指南 5 大步骤中不确定性来源的种类及其水平进行了描述，如图 H-1 和表 H-2 所示。

有关不确定性和模型预测质量的定义　　表 H-1

分类	术语	定义
总论	模型预测精度	是对模型预测量与其所描述的真实系统的真值或参考值的接近程度的一种估算
	可变性	如果一个量易受到随机干扰或波动的影响，则称其为变量。例如，重复测量中不同结果就表现了可变性的程度。推荐采用可变性这一术语对该概念进行定性描述，而可变性的量化则采用标准误差和方差方法（数值）
	不确定性	指不能够确定或预测某一系统或某一过程准确行为的程度。不确定性与以下两点有关：①由于相同的现象源自几种可能，因此不能够准确并真实地确定过去发生了什么；②不能准确并真实地预测将来会发生什么

续表

分类	术语	定义
不确定性种类	可减少的	通过进一步研究可以减少的不确定性（例如动力学参数可根据实验来确定）
	不可减少的	由于系统的固有可变性，进一步实验也不能减少的不确定性（例如降雨、毒性物质泄漏）
不确定性水平	可计量的不确定性	通过进一步研究可以减少的不确定性（例如动力学参数的确定）
	情境不确定性	由于系统的固有可变性，进一步研究/实验也不能减少的不确定性（例如降雨、毒性物质泄漏）
	公认忽略	公认忽略是指已知存在某项不确定性，但现有科学技术基础不足以建立其功能关系、数据或情境
	完全忽略	完全忽略是在更深层次的不确定性的情况下定义的，但人们还无法认识该不确定性，无法了解某些存在但未知的事物

资料来源：Belia 等，2009。

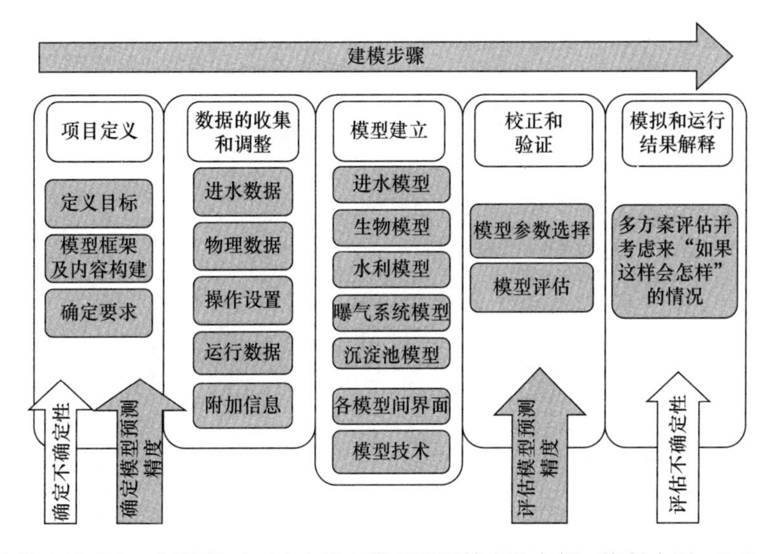

图 H-1　建模中需确定、评估模型不确定性和模型预测精度的实例（资料来源：Belia 等，2009）

典型活性污泥建模过程中每一步骤中涉及的不确定性种类及其水平　　表 H-2

典型建模步骤		各步骤细节	不确定性类型及来源	不确定性程度
项目定义	目标	设计、运行、人员培训	该阶段确定了所要求的模型预测精度。	不适用
	模型框架及内容构建	系统边界的模拟 只含有生物处理，整个处理厂或管网、河流等的考虑	这规定了下面所列的不确定性项中哪些项将列入考虑范围	
	要求	模型预测精度水平，数据种类		
数据收集及调整	进水数据	流量、浓度、进水特性数据、其他模型数据或管网等其他系统数据	不可减少的：由真实系统固有可变性引起的，如天气、未预测到的人口变化	可计量的不确定性，情境不确定性，公认忽略
			可减少的：由数据收集引起的，例如取样方法、取样点、取样频率、传感器精度、分析技术精度等	可计量的不确定性
	物理数据	工艺流程图、反应器体积、沉淀池表面积、分流	不可减少的：由不可预测的因素及结构的动态行为如分流器对流量变化的影响引起的	情境不确定性
			可减少的：例如当结构的真实体积或运行深度未知时引起的不确定性	可计量的不确定性

续表

典型建模步骤		各步骤细节	不确定性类型及来源	不确定性程度
	操作设置	控制器设置点，阀门位置，水泵流量	不可减少的：由于无法预知操作者决策所引起的 可减少的：由不同于计划中的行为或未输入的变化引起的，如设置点的改变	可计量的不确定性，情境不确定性 公认忽略
	运行数据	出水数据、反应器浓度如MLSS（当未用作控制器设置点时）	不可减少的：由真实系统固有可变性引起的，如微生物菌落的反应 可减少的：由数据收集引起的	可计量的不确定性，情境不确定性，公认忽略 可计量的不确定性
	附加信息	设备故障	不可减少的：例如由不可预测的设备故障引起的	可计量的不确定性，情境不确定性，公认忽略
全厂模型的建立	进水模型	进水动力学、性质、进水比例	可减少的：由进水动力学简化引起的（如将整个管网系统的动态变化的建立进行简化，采用一昼夜模式）；由进水特征简化引起的（如固定进水比例）	情境不确定性
	生物模型	模型结构：过程（转化、分离），复合变量的计算，描述过程所用的数学表达式的类型（如Monod方程、酶促动力学方程）	不可减少的：由真实系统固有可变性引起的 可减少的：由模型中结构的简化引起的，例如，未包含的过程、包含了但是简化了的过程（如将两步硝化简化为一步硝化）；或是由过程的不同数学描述引起的	公认忽略 可计量的不确定性
		模型参数：固定参数、优先选择的参数、校正参数、随时间变化的参数	可减少的：由对参数值选取不了解引起的	可计量的不确定性，情境不确定性
	水动力模型	模型结构：传质和混合过程、环节数、串联的反应器数 模型参数：固定参数、优先选择的参数、校正参数、随时间变化的参数	可减少的：由传质和混合过程简化、空间分辨率不足引起的（如将计算流体力学CFD模拟简化为连续流搅拌反应器CSTR，模型环节数、串联反应器数的选择）	可计量的不确定性，情境不确定性
	曝气系统模型	模型结构：气体传质过程、机械 系统详细信息 模型参数：固定参数、优先选择的参数、校正参数、随时间变化的参数	可减少的：由气体传质过程和曝气系统的简 化引起的	可计量的不确定性，情境不确定性
	沉淀池模型	模型结构：分离过程、复合变量的计算以及描述过程所用的数学表达式类型（如1D、2D、CFD）	可减少的：由模型结构简化引起的，如某些过程未包含、有些过程包含了但是经过了简化；另外选择不同的数学表达式描述过程的也可以引起	可计量的不确定性，情境不确定性
		模型参数：固定参数、优先选择的参数、校正参数、随时间变化的参数	不可减少的：由生物沉降性能的固有变化引起的 可减少的：由对适当取值不了解引起的	可计量的不确定性，情境不确定性

续表

典型建模步骤		各步骤细节	不确定性类型及来源	不确定性程度
	污水处理厂运行控制器	控制环、传感器、促动器、设置点的时间变化	可减少的：由曝气系统的不稳定、控制环的延滞、促动器的非线性等引起的	可计量的不确定性，情境不确定性
	各模型间界面	一个或多个状态变量的使用、复合变量的计算	可减少的：由状态变量集合引起的	可计量的不确定性
	模型技术	数值：求解程序的选择、设置及故障 模拟器：模拟平台的限制	可减少的：由数值近似和程序故障引起的	可计量的不确定性，公认忽略
校正和验证	模型参数选择	如生物模型、分离模型中需校正的参数选择	模型预测错误计算、校正和验证参数的不确定性分析	不适用
	模型评价	评价模型对校正和验证数据的预测误差		不适用
模拟	多方案评估并考虑将来可能出现的运行方案	模型期望结果的产生（概率分布、数据）	校正后对模拟的不确定性分析（敏感性分析和 Monte Carlo 不确定性分析）	不适用

参考文献

Belia E.，Amerlinck Y.，Benedetti L.，Johnson B.，Sin G.，Vanrolleghem P. A.，Gernaey K. V.，Gillot S.，Neumann M. B.，Rieger L.，Shaw A. and Villez K. (2009). Wastewater treatment modelling: dealing with uncertainties. Water Science and Technology，60(8)，1929-1941.

Belia E.，Neumann M. B.，Benedetti L.，Johnson B.，Murthy S.，Weijers S.，Vanrolleghem P. A. (IWA Task Group on Design and Operations Uncertainty-DOUTGroup)(in preparation). Uncertainty in wastewater treatment design and operation-Addressing current practices and future directions. IWA Publishing，London，UK，ISBN: 9781780401027.

DOUT(2011). http://www.iwahq.org/f9/networks/task-groups/task-group-on-uncertainty.html

附录 I
物料平衡

物料平衡是检查污水处理厂中数据一致性的有效工具（Baker & Dold，1995；Nowak等人，1999；Meijer等人，2002；Thomann，2008；Puig等人，2008）。我们可根据不同的过程变量建立平行的物料平衡（指同一系统采用不同的过程变量建立的物料平衡），特别可以利用重叠物料平衡确定系统测量误差（指具有相同的检测点但系统边界不同的物料平衡）。

然而，值得注意的是物料平衡并不能体现出某一特定测量值的精度。物料平衡是在典型长期运行下的平均状态，不能用于检查如流速等与时间相关项的误差。

I.1 物料平衡类型

物料平衡是确认流入和流出某一特定系统的物质量的工程手段。根据质量守恒原理，物料平衡方程具有以下基本形式：

$$\text{进入量} + \text{反应量} = \text{排出量} + \text{积累量} \tag{I-1}$$

方程（I-1）可写成不同边界条件下（如生化系统、初沉池等）、不同组分（如Q、COD、N、P、TSS）的物料平衡方程。当所有流入和流出被考察系统的质量流为已知时，我们认为该物料平衡是封闭的。

封闭型物料平衡代表一个完全确定的系统，人们可以反复核对测量值的合理性和连续性。因此，要使物料平衡是封闭的，就意味着方程中质量流的所有输入项的总和要等于所有输出项的总和。

开放型物料平衡是指系统的输入项或输出项中至少有一项是无法计量的，因此，能计算的只是质量流的剩余部分，而这部分是另一个系统的输入项或输出项。例如，污水处理厂释放的气体中的氮负荷（N_2、N_2O等），只有采用专门设备才能检测出，通常城镇污水处理厂无法获得这一氮负荷值。

将开放型物料平衡的结果与相关知识结合起来可用来评价数据的质量。例如，可将通过COD和N_{tot}的物料平衡计算得到的总需氧量与能量消耗及（或）所测鼓风机房的空气流量相比较，看二者是否相近。又例如可用文献中典型比例值代替污泥中P_{tot}含量（一般从常规数据中很难获得P_{tot}值）。典型比例值见第5章表5-5。

I.2 特定过程变量的应用

污水处理厂物料平衡中经常采用的过程变量有COD、N、P、流量和Fe。TSS可用于沉淀池中的固体平衡。尽管 TSS 并不是一个保持不变的组分，我们在建立平衡时可以假定在平衡期内 TSS 值的改变不大。

对于某一给定的组分，物料平衡方程通常可表示如下：

$$\sum_{i=1}^{n} L_{\mathrm{IN},i} + V \times r_{\mathrm{v}} = \sum_{j=1}^{m} L_{\mathrm{OUT},j} + \frac{\Delta M}{\tau} \qquad (\text{I-2})$$

式中 L——进水（IN）或出水（OUT）中该平衡组分的质量负荷，kg/d；

i——系统入流标记；

j——系统出流标记；

V——系统体积，m^3；

ΔM——平衡期间该组分系统贮存量的改变，kg；

τ——均衡时间，d；

r_{v}——单位体积反应速率，kg/（m^3·d）。

水流中的浓度值可通过对 24h 复合样本进行典型分析得到，而泥流中的浓度值则可通过分析随机样本得到。对后者，须谨慎使用，应确保随机样本能够代表平均日的状况。

注意：

由于磷易于检测且不以气态去除，因此建立 P_{tot} 的物料平衡通常是评价污水处理厂数据质量最有效的方法。

I.3 平衡期

用来精确计算方程（I-2）中贮存量的数据往往是不足的。因此，用污水处理厂的数据建立物料平衡需在长期稳定运行的条件下进行，根据经验，可取 2～3 个污泥停留时间。

如果可能的话，平衡期应不包括运行条件发生重大改变的时期（如因系统检修关闭整个处理过程、系统启动期等），因为在这段时间内反映的只是系统短暂、不稳定的状态。

同样，我们还得考虑曝气池中 MLSS 浓度在平衡期内是否有较大变化。当需要考虑上述系统短暂状态时，方程（I-2）中的生物贮存量是必须采用的。

I.4 污水处理厂物料平衡的不确定性

一般说来，在开放型物料平衡中，当输入或输出量的剩余部分在±（5%～10%）范围内时，就可以认为建立在合理数据基础上的该物料平衡是封闭型的。如果在上述范围内物料平衡无法封闭，则需进行特定调查研究来确定误差来源。

I.5 重叠物料平衡

重叠物料平衡为检测污水处理厂数据的系统误差提供了一种步进式方法（Thomann 等人，2008；Meijer 等人，2002；Puig 等人，2008），并且我们可以根据不同的边界条件和不同的组分建立平衡。图 I-1 所示为一典型污水处理厂建立不同物料平衡时的系统边界选择。

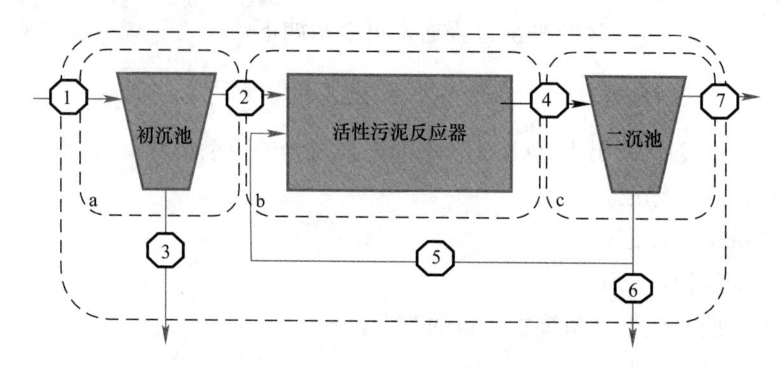

图 I-1 污水处理厂各处理步骤中建立物料平衡时的系统边界选择

1—进水；2—沉淀污水；3—初沉污泥；4—出水 AST；5—回流污泥；6—二沉污泥；7—出水

资料来源：Thomann，2008。

重叠物料平衡是将一个或几个含有某一特定测量点的物料平衡结合起来。如果其中一个物料平衡是封闭型的，而另一重叠物料平衡不封闭，那么误差则可能存在于其他变量中（非重叠变量）。如果重叠物料平衡都是封闭型的，误差则很有可能存在于某个测量值（流量或浓度）中，而该测量值属于重叠变量。在同一边界范围内对另一组分进行平行物料平衡计算时，允许采用不同的流量和浓度测量值。对可能含有误差的变量引进修正因子时应考虑所有平衡都是封闭的情况。

值得注意的是，含有生物处理过程的物料平衡（活性污泥反应池 AST）包括了过程变量 COD_{tot} 和 N_{tot} 的其他去除路径，即分别为呼吸作用和反硝化作用。由于缺乏上述输出值的测量数据，故未将其特别显示于图 I-1 中。其中虚线框定义了污水处理厂（未包括污泥处理）可能有的物料平衡。

表 I-1 总结了图 I-1 中所描述的不同物料平衡选择（摘自 Thomann，2008）。

图 I-1 中物料平衡及其应用的过程变量 **表 I-1**

系统边界		过程变量					应用
处理步骤	图 I-1 中所指	Q	COD	N_{tot}	P_{tot}	Solids	
初沉池（PC）	a	1 3	1 2	1 2	1 2 3		去除率 P 平衡
曝气池	b	2 6	AST 2	2 4 6	AST	AST 5 6	污泥产量 氧气消耗
二沉池	c	4 5 6 7	4 5 6 7			AST 5 6	固体平衡
全厂	d	1 3 6 7	1 7	1 7	1 3 6 7		P 平衡 污泥产量

Ⅰ.6 注意事项及相关建议

（1）BOD_5不能用作平衡变量。BOD_5 定义为 5d 的生物耗氧量，描述的只是生物降解过程中部分耗氧量。由于并非所有的降解过程都可在 5d 内完成，BOD_5 不能表征样品中成分完全降解所需的氧负荷。物料平衡中使用 BOD_5 时，必须将其转化为 BOD_∞ 或 COD。

（2）大的扰动，如峰值负荷、暴雨等，若发生在平衡期内，会对平均值产生不均衡影响。对于大扰动下的数据应当从平衡期内除去，或延长平衡期，使扰动影响最小化。在这些动态时期内若能对其进行足够频率的取样，将对独立模型研究很有益处。

（3）对某一项测量值设定残差之前应详细调查研究引起该质量流高不确定性的原因。在数据核对过程中，很有必要与污水处理厂相关人员进行沟通交流，且在讨论、检查可能的误差来源时进行污水处理厂的实地考察。

参考文献

Barker P. S. and Dold P. L. (1995). COD and nitrogen mass balances in activated sludge systems. Water Research, 29(2), 633-643.

Meijer S. C. F., van der Spoel H., Susanti S., Heijne J. J. and van Loosdrecht M. C. M. (2002). Error diagnostics and data reconciliation for activated sludge modelling using mass balances. Water Science and Technology, 45(6), 145-156.

Nowak O., Franz A., Svardal K., Müller V. and Kühn V. (1999). Parameter estimation for activated sludge models with the help of mass balances. Water Science and Technology, 39(4), 113-120.

Puig S., van Loosdrecht M. C. M., Colprim J. and Meijer S. C. F. (2008). Data evaluation of full-scale wastewater treatment plants by mass balance. Water Research, 42(18), 4645-4655.

Thomann M. (2008). Quality evaluation methods for wastewater treatment plant data. Water Science and Technology, 57(10), 1601-1609.

参考文献

Allison J. D., Brown D. S. and Novo-Gradac K. J. (1991). MINTEQA2/PRODEFA2, A geochemical assessment model for environmental systems: Version 3.0 User's manual. EPA/600/3-91/021, United States Environmental Protection Agency, Office of Research and Development, Washington, DC, USA.

Ardern E. and Lockett W. T. (1914). Experiments on the oxidation of sewage without the aid of filters. Journal of the Society of Chemical Industry, 33(10), 523-539.

ATV-DVWK-A 131E(2000). Dimensioning of Single-Stage Activated Sludge Plants. ISBN 978-3-935669-96-2, German Association for Water, Wastewater and Waste, Hennef, Germany.

Baker A. J. (1994). Modelling activated sludge treatment of petroleum and petrochemical wastes. PhD thesis. McMaster University, Hamilton, Ontario, Canada. http://digitalcommons. mcmaster. ca/dissertations/AAINN98180/.

Barker P. S. and Dold P. L. (1995). COD and nitrogen mass balances in activated sludge systems. Water Research, 29 (2), 633-643.

Barker P. S. and Dold P. L. (1997). General model for biological nutrient removal activated sludge systems: model presentation. Water Environment Research, 69(5), 969-984.

Batstone D. J., Keller J., Angelidaki I., Kalyuzhnyi S. V., Pavlostathis S. G., Rozzi A., Sanders W. T. M., Siegrist H. and Vavilin V. A. (2002). Anaerobic Digestion Model No. 1 (ADM1), IWA Task Group for Mathematical Modelling of Anaerobic Digestion Processes. IWA Publishing, London, UK.

Belia E., Amerlinck Y., Benedetti L., Johnson B., Sin G., Vanrolleghem P. A., Gernaey K. V., Gillot S., Neumann M. B., Rieger L., Shaw A. and Villez K. (2009). Wastewater treatment modelling: dealing with uncertainties. Water Science and Technology, 60(8), 1929-1941.

Belia E., Neumann M. B., Benedetti L., Johnson B., Murthy S., Weijers S., Vanrolleghem P. A. (IWA Task Group on Design and Operations Uncertainty-DOUTGroup) (in preparation). Uncertainty in wastewater treatment design and operation-Addressing current practices and future directions. IWA Publishing, London, UK, ISBN: 9781780401027.

Boero V. J., Eckenfelder W. W., Jr. and Bowers A. R. (1990). Soluble microbial product formation in biological systems. Water Science and Technology, 23(4-6), 1067-1076.

Brdjanovic D., van Loosdrecht M. C. M., Versteeg P., Hooijmans C. M., Alaerts G. J. and Heijnen J. J. (2000). Modeling COD, N and P removal in a full-scale wwtp Haarlem Waarderpolder. Water Research, 34(3), 846-858.

Buisman C., Ijspeert P., Janssen A. and Lettinga G. (1990). Kinetics of chemical and biological sulfide oxidation in aqueous solutions. Water Research, 24(5), 667-671.

Bury S. J., Groot C. K., Huth C. and Hardt N. (2002). Dynamic simulation of chemical industry wastewater treatment plants. Water Science and Technology, 45(4-5), 355-363.

Busby J. B. and Andrews J. F. (1975). Dynamic modeling and control strategies for the activated sludge process. Journal Water Pollution Control Federation, 47(5), 1055-1080.

Choubert J. M., Racault Y., Grasmick A., Beck C. and Heduit A. (2005). Nitrogen removal from urban wastewater by activated sludge process operated over the conventional carbon loading rate limit at low temperature. Water South Africa, 31(4), 503-510.

Choubert J. M., Stricker A. E., Marquot A., Racault Y., Gillot S. and Heduit A. (2009). Updated Activated Sludge Model No 1 parameter values for improved prediction of nitrogen removal in activated sludge processes: Validation at 13 full-scale plants. Water Environment Research, 81(9), 858-865.

Corominas L. (2006). Control and optimization of an SBR for nitrogen removal: From model calibration to plant operation. PhD thesis, University of Girona, ISBN 84-690-0241-4.

Corominas L., Rieger L., Takács I., Ekama G., Hauduc H., Vanrolleghem P. A., Oehmen A., Gernaey K. V. and Comeau Y. (2010). New framework for standardized notation in wastewater treatment modelling. Water Science and Technology, 61(4), 841-857.

de Haas D. W., Wentzel M. C. and Ekama G. A. (2001). The use of simultaneous chemical precipitation in modified activated sludge systems exhibiting biological excess phosphate removal Part 6: Modelling of simultaneous chemical-biological Premoval-Review of existing models. WaterSouth Africa, 27(2), 135-150.

De Pauw D. J. W. and Vanrolleghem P. A. (2006). Practical aspects of sensitivity function approximation for dynamic models. Math. Comp. Modell. of Dyn. Sys., 12, 395-414.

Dold P. L., Ekama G. A. and Marais G. V. R. (1980). A general model for the activated sludge process. Progress in Water Technology, 12, 44-77.

Dold P., Takács I., Mokhayeri Y., Nichols A., Hinojosa J., Riffat R., Bailey W. and Murthy S. (2007). Denitrification with Carbon Addition-Kinetic Considerations. Proceedings of the WEF/IWA Nutrient Removal Conference 2007, Baltimore, Maryland, USA, 4-7 March 2007, 218-238.

DOUT(2011). http://www.iwahq.org/f9/networks/task-groups/task-group-on-uncertainty.html.

Downing A. L., Painter H. A. and Knowles G. (1964). Nitrification in the activated sludge process. J. Proc. Inst. Sewage Purif., 2, 130-153.

Eckenfelder W. W. (1956). Studies on the oxidation kinetics of biological sludges. Sewage and Industrial Wastes, 28(8), 983-990.

Ekama G. A., Dold P. L. and Marais G. V. (1986). Procedures for determining influent COD fractions and the maximum specific growth-rate of heterotrophs in activated-sludge systems. Water Science and Technology, 18 (6), 91-114.

Eremektar G., Karahan-Gul O., Germirli-Babuna F., Ovez S., Uner H. and Orhon D. (2002). Biological treatability of a corn wet mill effluent. Water Science and Technology, 45(12), 339-346.

Frank K. (2006). The application and evaluation of a practical stepwise approach to activated sludge modelling. In: Proceedings PENNTEC 2006, Annual Technical Conference and Exhibition, State College, July 2006, Pennsylvania, USA.

Fujie K., Sekizawa T. and Kubota H. (1983). Liquid mixing in activated sludge aeration tank. Journal of Fermentation Technology, 61(3), 295-304.

Garrett M. T., Jr. and Sawyer C. N. (1952). Kinetics of removal of soluble BOD by activated sludge. Proc. 7th Industrial Waste Conference, Purdue University, Lafayette, Indiana, USA, 51-77.

Germirli F., Orhon D. and Artan N. (1991). Assessment of the initial inert soluble COD in industrial wastewaters. Water Science and Technology, 23(4-6), 1077-1086.

Gernaey K. V., Rosen C. andJeppsson U. (2006). WWTP dynamic disturbance modelling-an essential module for long-term benchmarking development. Water Science and Technology, 53(4-5), 225-234.

Gillot S. and Héduit A. (2008). Prediction of alpha factor values for fine pore aeration systems. Water Science and Technology, 58(8), 1265-1269.

Gillot S. and Choubert J. M. (2010). Biodegradable organic matter in domestic wastewaters: comparison of selected fractionation techniques. Water Science and Technology, 62(3), 630-639.

Goel R., Mino T., Satoh H. and Matsuo T. (1998). Comparison of hydrolytic enzyme systems in pure culture and activated sludge under different electron acceptor conditions. Water Science and Technology, 37(4-5), 335-343.

Grady C. P. L., Jr., Gujer W., Henze M., Marais G. V. R. and Matsuo T. (1986). A model for single sludge wastewater treatment systems. Water Science and Technology(WST), 18(6), 47-61.

Gujer W., Henze M., Mino T. and van Loosdrecht M. C. M. (1999). Activated Sludge Model No. 3. Water Science and Technology, 39(1), 183-193.

Gujer W., Henze M., Mino T. and van Loosdrecht M. C. M. (2000). Activated Sludge Model No. 3. In: M. Henze, W. Gujer, T. Mino and M. C. M. van Loosdrecht (eds), Activated sludge models ASM1, ASM2, ASM2d and ASM3. Scientific and Technical Report No. 9, IWA Publishing, London, UK.

Gujer W. (2006). Activated sludge modeling: past, present and future. Water Science and Technology, 53(3), 111-119.

Gujer W. (2008). Systems analysis for water technology. Springer, Berlin, Germany, ISBN: 978-3-540-77277-4.

Gujer W. (2010). Nitrification and me-A subjective review. Water Research, 44(1), 1-19.

Gujer W. (2011). Is modeling of biological wastewater treatment a mature technology? Water Science and Technology, 63(8), 1739-1743.

Hamer G. (1997). Microbial consortia for multiple pollutant biodegradation. Pure and Applied Chemistry, 69 (11), 2343-2356.

Hauduc H., Gillot S., Rieger L., Ohtsuki T., Shaw A., Takács I. and Winkler S. (2009). Activated sludge modelling in practice - An international survey. Water Science and Technology, 60(8), 1943-1951.

Hauduc H., Rieger L., Takács I., Héduit A., Vanrolleghem P. A. and Gillot S. (2010). Systematic approach for model verification-Application on seven published Activated Sludge Models. Water Science and Technology, 61(4), 825-839.

Hauduc H. (2010). Modéles biocinétiques de boues actives de type ASM: Analyse théorique et fonctionnelle, vers un jeu de parameters par defaut. PhD thesis Université Laval, Quebec, Canada/AgroParisTech, Paris France (in English).

Hauduc H., Rieger L., Ohtsuki T., Shaw A., Takács I., Winkler S., Héduit A., Vanrolleghem P. A. and Gillot S. (2011). Activated sludge modelling: Development and potential use of a practical applications database. Water Science and Technology, 63(10), 2164-2182.

Hellinga C., Schellen A. A. J. C., Mulder J. W., van Loosdrecht M. C. M. and Heijnen J. J. (1998). TheSHARON process: an innovative method for nitrogen removal from ammonium-rich waste water. Water Science and Technology, 37(9), 135-142.

Henze M., Grady C. P. L., Jr., Gujer W., Marais G. V. R. and Matsuo T. (1987). Activated Sludge Model No. 1. IAWPRC Scientific and Technical Report No. 1, IAWPRC, London, UK.

Henze M., Gujer W., Mino T., Matsuo T., Wentzel M. C. and Marais G. V. R. (1995). Activated Sludge Model No. 2. IAWQ Scientific and Technical Report No. 3, IAWQ, London, UK.

Henze M., Gujer W., Mino T., Matsuo T., Wentzel M. C., Marais G. V. R. and van Loosdrecht M. C. M. (1999). Activated Sludge Model No. 2d, ASM2d. Water Science and Technology, 39(1), 165-182.

Henze M., Grady C. P. L., Jr., Gujer W., Marais G. V. R. and Matsuo T. (2000a). Activated sludge model No. 1. In: M. Henze, W. Gujer, T. Mino and M. C. M. van Loosdrecht (eds), Activated sludge models ASM1, ASM2, ASM2d and ASM3. Scientific and Technical Report No. 9, IWA Publishing, London, UK.

Henze M., Gujer W., Mino T. and van Loosdrecht M. C. M. (2000b). Activated Sludge Models ASM1, ASM2, ASM2d and ASM3. Scientific and Technical Report No. 9, IWA Publishing, London, UK.

Henze M., Gujer W., Mino T., Matsuo T., Wentzel M. C., Marais G. V. R. and van Loosdrecht M. C. M. (2000c). Activated sludge model No. 2d. In: M. Henze, W. Gujer, T. Mino and M. C. M. van Loosdrecht (eds), Activated sludge models ASM1, ASM2, ASM2d and ASM3. Scientific and Technical Report No. 9, IWA Publishing, London, UK.

Henze M., van Loosdrecht M. C. M., Ekama G. A. and Brdjanovic D. (2008). Biological wastewater treatment: principles, modelling and design. IWA Publishing, London, UK, ISBN: 9781843391883.

Herbert D. (1958). Some principles of continuous culture. In: G. Tunevall, Almquist and Wiksel (eds) Recent progress in microbiology. 7th International Congress for Microbiology. Stockholm, Sweden, 381-396.

Hu Z. R., Wentzel M. C. and Ekama G. A. (2007). A general kinetic model for biological nutrient removal activated sludge systems: model development. Biotechnology and Bioengineering. 98(6), 1242-1258.

Hug T. (2007). Lecture: Advanced wastewater treatment-Introduction to mathematical modeling. Department of Civil Engineering, University of British Columbia, Vancouver, Canada.

Hug T. ,Benedetti L. ,Hall E. R. ,Johnson B. R. ,Morgenroth E. F. ,Nopens I. ,Rieger L. ,Shaw A. R. and Vanrolleghem P. A. (2009). Mathematical models in teaching and training:mismatch between education and requirements for jobs. Water Science and Technology,59(4),745-753.

Hulsbeek J. J. W. ,Kruit J. ,Roeleveld P. J. and van Loosdrecht M. C. M. (2002). A practical protocol for dynamic modelling of activated sludge systems. Water Science Technology,45(6),127-136.

Insel G. ,Orhon D. and Vanrolleghem P. A. (2003). Identification and modeling of aerobic hydrolysis-application of optimal experimental design. J. Chem. Technol. Biotechnol. 78(4),437-445.

Isermann R. and Ballé P. (1997). Trends in the application of model-based fault detection and diagnosis of technical processes. Control Engineering Practice,5(5),709-719.

ISO 15839(2003). Water quality-on-line sensors/analysing equipment for water-Specifications and performance tests. ISO,Geneva,Switzerland.

Itokawa H. ,Inoki H. and Murakami T. (2008). JS Protocol: A practical guidance for the use of activated sludge modelling inJapan. Proceedings IWA World Water Congress and Exhibition, 7-12 September 2008,Vienna.

Japan Sewage Works Agency(2006). Technical Evaluation of the Practical Use of Activated Sludge Models, Report No. 05-004,Research and Technology Development Division,Japan Sewage Works Agency,Toda (in Japanese). http://www. sbmc. or. jp/.

Johnson T. L. (1993). Design concepts for activated sludge diffused aeration systems. PhD Thesis,University of Kansas,USA.

Jones G. L. ,Jansen F. and Mckay A. J. (1973). Substrate inhibition of the growth of bacterium NCIB 8250 by Phenol. Journal of General Microbiology,74,139-148.

Karahan-GülÖ. ,Artan N. ,Orhon D. ,Henze M. and van Loosdrecht M. C. M. (2002). Respirometric assessment of storage yield for different substrates. Water Science and Technology,46(1-2),345-352.

Kappeler J. and Gujer W. (1992). Estimation of kinetic parameters of heterotrophic biomass under aerobic conditions and characterization of wastewater for activated sludge modelling. Water Science and Technology,25(6),125-139.

Ky R. C. ,Comeau Y. ,Perrier M. andTakács I. (2001). Modelling biological phosphorus removal from a cheese factory effluent by an SBR. Water Science and Technology,43(3),257-264.

Langergraber G. ,Rieger L. ,Winkler S. ,Alex J. ,Wiese J. ,Owerdieck C. ,Ahnert M. ,Simon J. and Maurer M. (2004). A guideline for simulation studies of wastewater treatment plants. Water Science Technology,50(7),131-138.

Langergraber G. ,Alex J. ,Weissenbacher N. ,Woerner D. ,Ahnert M. ,Frehmann T. ,Halft N. ,Hobus I. , Plattes M. ,Spering V. and Winkler S. (2008). Generation of diurnal variation for influent data for dynamic simulation. Water Science and Technology,57(9),1483-1486.

Lesouef A. ,Payraudeau M. ,Rogalla F. and Kleiber B. (1992). Optimizing nitrogen removal reactor configuration by onsite calibration of the IAWQ activated sludge model. Water Science and Technology,25(6), 105-123.

Makinia J. and Wells S. A. (2005). Evaluation of empirical formulae for estimation of the longitudinal dispersion in activated sludge reactors. Water Research,39(8),1533-1542.

Makinia J. (2010). Mathematical modelling and computer simulation of activated sludge systems. IWA Publishing,London,UK,ISBN:9781843392385.

Mamais D. ,Jenkins D. and Pitt P. (1993). A rapid physical-chemical method for the determination of readily biodegradable soluble COD in municipal wastewater. Water Research, 27(1), 195-197.

Marquot A. (2006). Modelling nitrogen removal by activated sludge on full-scale plants: Calibration and evaluation of ASM1. PhD thesis, Université de Pau et des Pays de l' Adour, France.

Martin C. , Shaw A. R. , Phillips H. M. , Gilley A. and Ayesa E. (2010). Comparison of methods for dealing with uncertainty in wastewater treatment modelling and design. Proc. 2nd IWA/WEF Wastewater Treatment Modelling Seminar, March 2010, Mont-Sainte-Anne, Quebec, Canada.

Maurer M. , Abramovich D. , Siegrist H. and Gujer W. (1999). Kinetics of biologically induced phosphorus precipitation in waste-water treatment. Water Research, 33(2), 484-493.

McCorquodale J. A. , Griborio A. andGeorgiou I. (2005). A public domain settling tank model. Proceedings Water Environment Federation 78th Annual Conference & Exposition, Washington DC, USA, 2546-2561.

McKinney R. E. (1962). Mathematics of complete mixing activated sludge. Journal of Sanitary Engineering Division, Proc. American Society of Civil Engineering, 88(3), 87-92.

Meijer S. C. F. , van der Spoel H. , Susanti S. , Heijnen J. J. and van Loosdrecht M. C. M. (2002). Error diagnostics and data reconciliation for activated sludge modelling using mass balances. Water Science and Technology, 45(6), 145-156.

Meijer S. C. F. (2004). Theoretical and practical aspects of modelling activated sludge processes. PhD Thesis, Department of Biotechnological Engineering. Delft University of Technology, The Netherlands.

Melcer H. , Bewley J. , Witherspoon J. and Caballero R. (1993). Estimating VOC emissions. Journal of the Air and Waste Management Association, 43(10), 1402-1403.

Melcer H. , Bell J. P. , Thompson D. J. , Yendt C. M. , Kemp J. and Steel P. (1994). Modeling volatile organic contaminants' fate in wastewater treatment plants. Journal of Environmental Engineering-ASCE, 120(3), 588-609.

Melcer H. , Dold P. L. , Jones R. M. , Bye C. M. , Takács I. , Stensel H. D. , Wilson A. W. , Sun P. and Bury S. (2003). Methods for wastewater characterisation in activated sludge modeling. Water Environment Research Foundation(WERF), Alexandria, VA, USA.

Monod J. (1942). Recherches sur la croissance des cultures bactériennes. Thèse Doctorat ès Sciences Naturelles, Hermann & Cie, Paris, France(In French).

Montgomery D. C. and Runger G. C. (2010). Applied statistics and probability for engineers. 5th Edition, ISBN 978-0-470-05304-1, John Wiley & Sons, Hoboken, NJ, USA.

MoST(2006). Modelling Support Tool vers. 3. 1. 5. Developed in the frame of the EU project HarmoniQuA. Contract no: EVK1-CT-2001-00097, Duration: 2002-2005. http://harmoniqua. wau. nl/public/Products/most. htm.

Naidoo V. , Urbain V. and Buckley C. A. (1998). Characterization of wastewater and activated sludge from European municipal wastewater treatment plants using the NUR test. Water Science and Technology, 38(1), 303-310.

Nowak O. , Svardal K. and Schweighofer P. (1995). The dynamic behaviour of nitrifying activated sludge systems influenced by inhibiting wastewater compounds. Water Science and Technology, 31(2), 115-124.

Nowak O. , Svardal K. and Kroiss H. (1996). The impact of phosphorus deficiency on nitrification-case study of a biological pretreatment plant for rendering plant effluent. Water Science and Technology, 34(1-2), 229-236.

Nowak O. , Franz A. , Svardal K. , Müller V. and Kühn V. (1999). Parameter estimation for activated sludge models with the help of mass balances. Water Science and Technology, 39(4), 113-120.

Orhon D., Ateş, E., Sözen S. and Çokgör E. U. (1997). Characterization and COD fractionation of domestic wastewaters. Environmental Pollution, 95(2), 191-204.

Orhon D., Ubay Çokgör E. and Sözen S. (1999). Experimental basis for the hydrolysis of slowly biodegradable substrate in different wastewaters. Water Science and Technology, 39(1), 87-95.

Orhon D., Germirli Babuna F. and Karahan O. (2009). Industrial wastewater treatment by activated sludge. IWA Publishing, London, U. K.

Penfold W. J. and Norris D. (1912). The relation of concentration of food supply to the generation time of bacteria. Journal of Hygiene, 12, 527-531.

Petersen B., Gernaey K., Henze M. and Vanrolleghem P. A. (2002). Evaluation of an ASM1 model calibration procedure on a municipal-industrial wastewater treatment plant. Journal of Hydroinformatics, 4(1), 15-38.

Phillips H. M., Anderson W., Kuosman J., Pier D. and Rogowski S. (2010). Long-term operations modeling: When does validation become recalibration? Proceedings WEFTEC. 10, New Orleans, Louisiana, USA.

Phillips H. M. (2011). Personal communication.

Refsgaard J. C., Henriksen H. J., Harrar W. G., Scholten H. and Kassahun A. (2005). Quality assurance in model based water management-review of existing practice and outline of new approaches. Environmental Modelling and Software, 20(10), 1201-1215.

Rieger L., Koch G., Kühni M., Gujer W. and Siegrist H. (2001). The EAWAG Bio-Pmodule for activated sludge model No. 3. Water Research, 35(16), 3887-3903.

Rieger L., Thomann M., Gujer W. and Siegrist H. (2005). Quantifying the Uncertainty of On-line Sensors at WWTPs during Field Operation. Water Research, 39(20), 5162-5174.

Rieger L., Takács I., Villez K., Siegrist H., Lessard P., Vanrolleghem P. A. and Comeau Y. (2010). Data reconciliation for WWTP simulation studies-Planning for high quality data and typical sources of errors. Water Environment Research, 82(5), 426-433.

Roeleveld P. J. and van Loosdrecht M. C. M. (2002). Experience with guidelines for wastewater characterisation in The Netherlands. Water Science and Technology, 45(6), 77-87.

Rosso D., Libra J. A., Wiehe W. and Stenstrom M. K. (2008). Membrane properties change in fine-pore aeration diffusers: Full-scale variations of transfer efficiency and headloss. Water Research, 42(10-11), 2640-2648.

Rozich A. F. and Gaudy A. F., Jr. (1985). Response of phenol-acclimated activated sludge process to quantitative shock loading. Journal Water Pollution Control Federation, 57(7), 795-804.

Scholten H., Van Waveren R. H., Groot S., Van Geer F., Wösten H., Koeze R. D. and Noort J. J. (2000). Good modelling practice in water management. In: Proceedings HydroInformatics2000. International Association for Hydraulic Research, Cedar Rapids, Iowa, USA.

Shaw A., Rieger L., Takács I., Winkler S., Ohtsuki T., Langergraber G. and Gillot S. (2011). Realizing the benefits of good process modeling. Proceedings WEFTEC 2011, 84th Annual Technical Exhibition and Conference. October 15-19, 2011, Los Angeles, CA, USA.

Siegrist H., Krebs P., Bühler R., Purtschert I., Rock C. and Rufer R. (1995). Denitrification in secondary clarifiers. Water Science and Technology, 31(2), 205-214.

Sin G., Van Hulle S. W. H., De Pauw D. J. W., van Griensven A. and Vanrolleghem P. A. (2005). A critical comparison of systematic calibration protocols for activated sludge models: A SWOT analysis. Water Research, 39(12), 2459-2474.

Smolders G. J. F., Van-Der-Meij J., van Loosdrecht M. C. M. and Heijnen J. J. (1995). A structured metabolic model for anaerobic and aerobic stoichiometry and kinetics of the biological phosphorus removal process. Biotechnology and Bioengineering, 47(3), 277-287.

Sperandio M., Urbain V., Ginestet P., Audic J. M. and Paul E. (2001). Application of COD fractionation by a new combined technique: comparison of various wastewaters and sources of variability. Water Science and Technology, 43(1), 181-190.

Stricker A.-E., Lessard P., Heduit A. and Chatellier P. (2003). Observed and simulated effect of rain events on the behaviour of an activated sludge plant removing nitrogen. Journal of Environmental Engineering and Science, 2(6), 429-440.

Takács I., Patry G. G. and Nolasco D. (1991). A dynamic model of the clarification thickening process. Water Research, 25(10), 1263-1271.

Third K. A., Shaw A. R. and Ng L. (2007). Application of the Good Modelling Practice Unified Protocol to a plant wide process model for Beenyup WWTP design upgrade. 10th IWA Specialised Conference on "Design, Operation and Economics of Large Wastewater Treatment Plants", 9-13 September 2007, Vienna, Austria, 251-258.

Thomann M., Rieger L., Frommhold S., Siegrist H. and Gujer W. (2002). An efficient monitoring concept with control charts for on-line sensors. Water Science and Technology, 46(4-5), 107-116.

Thomann M. (2008). Quality evaluation methods for wastewater treatment plant data. Water Science and Technology, 57(10), 1601-1609.

US EPA(2009). Guidance on the development, evaluation, and application of environmental models. EPA/100/K-09/003, Council for Regulatory Environmental Modeling, U. S. Environmental Protection Agency, Washington, DC, USA.

Van Impe J. F. M., Vanrolleghem P. A. and Iserentant D. M. (1998). Advanced instrumentation, data interpretation and control of biotechnological processes. Kluwer Academic Publishers, Dordrecht, The Netherlands. ISBN 0-7923-4860-5.

Van Waveren R. H., Groot S., Scholten H., Van Geer F. C., Wösten J. H. M., Koeze R. D. and Noort J. J. (2000). Good Modelling Practice Handbook. STOWA Report 99-05, Utrecht, RWS-RIZA, Lelystad, The Netherlands. http://www.info.wau.nl/research%20projects/pub343pdf/gmp.pdf.

Vanrolleghem P. A., Insel G., Petersen B., Sin G., De Pauw D., Nopens I., Weijers S. and Gernaey K. (2003). A comprehensive model calibration procedure for activated sludge models. In: Proceedings WEFTEC 2003, 76th Annual Technical Exhibition and Conference. October 11-15, 2003, Los Angeles, CA, USA.

Villez K. (2012). Personal communication.

WEF MOP 8(2010). Design of municipal wastewater treatment plants. Manual of practice No. 8. Water Environment Federation, Alexandria, VA, USA.

Wentzel M. C., Ekama G. A., Loewenthal R. E., Dold P. L. and Marais G. V. R. (1989). Enhanced polyphosphate organism cultures in activated sludge systems. Part II: Experimental behaviour. WaterSouth Africa, 15(2), 71-88.

Wentzel M. C., Mbewe A. and Ekama G. A. (1995). Batch test for measurement of readily biodegradable COD and active organism concentration in municipal waste-waters. WaterSouth Africa, 21(2), 117-124.

Wilkinson T. G. and Hamer G. (1979). The microbial oxidation of mixtures of methanol, phenol, acetone and isopropanol with reference to effluent purification. Journal of Chemical Technology and Biotechnology, 29(1), 56-67.

Wood L. B., Hurley B. J. E. and Matthews P. J. (1981). Some observations on the biochemistry and inhibition of nitrification. Water Research, 15(5), 543-551.